企业级卓越人才培养解决方案"十三五"规划教材

# 视频剪辑与特效

天津滨海迅腾科技集团有限公司　主编

南开大学出版社

天　津

**图书在版编目(CIP)数据**

视频剪辑与特效 / 天津滨海迅腾科技集团有限公司主编. —天津: 南开大学出版社, 2018.8(2021.7 重印)
ISBN 978-7-310-05645-3

Ⅰ.①视… Ⅱ.①天… Ⅲ.①视频编辑软件 Ⅳ.①TN94

中国版本图书馆 CIP 数据核字 (2018) 第 186683 号

主　编　刘文娟　胡章云　李　妍　苗　鹏
副主编　杨婷婷　郑思思　邓先春　陈　潇　宋亦强



视频剪辑与特效
SHIPIN JIANJI YU TEXIAO

南开大学出版社出版发行
出版人:陈　敬
地址:天津市南开区卫津路 94 号　邮政编码:300071
营销部电话:(022)23508339　营销部传真:(022)23508542
http://www.nkup.com.cn

雅迪云印(天津)科技有限公司印刷　全国各地新华书店经销
2018 年 8 月第 1 版　2021 年 7 月第 6 次印刷
260×185 毫米　16 开本　13 印张　316 千字
定价:49.00 元

如遇图书印装质量问题,请与本社营销部联系调换,电话:(022)23508339

# 企业级卓越人才培养解决方案"十三五"规划教材
# 编写委员会

# 企业级卓越人才培养解决方案简介

企业级卓越人才培养解决方案（以下简称“解决方案”）是面向我国职业教育量身定制的应用型、技术技能人才培养解决方案。以教育部—滨海迅腾科技集团产学合作协同育人项目为依托，依靠集团研发实力，联合国内职业教育领域相关政策研究机构、行业、企业、职业院校共同研究与实践的科研成果。本解决方案坚持“创新校企融合协同育人，推进校企合作模式改革”的宗旨，消化吸收德国“双元制”应用型人才培养模式，深入践行基于工作过程“项目化”及“系统化”的教学方法，设立工程实践创新培养的企业化培养解决方案。在服务国家战略：京津冀教育协同发展、中国制造 2025（工业信息化）等领域培养不同层次的技术技能人才，为推进我国实现教育现代化发挥积极作用。

该解决方案由“初、中、高”三个培养阶段构成，包含技术技能培养体系（人才培养方案、专业教程、课程标准、标准课程包、企业项目包、考评体系、认证体系、社会服务及师资培训）、教学管理体系、就业管理体系、创新创业体系等；采用校企融合、产学融合、师资融合的“三融合”模式，在高校内共建大数据（AI）学院、互联网学院、软件学院、电子商务学院、设计学院、智慧物流学院、智能制造学院等；并以“卓越工程师培养计划”项目的形式推行，将企业人才需求标准、工作流程、研发规范、考评体系、企业管理体系引进课堂，充分发挥校企双方优势，推动校企、校际合作，促进区域优质资源共建共享，实现卓越人才培养目标，达到企业人才招录的标准。本解决方案已在全国几十所高校开始实施，目前已形成企业、高校、学生三方共赢的格局。

天津滨海迅腾科技集团有限公司创建于 2004 年，是以 IT 产业为主导的高科技企业集团。集团业务范围已覆盖信息化集成、软件研发、职业教育、电子商务、互联网服务、生物科技、健康产业、日化产业等。集团以科技产业为背景，与高校共同开展“三融合”的校企合作混合所有制项目。多年来，集团打造了以博士、硕士、企业一线工程师为主导的科研及教学团队，培养了大批互联网行业应用型技术人才。集团先后荣获天津市“五一”劳动奖状先进集体、天津市政府授予“AAA”级劳动关系和谐企业、天津市“文明单位”“工人先锋号”“青年文明号”“功勋企业”“科技小巨人企业”“高科技型领军企业”等近百项荣誉。集团将以“中国梦，腾之梦”为指导思想，在 2020 年实现与 100 所以上高校合作，形成教育科技生态圈格局，成为产学协同育人的领军企业。2025 年形成教育、科技、现代服务业等多领域 100% 生态链，实现教育科技行业“中国龙”目标。

# 前 言

本教程由浅入深，全面、系统地介绍了 Premiere 与 After Effect 的操作应用，Premiere 是一个为视频编辑爱好者和专业人士准备的必不可少的编辑工具，它能极大地提升您的创作能力和创作自由度。After Effect 是一款非常优秀的视频特效软件，尤其在影视后期、栏目包装行业、视觉特技机构的应用最为广泛。

本书以项目为基础，贯穿整个技能点。采用每个技能点匹配若干个案例的方法进行讲解，从而使读者更清晰地看到相应的效果，更容易理解知识点的内涵，为充分发 Premiere 与 After Effect 的威力打下坚实的基础。

本教程共分为九章为大家介绍 Premiere 与 After Effect 两个软件的基础知识与操作方法，是以 Premiere 的知识为主，After Effect 的知识为辅。两个软件的知识相通之处较多，相互借鉴之处也很多，所以在学习过程中，一定要对两个软件的难点、重点熟练掌握勤加练习，因为这些知识之间都有着承上启下的作用。第一章学习 Premiere 的基础知识，其中包括影视节目的一些理论知识与国际国内的制作标准，为以后的学习创建良好的基础；第二章介绍 Premiere 的工作流程，合理的制作流程不仅提高工作的效率，而且有利于今后团队间的合作；第三章主要是加强对软件的了解，介绍 Premiere 中的一些基本编辑技术；第四章是视频切换的使用方法，视频切换也是 Premiere 的使用重点与亮点，使用得当可以为视频的编辑增光不少；第五章介绍视频特效的使用方法，Premiere 软件是以剪辑为主，但是特效制作也是其亮点之一；第六章介绍音频的编辑方法，Premiere 也可以对音频进行较为专业编辑设置；第七章介绍字幕的创建。字幕可以有引入主题和设立基调的作用，既可以显示标题，也可以进行过渡。是 Premiere 的另一大亮点；第八章介绍 After Effects 的理论与操作；第九章是 AE 扩展使用，即对 AE 基础知识的综合练习，通过两个实例，对学习过的基础知识进行系统性、针对性的实践操作。

本书由刘文娟、胡章云、李妍、苗鹏任主编，由杨婷婷、郑思思、邓先春、陈潇、宋亦强共同任副主编，刘文娟、胡章云统稿，李妍、苗鹏萍负责全面内容的规划，刘文娟、胡章云、李妍、苗鹏负责整体内容编排。具体分工如下：第一章至第三章由杨婷婷、郑思思编写，刘文娟负责全面规划；第四章、第五章由邓先春编写，胡章云负责全面规划；第六章、第七章由宋亦强编写，李妍负责全面规划；第八章和第九章由陈潇编写，苗鹏负责全面规划。

本书特点是由浅入深，通俗易懂，可操作性强。图文并茂，便于直观的学习，特别是对初学者或是有一定基础的同学来说，会有很大帮助。

天津滨海迅腾科技集团有限公司

技术研发部

# 目　录

**第一章　Premiere 的基础知识** ………… 1

学习目标 ………… 1

技能点 1　音频与视频的基础知识 ………… 1

技能点 2　Premiere 工作面板简介 ………… 2

技能点 3　Premiere 操作方法的进阶 ………… 9

技能点 4　拓展案例——音视频导入与输出 ………… 16

**第二章　Premiere 的基本工作流程** ………… 23

学习目标 ………… 23

技能点 1　设置首选项参数 ………… 23

技能点 2　拓展案例——视频制作流程 ………… 33

**第三章　Premiere 操作方法进阶** ………… 50

学习目标 ………… 50

技能点 1　源监视器与节目监视器简介 ………… 50

技能点 2　时间线面板概述 ………… 60

技能点 3　拓展案例 ………… 66

**第四章　视频切换的制作与应用** ………… 76

学习目标 ………… 76

技能点 1　视频切换简介 ………… 76

技能点 2　了解和应用视频的切换 ………… 76

技能点 3　视频转场的类别 ………… 79

技能点 4　在切换效果项目中创建背景和字幕素材 ………… 93

**第五章　视频特效的制作与应用** ………… 103

学习目标 ………… 103

技能点 1　视频特效简介 ………… 103

技能点 2　了解和应用视频特效 ………… 103

技能点 3　视频特效的类别 ………… 106

技能点 4　拓展案例 ………… 124

**第六章　音频的编辑与特效** ………… 132

学习目标 ………… 132

技能点 1 音频简介 …… 132
技能点 2 音频编辑的基本流程 …… 132
技能点 3 音频特效的使用 …… 136
技能点 4 音频转场概述 …… 138
技能点 5 拓展案例 …… 139

**第七章 创建字幕与图形绘制** …… 145

学习目标 …… 145
技能点 1 字幕简介 …… 145
技能点 2 编辑字幕的基本方法 …… 145
技能点 3 绘制基本图形 …… 149
技能点 4 拓展案例——创建斜面立体文字 …… 152

**第八章 After Effects 的使用与操作** …… 158

学习目标 …… 158
技能点 1 After Effects CS 6 的新增功能 …… 158
技能点 2 After Effects CS 6 的界面 …… 159
技能点 3 After Effects 基本工作流程 …… 164
技能点 4 After Effects 支持的素材类型 …… 174

**第九章 After Effects 综合运用** …… 177

学习目标 …… 177
技能点 1 拓展案例——文字动画的制作 …… 177
技能点 2 拓展案例——放大镜效果制作 …… 186

# 第一章 Premiere 的基础知识

学习目标

通过对 Premiere 软件基础知识部分的学习，了解行业内主流的音频视频格式，学习并且熟练掌握 Premiere 软件界面的设置与使用，具有对 Premiere 进行基础操作的能力。

## 技能点 1　音频与视频的基础知识

### 1　视频与音频的常识

世界各国对电视视频制定的标准与制式不同，区别主要表现在帧速率、分辨率和信号带宽等方面。而现行的电视制式有 NTSC、PAL 和 SECAM 这 3 种。

**NTSC 制式：**简称为 N 制，帧率为每秒 29.9 帧，扫描线为 525，隔行扫描，画面比例为 4: 3，分辨率为 720×480。NTSC 制式的优点在于，平衡调制和正交调制两种，解决了色彩兼容问题，但存在易失真、色彩不稳等问题，需要手动来调节颜色，这是 NTSC 制式最大的缺点。美洲与亚洲部分国家采用这种制式。

**PAL 制式：**又称帕尔制，帧率每秒 25 帧，扫描线为 625 行，隔行扫描，画面比例 4: 3，分辨率 720×576。PAL 发明的原意为解决 NTSC 制色彩失真的缺点，在综合 NTSC 制的技术上发明的一种改进方法。中国与欧洲部分国家采用这种制式。

**SECAM 制式：**又称塞康制，帧率每秒 25 帧，扫描线为 625 行，隔行扫描，画面比例 4: 3，分辨率 720×576。SECAM 制式综合了 NTSC 制式与 PAL 制式两者特点，不怕干扰，彩色效果好，但兼容性差。俄罗斯及法语系国家采用这种制式。

### 2　常见视频格式

视频是将一系列静态影像以电信号的方式加以捕捉、记录、储存、传送与重现的各种技术。随着科学技术与网络的发展，视频越来越多地走入大众的视野之中，各种视频格式应运而生，从而满足大众生活与学习的需要，以下就是现在主流的视频格式。

**AVI 格式：**这是一种专门为微软 Windows 环境设计的数字式视频文件格式，这个视频格式的好处是兼容性好、调用方便、图像质量好，缺点是占用空间大。

**MPEG 格式：**包括了 MPEG-1、MPEG-2 和 MPEG-4。MPEG-1 被广泛应用于 VCD 的制作和一些视频片段下载的网络上，MPEG-2 则应用在 DVD 的制作方面，MPEG-4 是一种新的压缩算法，可以将 1.2GB 大小的 MPEG-1 文件压缩到 300MB 左右，以供网络播放。

**ASF 格式：**可以直接在网上观看视频节目的流媒体文件压缩格式，即一边下载一边播放，在压缩率和图像的质量上都非常不错。

**QuickTime 格式：**是苹果公司创立的一种视频格式，在图像质量和文件尺寸的处理上具有很好的平衡性，无论在本地播放还是作为视频流在网络中播放，都是非常优秀的。

**REAL VIDEO 格式：**主要定位于视频流应用方面，是视频流技术的创始者。通过损耗图像质量的方式来控制文件的体积，图像质量通常很低。

### 3 常见音频格式

音频是指一个用来表示声音强弱的数据序列，由模拟声音经采样、量化和编码后而成。现代社会里随着音频播放设备的升级更新，对于声音的频率、效果、还原度有了更高的要求，从而诞生以下常见的音频格式。

**WAV 格式：**是微软公司开发的一种声音文件格式，也叫波形声音文件，是最早的数字音频格式。

**MP3 格式：**是一种音频压缩格式，由于其文件尺寸小、音质好，因此为 MP3 格式的发展提供了良好的条件。

**MP4 格式：**美国网络技术公司公布的一种新的音乐格式，它的压缩比达到 1：15，体积比 MP3 更小，音质却没有下降。

**Real Audio 格式：**是由 Real Networks 公司推出的一种文件格式，最大的特点就是可以实时传输音频信息，现在主要适用于网上在线音乐欣赏。

**WMA 格式：**是微软所开发用于因特网音频领域的一种音频格式。音质要强于 MP3 格式与 RA 格式，适合在网上在线播放。

## 技能点 2 Premiere 工作面板简介

Premiere 既为初学者也为专业者提供了非线编辑作品所需的功能。即可从计算机中创建、编辑视频，也可以输出到网络、光盘中，或者将它整合到其他程序的项目中，其功能之强大，效果之丰富，让操作者有事半功倍的效果。其强大的音视频编辑功能与超强的兼容性，深受视频编辑爱好者的喜爱，同时也是主流音视频编辑软件。下面就为大家介绍一下安装 Premiere-Pro CS6 计算机软硬件的需求。

- Intel Core 2 Duo 或 AMD Phenom II 处理器，支持 64 位。
- Microsoft Windows 7 带 Service Pack 1（64 位）。
- 4GB 内存（更高的内存效果会更好）。
- 安装需要 4GB 可用磁盘空间，在安装过程中还需要一些额外的缓存空间。

- 额外的磁盘空间，以预览视频和存储其他工作文件。
- 1280×900 分辨率的显示器。
- 7200 RPM 硬盘驱动器。
- Microsoft Windows 驱动或 ASIO 兼容声卡。
- QuickTime 7.6.6，以使用 QuickTime 功能。
- Adobe 认证 GPU 的显示卡。

Premiere 工作面板提供了统一的可自由定义的工作空间，可以对各个调板自由地移动或结组，这种工作空间使数码视频的创作变得更加得心应手。

单击 Premiere 快捷图标，便可启动程序，将出现欢迎界面，通过该界面，可以打开最近编辑的影片项目文件，以及执行新建项目、打开项目和帮助的操作（如图 1-2-1）。

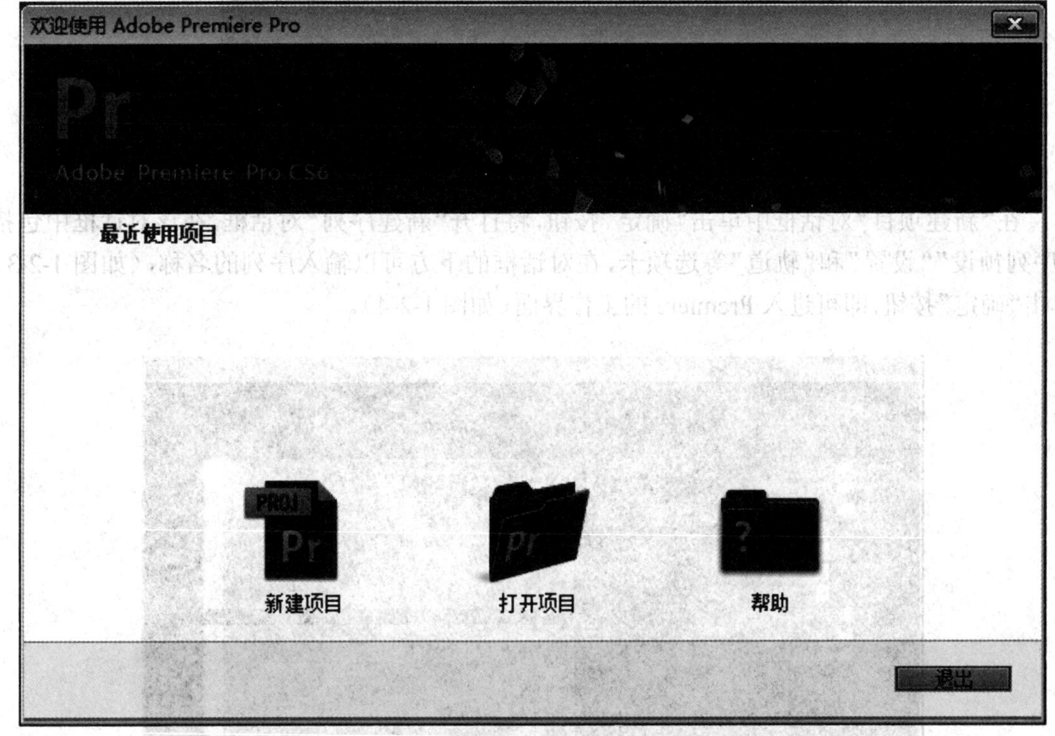


图 1-2-1　欢迎界面

单击“新建项目”，可以创建一个新的项目文件进行视频编辑。

单击“打开项目”，可以开启一个在计算机中已有的项目文件。

单击“帮助”，可以开启软件的帮助系统，查阅需要的说明内容。

（如果我们要开始新的编辑工作时，需要先单击“新建项目”按钮，建立一个新的项目。此时，会打开（如图 1-2-2）所示的“新建项目”对话框，在“新建项目”对话框中可以设置活动与字幕安全区域、视频的显示格式、音频的显示格式、采集格式，以及设置项目存放的位置和项目的名称。）

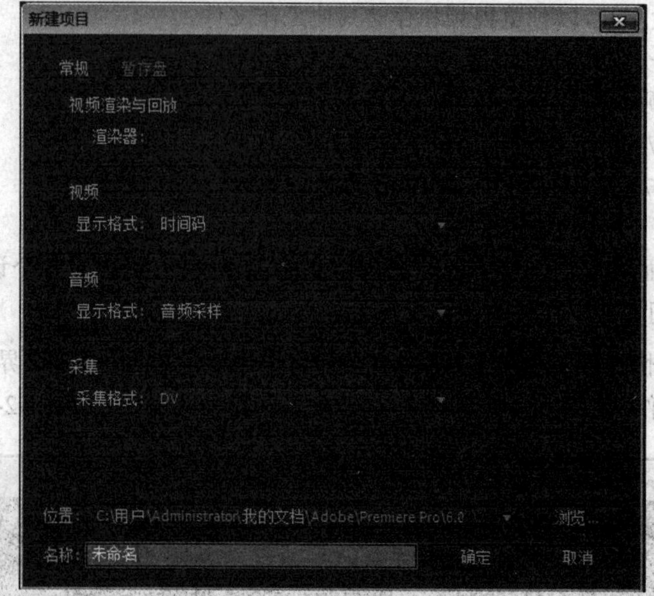


图 1-2-2 “新建项目”对话框

在“新建项目”对话框中单击“确定”按钮，将打开“新建序列”对话框，在该对话框中包括“序列预设”“设置”和“轨道”等选项卡，在对话框的下方可以输入序列的名称，（如图 1-2-3）单击“确定”按钮，即可进入 Premiere 的工作界面（如图 1-2-4）。

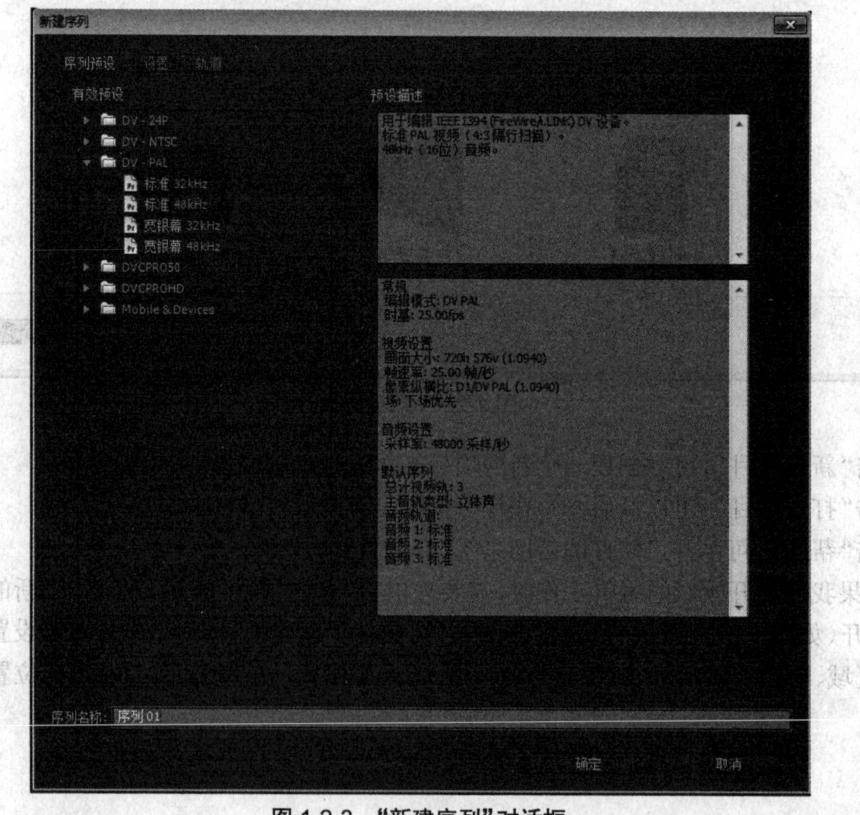


图 1-2-3 “新建序列”对话框

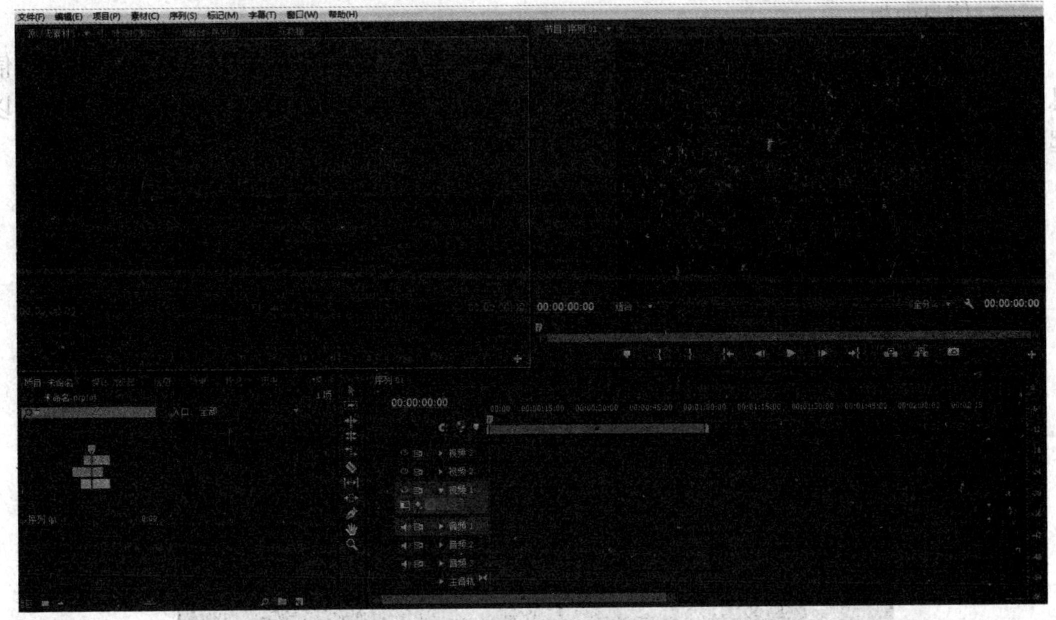

图 1-2-4　工作界面

Premiere 的工作界面主要由“菜单栏”、“工具”面板、“项目”面板、“时间线”面板“监视器”面板、“音频计量器”面板、“源监视器”面板等功能面板组成（如图 1-2-4）。更多的关于界面知识会在以后逐步地介绍，下面我们先来学习一下最常见也是最常使用的几个工作面板。

（1）项目面板

项目面板是素材文件的管理器，首先将所需的素材导入其中，并进行管理操作。（双击项目中的素材可以在“素材源监视器”面板中打开素材，单击“素材源监视器”面板中的“播放/停止开关”按钮也可以预览素材。）将素材导入至项目调板后，将会在其中显示文件的名称、类型、长度、大小等信息（如图 1-2-5）。

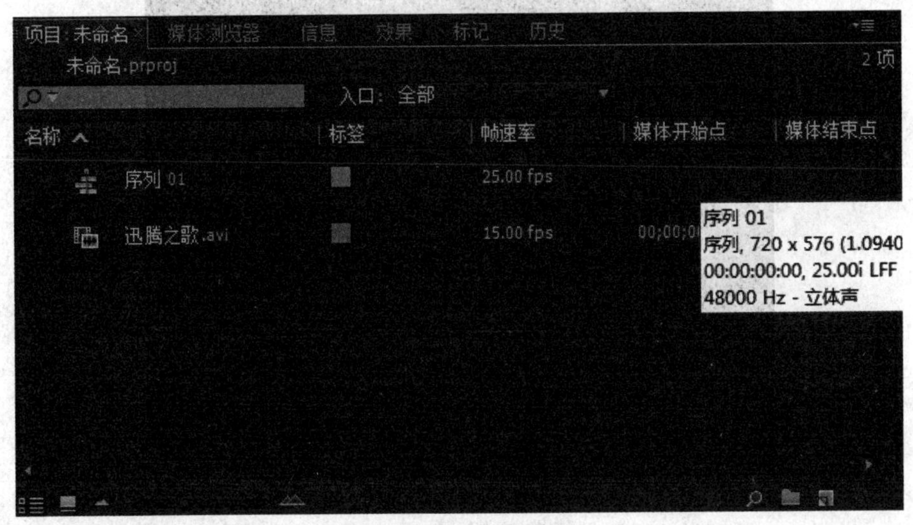


图 1-2-5　项目面板

（2）信息面板

信息面板显示选中元素的基本信息。如果是视频素材，显示其持续时间、入点和出点等信息。信息显示的方式完全取决于媒体类型、当前面板等要素。显示的信息对于编辑工作可以起到很大的参考作用（如图 1-2-6）。

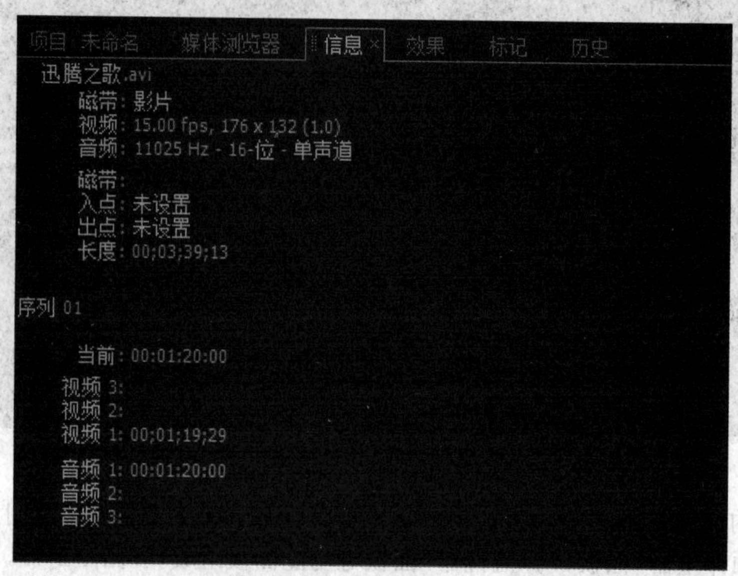


图 1-2-6 信息面板

（3）效果面板

效果面板可以快速应用多种音频特效、音频过渡、视频特效、特效切换。特效的使用也简单，只需将特效拖动到时间线的素材上即可（如图 1-2-7），通过特效控制台面板便可对特效进行编辑（如图 1-2-8）。

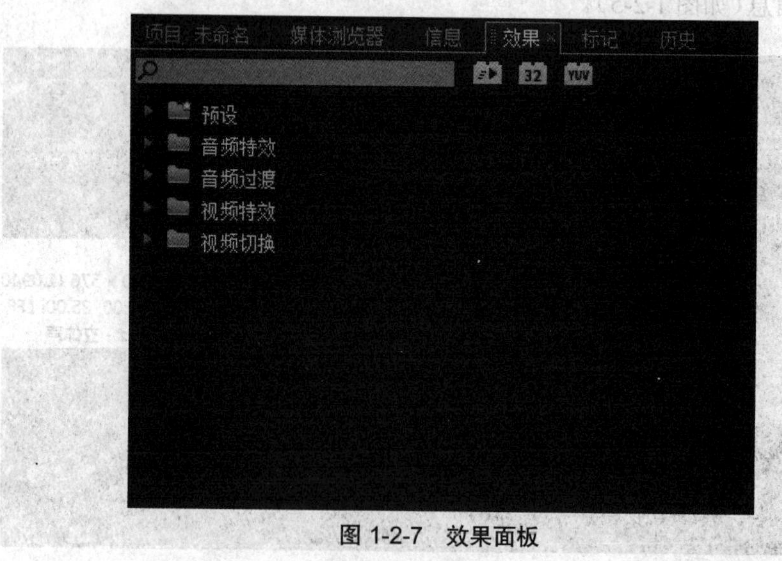


图 1-2-7 效果面板

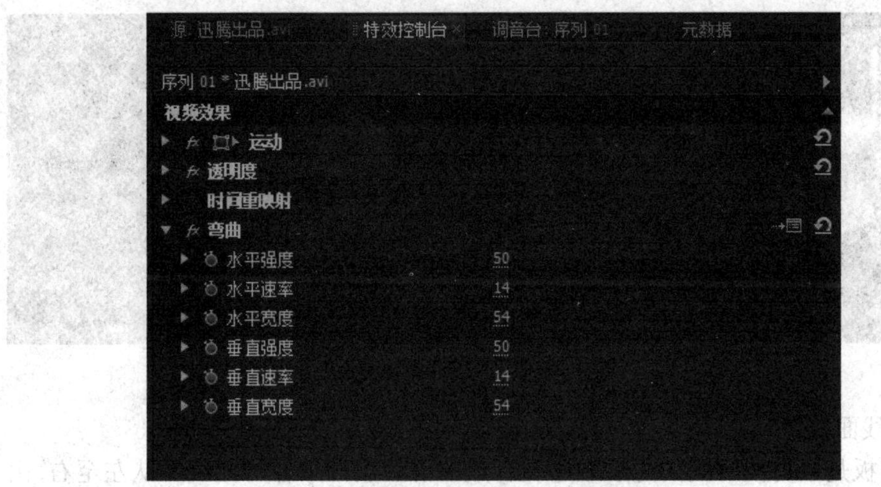


图 1-2-8 特效控制台

(4)调音台面板

调音台面板可以混合不同音频轨道,创建音频特效,调音台可以进行实时工作,在查看视频同时可以混合音频轨使用音频特效(如图 1-2-9)。

图 1-2-9 调音台面板

(5)监视器面板

监视器面板是用来播放素材和监控节目内容的窗口,主要分为素材源监视器(左)和节目监视器(右)(如图 1-2-10),监视器面板不仅用来播放和预览,还可以进行一些基本的编辑操作。

图 1-2-10　监视器面板

（6）时间线面板

时间线面板是素材按时间的先后顺序及合成的前后层顺序在时间线上从左至右，由上及下排列，（要将“项目”面板中的素材或图形移动到“时间线”面板中，只需单击“项目”面板中的素材，然后将它们拖拽到“时间线”面板中的一个轨道上。）可以使用各种编辑工具在面板中进行编辑操作（如图 1-2-11）。

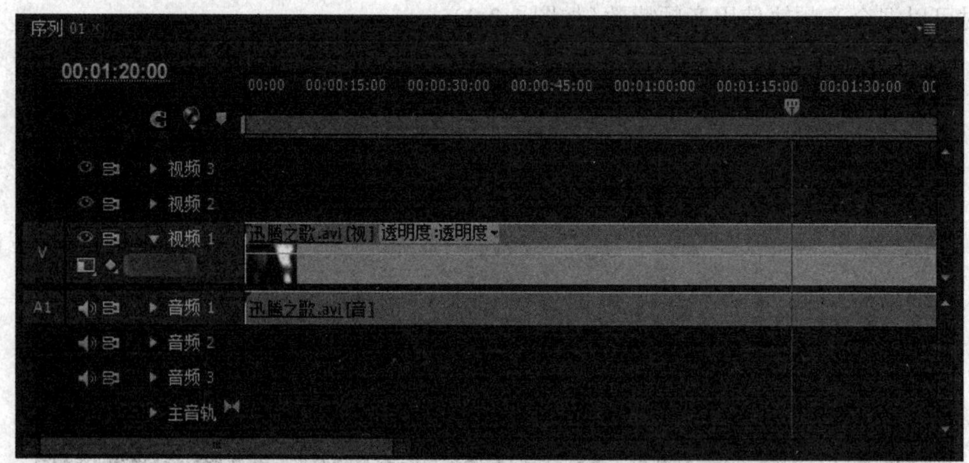


图 1-2-11　时间线面板

（7）工具面板

工具面板又称工具箱，其中包含各种在时间线调板中进行编辑的工具（如图 1-2-12）。一旦选中某个工具，鼠标指针在时间线调板中便会显现出此工具的外形，并具有其相应的编辑功能。

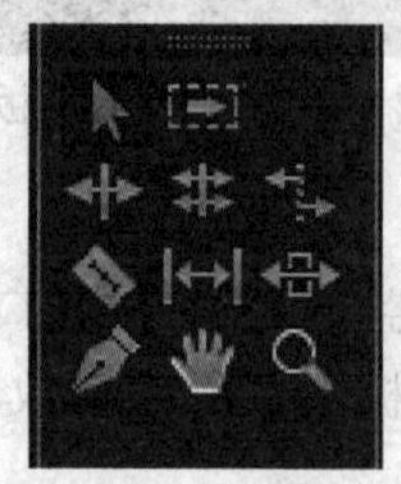

图 1-2-12　工具面板

**选择工具：**可以移动视频也可以对视频进行掐头去尾的处理。在源数据面板上面可以对视频的入点、出点进行设置，可以完成掐头去尾的效果。素材源面板也可以进行掐头去尾的操作。

**轨道选择：**选择它本身及它后面的视频，也可以选择某一轨道上所有素材。

**波纹编辑工具：**可以拖动素材的出点改变素材长度，相邻素材长度不变，项目总长度会随之改变，通常是对素材进行剪辑后使用该工具。

**滚动编辑工具：**在需要剪辑的素材边缘拖动，可以增加素材的长度，相邻素材的长度会减小，项目总长度不变。也就是说一个素材变小的话，后面的素材就会把它的空位给填充起来。

**速率伸缩工具：**可以对素材进行相应的速度调整，改变素材的速度同时也改变长度。

**剃刀工具：**起到分割素材的作用，使用剃刀工具后会将素材分为两部分，产生新的出点与入点。

**错落工具：**会改变素材的出点与入点，但是总长度不变，且不影响相邻素材。

**滑动工具：**可以保持需要剪辑素材的出点与入点不变，通过相邻素材的出点与入点变化，改变其在序列窗的位置，项目时间长度不变。

**钢笔工具：**主要用来设置素材关键帧，选择素材记录关键帧，默认是透明度的关键帧，用钢笔工具或选择工具拖动关键帧可以进行上下拖动调整，使用钢笔工具结合 Ctrl 键来调整关键帧，托动滑柄进行调整一个弧线，可以实现素材的平滑过度。

**手形工具：**用来改变序列窗的可视区域，可以精确的拖动素材，有助于编辑一些较长的素材。

**缩放工具：**可以用来调整时间轴窗口显示的比例，对时间轴进行放大或缩小模式的变换。

# 技能点 3　Premiere 操作方法的进阶

Premiere 菜单命令主要包括九个部分，分别是：文件、编辑、项目、素材、序列、标记、字幕、窗口、帮助。下面将为大家介绍它们的主要功能与作用（如图 1-3-1）。

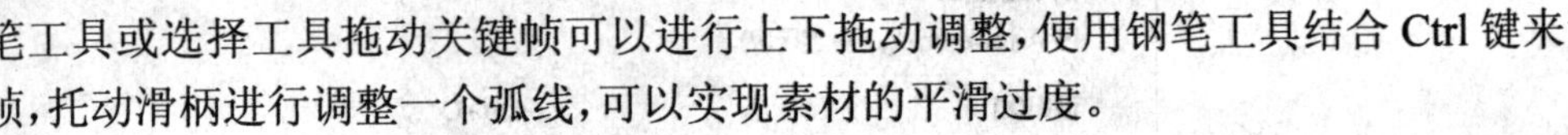

文件(F)　编辑(E)　项目(P)　素材(C)　序列(S)　标记(M)　字幕(T)　窗口(W)　帮助(H)

**图 1-3-1　菜单栏**

（1）**文件菜单：**和其他软件一样，包括了标准 Windows 命令，例如新建、打开文件、关闭文件、保存、另存为等（如图 1-3-2）。文件菜单还包括用于载入视频素材和文件夹命令，例如选择"文件→新建→序列"命令（如图 1-3-3），将时间线添加到项目中。

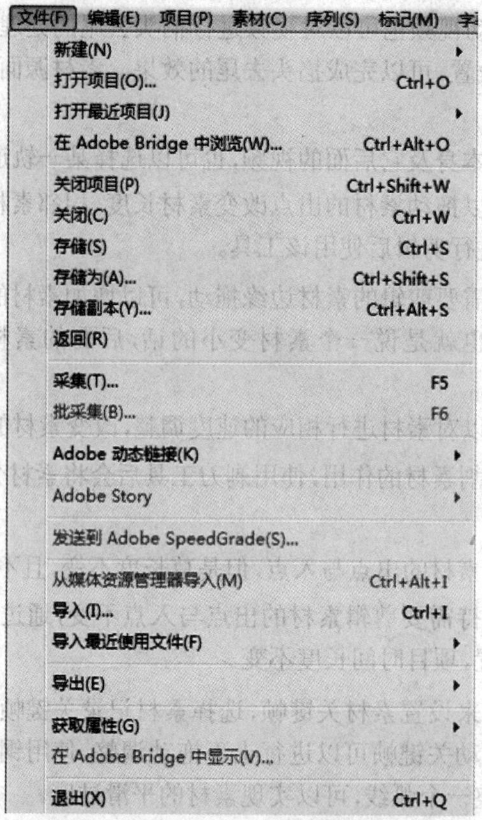

图 1-3-2 “文件”菜单

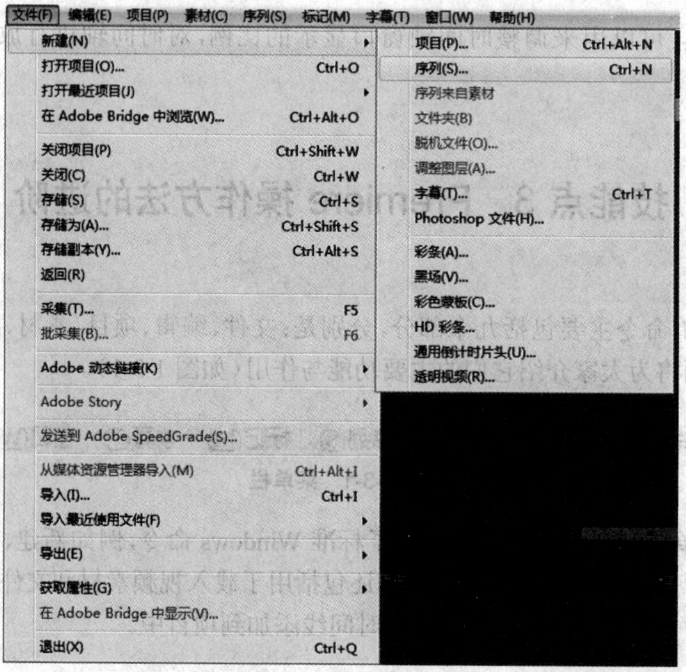

图 1-3-3 新建“序列”

（2）**编辑菜单：**包含了可以在程序中使用的标准编辑命令，例如：复制、粘贴、剪切等命令，以及 Premiere 的默认设置参数（如图 1-3-4）。

编辑(E)　项目(P)　素材(C)　序列(S)　标记(M)　字幕(T)
撤销(U)　Ctrl+Z
重做(R)　Ctrl+Shift+Z
剪切(T)　Ctrl+X
复制(Y)　Ctrl+C
粘贴(P)　Ctrl+V
粘贴插入(I)　Ctrl+Shift+V
粘贴属性(B)　Ctrl+Alt+V
清除(E)　Delete
波纹删除(T)　Shift+Delete
副本(C)　Ctrl+Shift+/
全选(A)　Ctrl+A
取消全选(D)　Ctrl+Shift+A
查找(F)...　Ctrl+F
查找脸部
标签(L)
编辑原始资源(O)　Ctrl+E
在 Adobe Audition 中编辑
在 Adobe Photoshop 中编辑(H)
键盘快捷方式(K)...
首选项(N)

图 1-3-4　编辑菜单

（3）**项目菜单：**包含提供了改变整个项目属性的命令，使用这些命令可以设置压缩率、画幅大小、帧数率等（如图 1-3-5）。

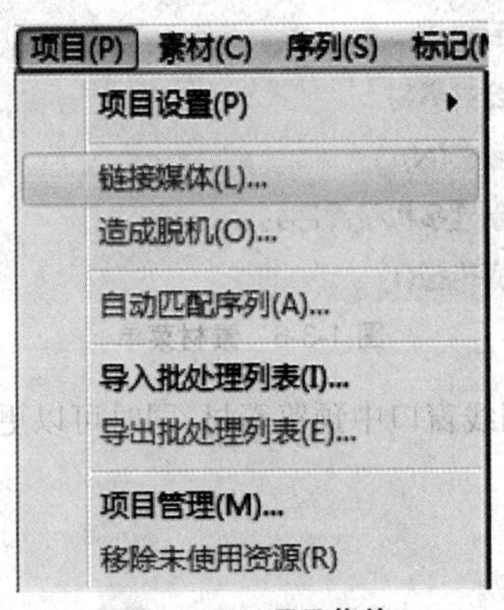


图 1-3-5　项目菜单

（4）**素材菜单**：包含用于更改素材运动和透明度设置的选项，同时它也包含在时间线中编辑素材（如图 1-3-6）。

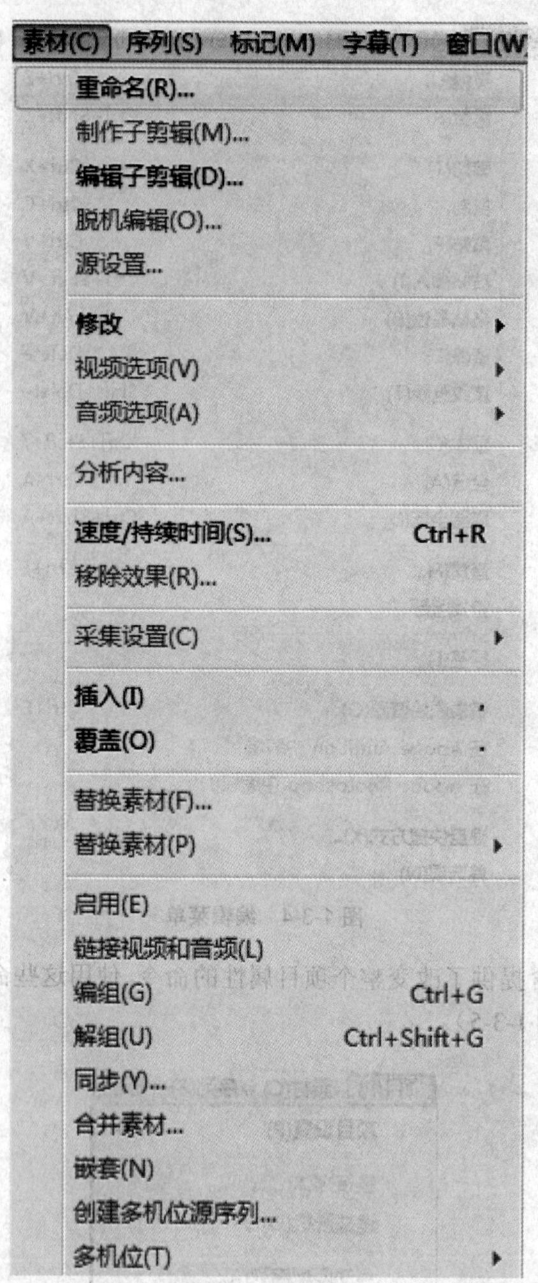


图 1-3-6 素材菜单

（5）**序列菜单**：可以在时间线窗口中预览素材，同时可以更改时间线文件夹中出现的视频和音频轨道数（如图 1-3-7）。

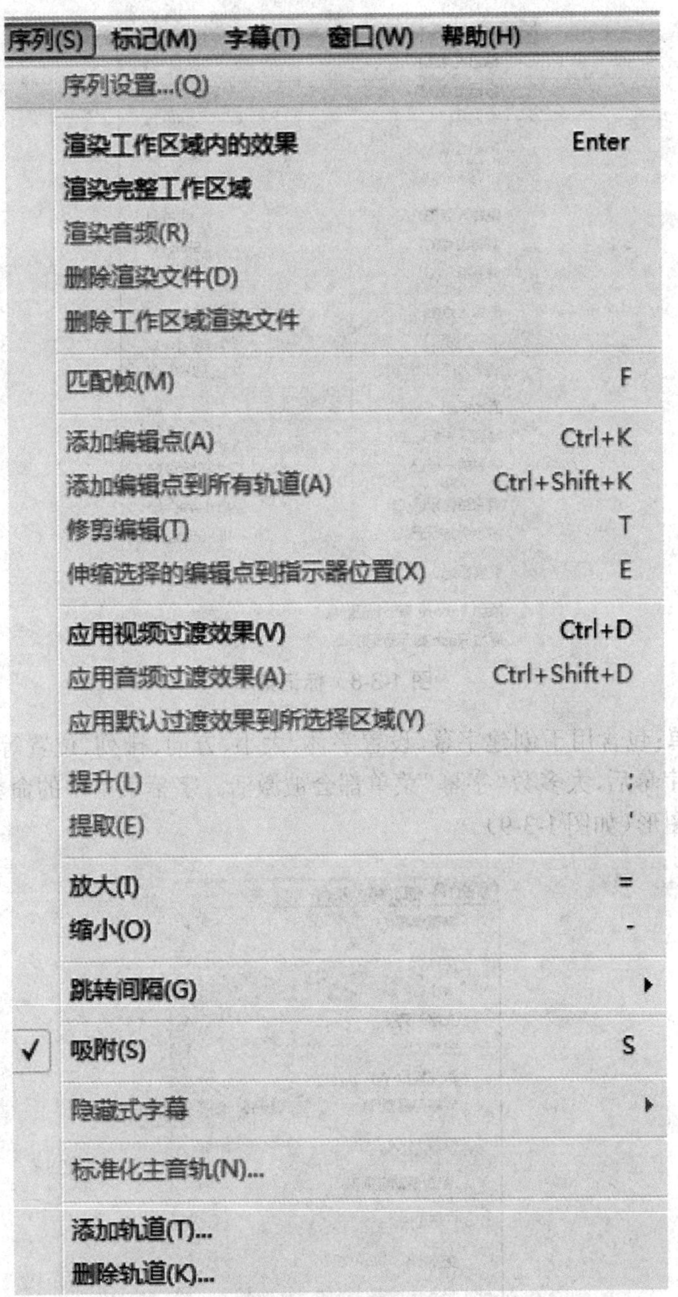


图 1-3-7　序列菜单

（6）**标记菜单：**包含用于创建、编辑素材、序列标记的命令，标记表示为类似五边形的形状，位于时间线标尺下方或时间线中的素材内。使用标记可以快速跳转到时间线的特定区域或素材中的特定帧（如图 1-3-8）。

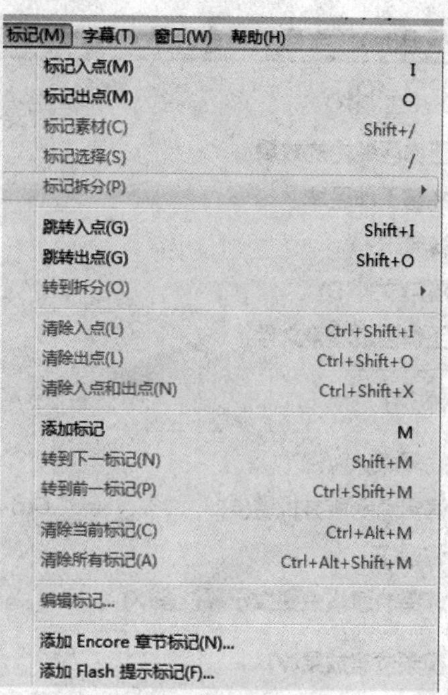


图 1-3-8 标记菜单

（7）**字幕菜单：**包含用于创建字幕、设置字体、大小、方向、排列、位置等命令，在字幕设计中创建一个新的字幕后，大多数“字幕”菜单都会被激活。字幕菜单中的命令能够更改在字幕中创建的文字与图形（如图 1-3-9）。

图 1-3-9 字幕菜单

（8）**窗口菜单：**包含 Premiere 软件中每一个面板，例如：项目面板、监视器面板、时间线面板等。大多数命令作用相似，在菜单中选择想要打开的面板名称，即可打开该面板（如图 1-3-10）。

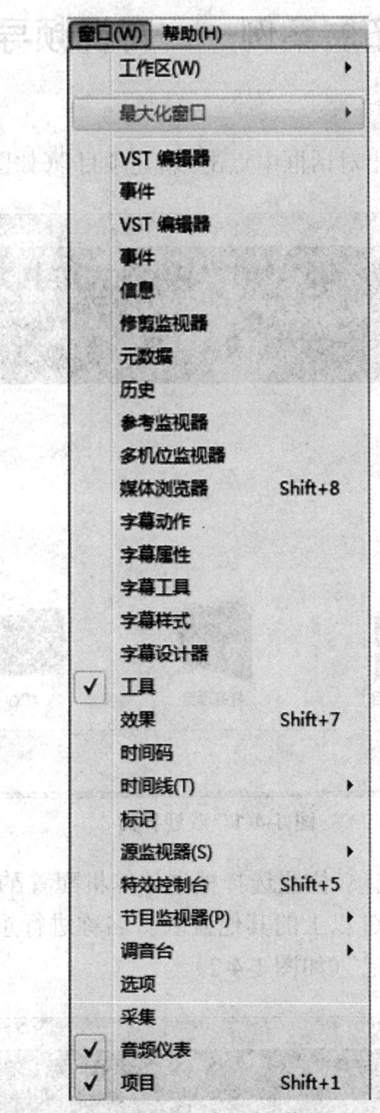


图 1-3-10　窗口菜单

（9）**帮助菜单：**包含 Premiere 软件应用的帮助命令、支持中心和产品改进计划等命令，“帮助”菜单的命令大多需要通过连接网络，选择或搜索某个主题进行学习（如图 1-3-11）。

图 1-3-11　帮助菜单

# 技能点 4　拓展案例——音视频导入与输出

1. 打开 Premiere 软件，在弹出对话框中点击“新建项目”（如图 1-4-1）。

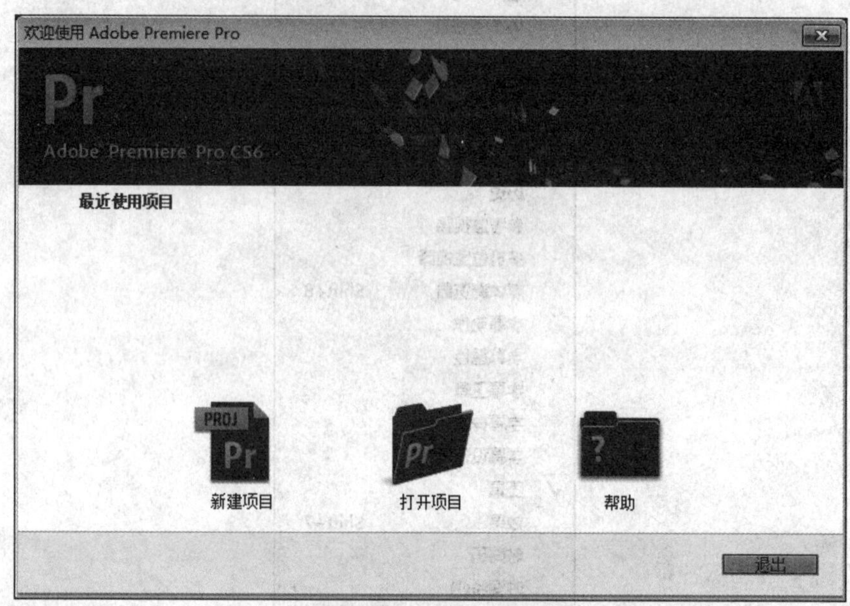


图 1-4-1　欢迎界面

2. 在常规标签中使用默认选项，位置选择根据计算机配置酌情处理（建议不要选择 C 盘作为存储盘，最好选择容量在 50G 以上的其他盘区），名称进行重命名（对项目重新命名在制作项目中会受益匪浅），点击“确定”（如图 1-4-2）。

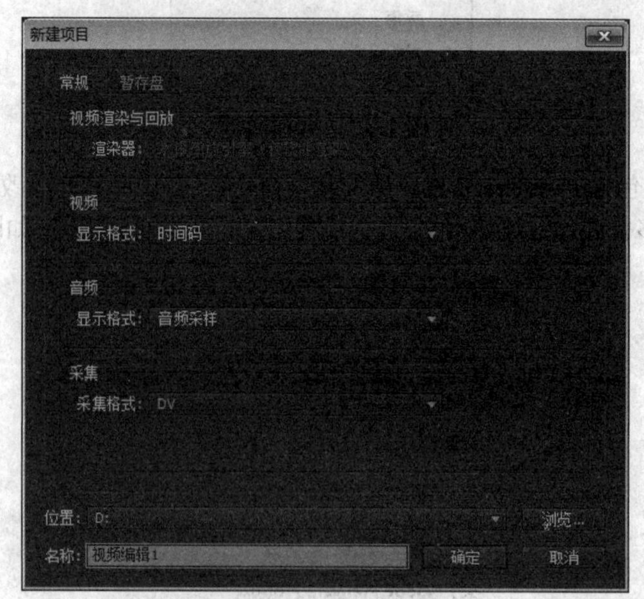


图 1-4-2　新建项目

3. 新建序列对话框分为三个标签：序列预设、设置、轨道，序列预设标签中选择默认选项“标准 48KHz”，右侧“预设描述”是对“标准 48KHz”的解释（如图 1-4-3）。

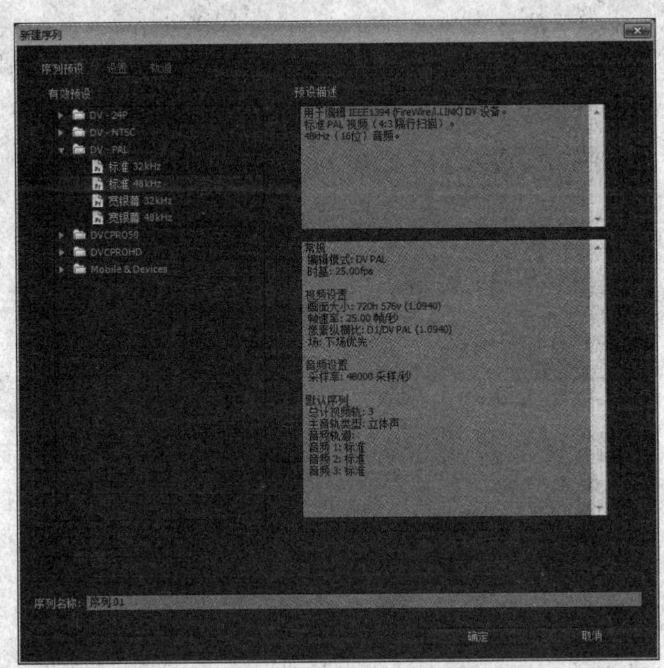


图 1-4-3　序列预设界面

4. 设置标签中选择默认选项（“画面大小”为 720 像素 *576 像素，此比率为电视信号默认比率），轨道标签中选择默认选项，点击“确定”（如图 1-4-4、1-4-5）。

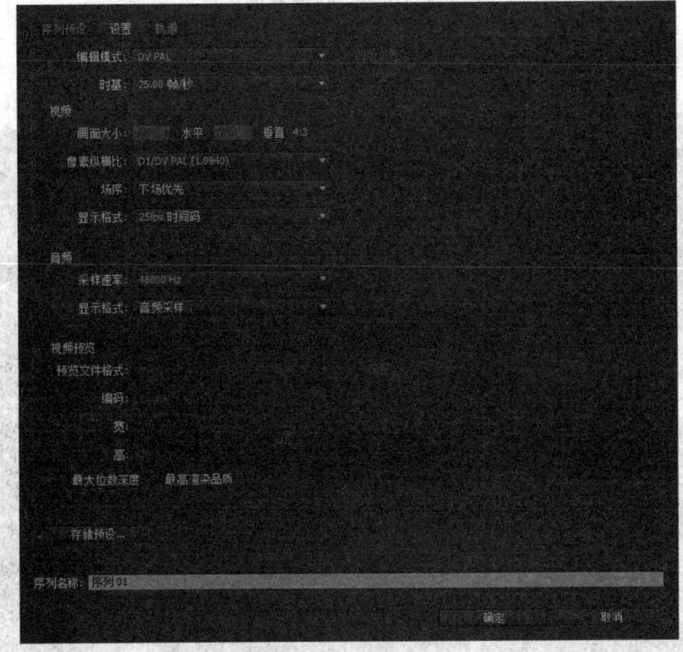


图 1-4-4　设置界面

图 1-4-5　轨道界面

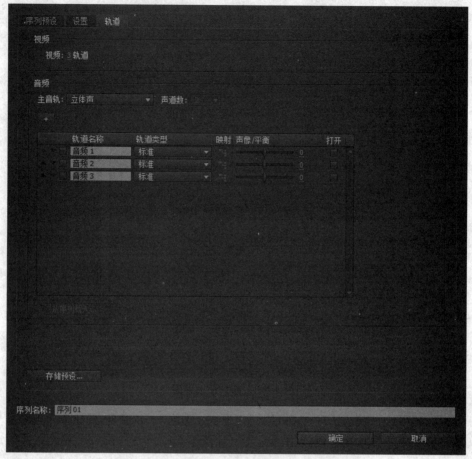

5. 进入 Premiere 软件工作界面（如图 1-4-6）。

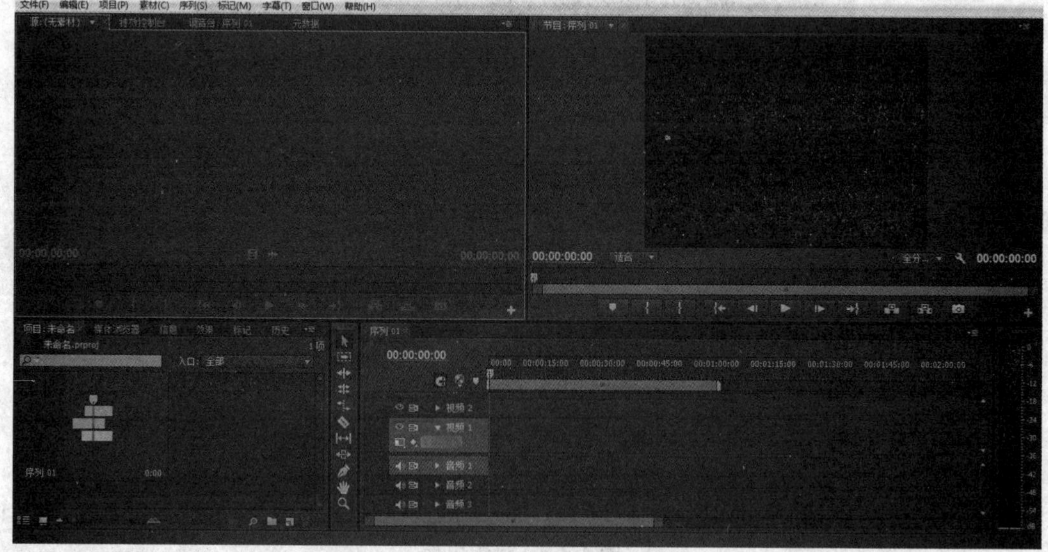

图 1-4-6　工作界面

6. 双击“项目”窗口，按照路径选择相应的视频素材，按住 Ctrl 键，同时使用鼠标左键选择“迅腾出品”、“迅腾辉煌”、“迅腾之歌”三个视频素材（如图 1-4-7）。

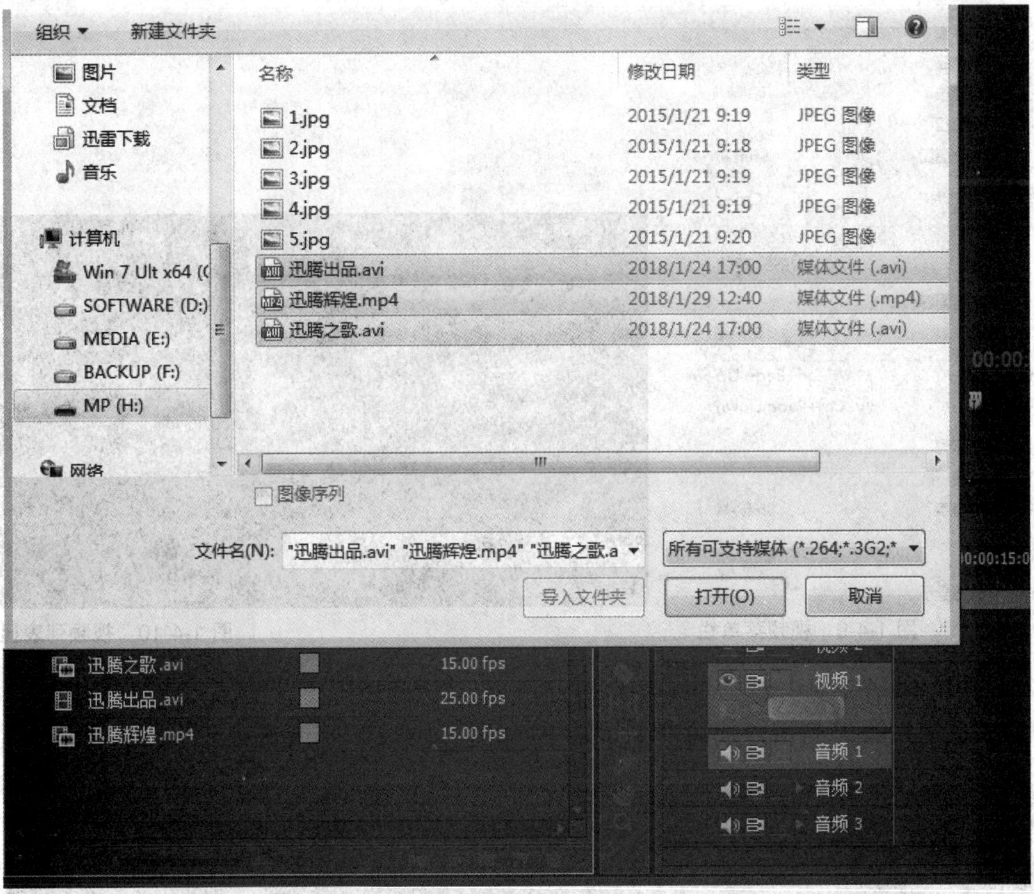

图 1-4-7　导入视频

7. 点击“打开”将视频素材导入“项目”窗口（如图 1-4-8）。

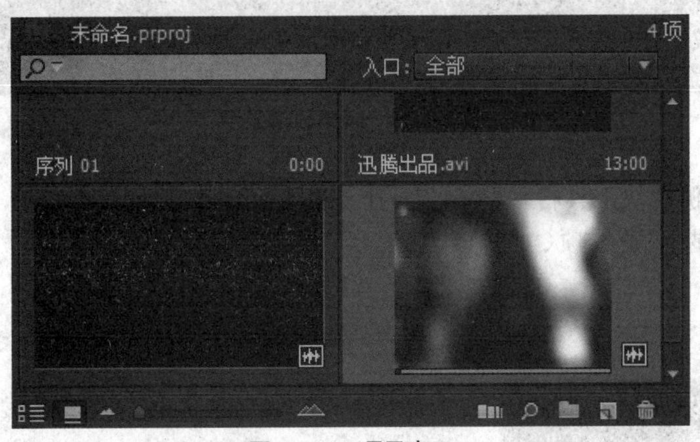


图 1-4-8　项目窗口

8. 由于视频的显示方式不便于编辑，所以首先更改显示方式。点击[▾≡]，在弹出的菜单中选择“列表”（如图 1-4-9、1-4-10）。

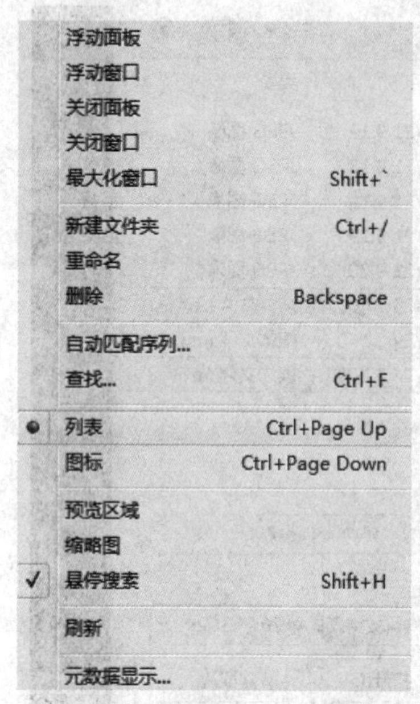


图 1-4-9　视频菜单栏

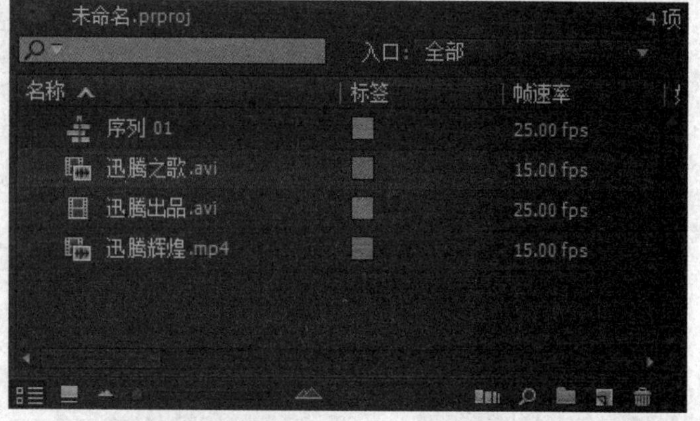


图 1-4-10　视频列表显示

9. 使用“选择工具”，将三个视频素材“迅腾出品”、“迅腾辉煌”、“迅腾之歌”分别拖入“视频 1”轨道、“视频 2”轨道、“视频 3”轨道之中（如图 1-4-11）。

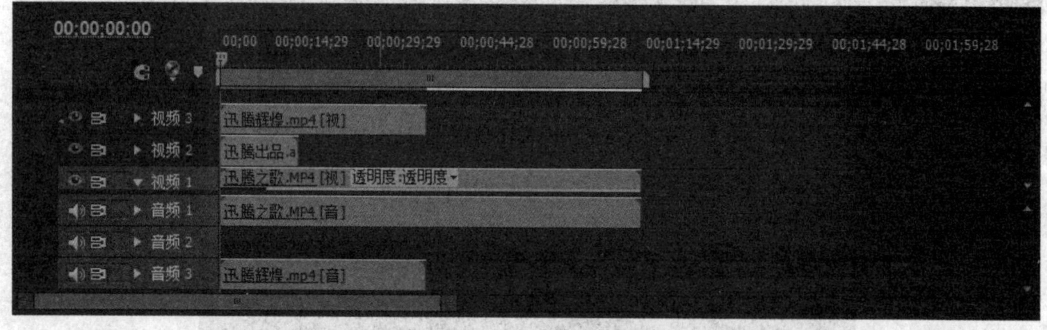


图 1-4-11　视频轨道显示

10. 使用最右侧滑块工具将“视频 1”轨道全部显示出来（如图 1-4-12）。点击[▣]工具，弹出对话框，选择“显示帧”选项（如图 1-4-13）。

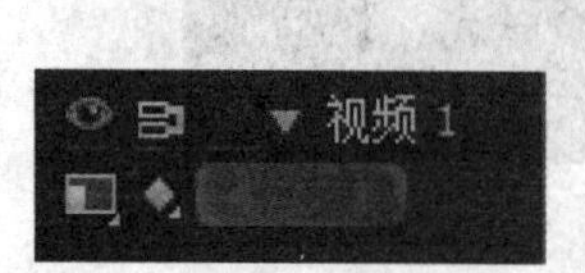


图 1-4-12　视频 1 轨道控制器

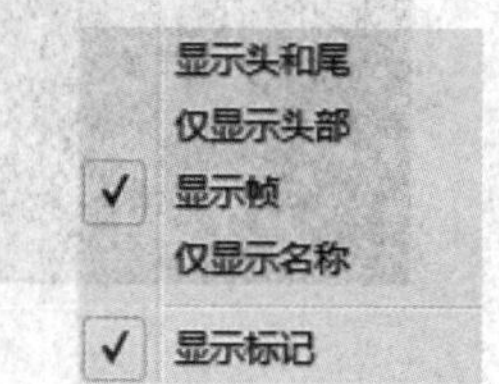


图 1-4-13　视频轨道显示对话框

11."视频 2"轨道中如果也想改变显示样式，点击视频 2 左边▶，将其变为▼视频 2 即可选择显示样式。其他"视频"轨道的操作方法同样（如图 1-4-14）。

图 1-4-14　视频 2 轨道控制器

12. 使用"选择工具"将"视频 2"轨道素材的入点对齐"视频 1"轨道素材的出点，将"视频 3"轨道素材的入点对齐"视频 2"轨道素材的出点，如果再有更多的"视频"轨道素材，便以此类推（如图 1-4-15、1-4-16）。

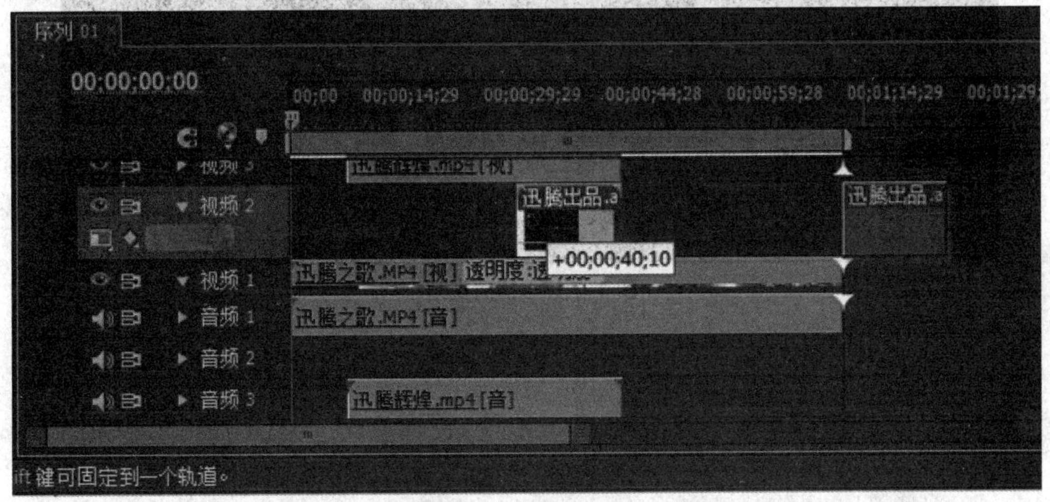


图 1-4-15　对齐视频 2

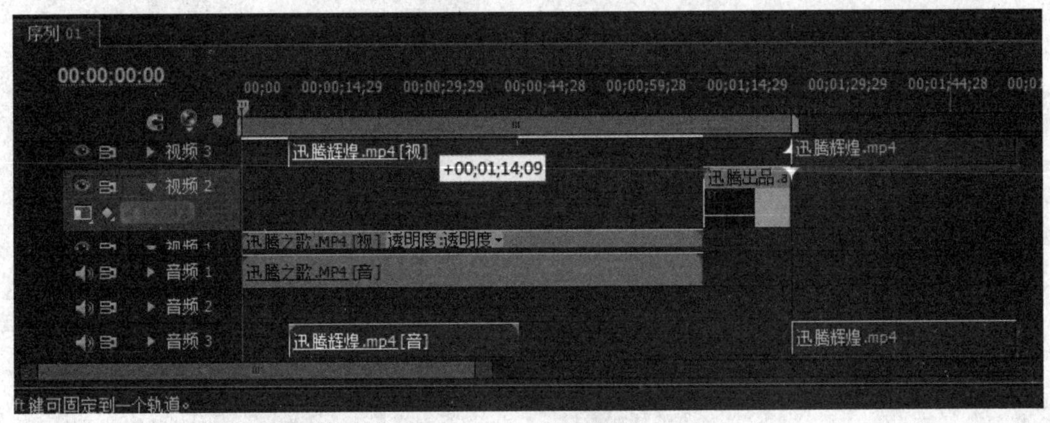


图 1-4-16　对齐视频 3

13. 按键盘的空格键，播放编辑完成的视频，检查最终效果，确保无误后对文件进行保存，完成此次的编辑工作。同学们可以此项目为基础，对这一章节所讲述其他知识进行练习，视频播放速度与流畅性是由计算机配置决定的，例如：内存、CPU 等（如图 1-4-17）。

图 1-4-17 播放视频

# 第二章 Premiere 的基本工作流程

通过 Premiere 的基本工作流程的学习，同学们可以了解到如何完成一个视频制作过程，学习并且熟练掌握所讲内容，包含如何将数字视频素材和图形加载到 Premiere 项目中、如何添加转场和特效、如何制作字幕等，并把它们编辑成一段演示视频。最终，将影片导出为一个视频文件格式，以便使用其他程序进行观看。

## 技能点 1 设置首选项参数

开始创建项目时，会遇到许多用于视频、压缩、采集和输出的设置。下面将了解“设置项目”对话框中的所有选项，包括“帧速率”、“画幅大小”、“像素纵横比”、“项目设置”对话框中常用的术语，及各种对话框的使用指南，以便正确指定项目的启动设置。（本节将详细介绍设置首选项参数及首选项的作用，但是参数是否需要变化，则根据个人操作习惯与项目制作的要求进行设置。）

### 1 常规

选择菜单“编辑→首选项”命令，然后在“参数子菜单”中任意选择一个选项即可访问这些设置（如图 2-1-1），接着在弹出的“首选项”对话框中将显示“常规”参数的内容，（如图 2-1-2）。

“常规”参数中各选项的含义如下。

**视频切换默认持续时间：**在首次应用切换效果时，此设置用于控制其持续时间。默认情况下，此字段设置为 25 帧，大约为 1 秒钟。

**音频过渡默认持续时间：**在首次应用“音频切换”效果时，此设置用于控制其持续时间。默认设置是 1 秒钟。

**静帧图像默认持续时间：**在首次将静帧图像放置在“时间线”面板上时，此设置用于控制其持续时间。默认设置是 125 帧（5 秒钟），每秒钟 25 帧。

**时间轴播放自动滚屏：**使用此设置可以选择播放时“时间线”面板是否滚动。使用自动滚动可以在中断播放时停止在时间线某一特定点上，并且可以在播放期间反映“时间线”面板的编辑情况。在右方的下拉菜单中可以将“时间线”面板设置为播放时按页面滚动、平滑滚动或不滚动。

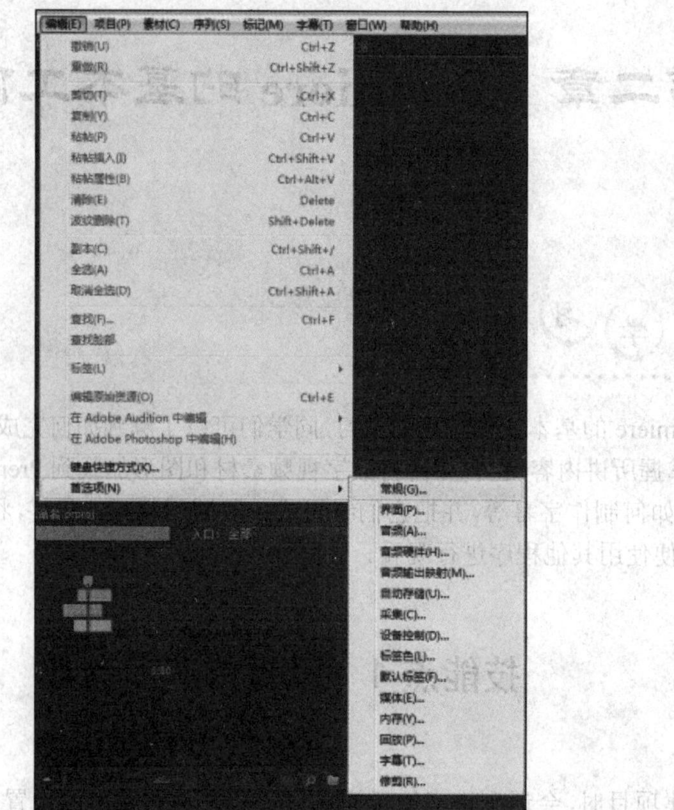


图 2-1-1 首选项菜单

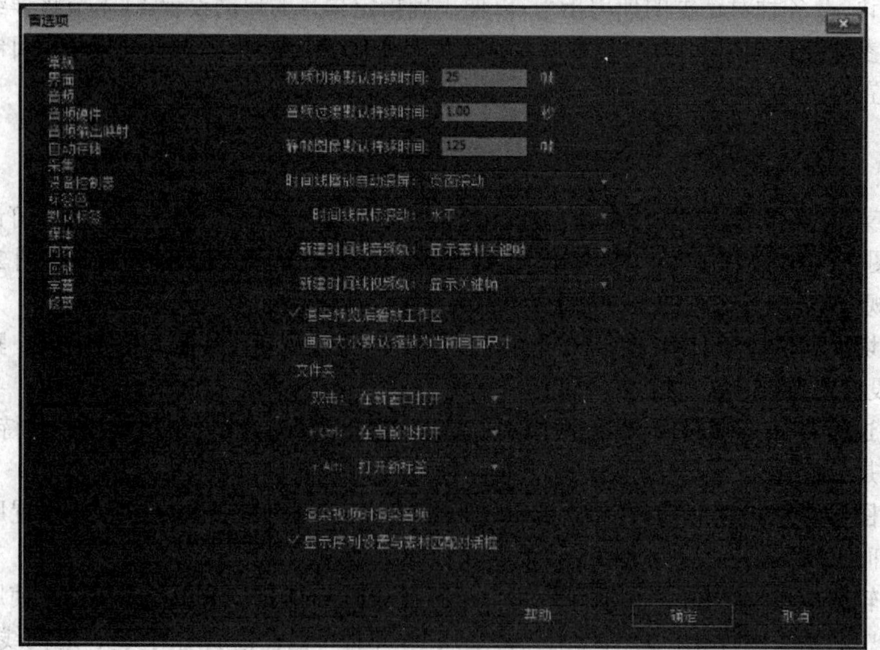


图 2-1-2 常规面板

**时间轴鼠标滚动:**用于设置在“时间线”面板中“水平”或“垂直”滚动的状态,在“时间线”面板中使用鼠标中键即可“垂直”或“水平”滚动屏幕。

**新建时间轴音频轨:**用于设置在“时间线”面板中新建“音频轨道”的状态,在右方的下拉菜单中可以选择“新建时间轴音频轨”的显示状态。

**工作区:**默认情况下,Premiere Pro 在渲染后播放工作区。如果不想在渲染后播放工作区,则可以取消选择此选项。

**画面大小默认适配为当前项目画面尺寸:**默认情况下, Premiere Pro 不会放大或缩小与项目画幅大小不匹配的影片。如果想让 Premiere Pro 自动缩放导入的影片,则选择此选项。注意:如果选择让 Premiere Pro 缩放到画幅大小,那么不是按项目画幅大小创建的导入图像可能会出现扭曲。

**文件夹:**使用文件夹部分可以在“项目”面板中管理影片。单击各个选项中的下拉菜单,可以选择“在新窗口打开”、“在当前处打开”,或“打开新标签”。

**渲染视频时渲染音频:**默认情况下,渲染视频将不渲染音频,选择此选项后,渲染视频时,将音频一同渲染出来。

**显示匹配序列设置对话框:**默认情况下,设置的序列参数不会随着导入素材的参数更改。

## 2　界面

在“首选项”对话框的左方列表中选择“界面”选项,将显示“界面”的参数设置,在对话框的右方拖拽“亮度”滑块,可以调整界面的亮度,向右拖拽滑块将增加界面亮度,单击“默认”按钮,将还原默认界面亮度(如图 2-1-3)。

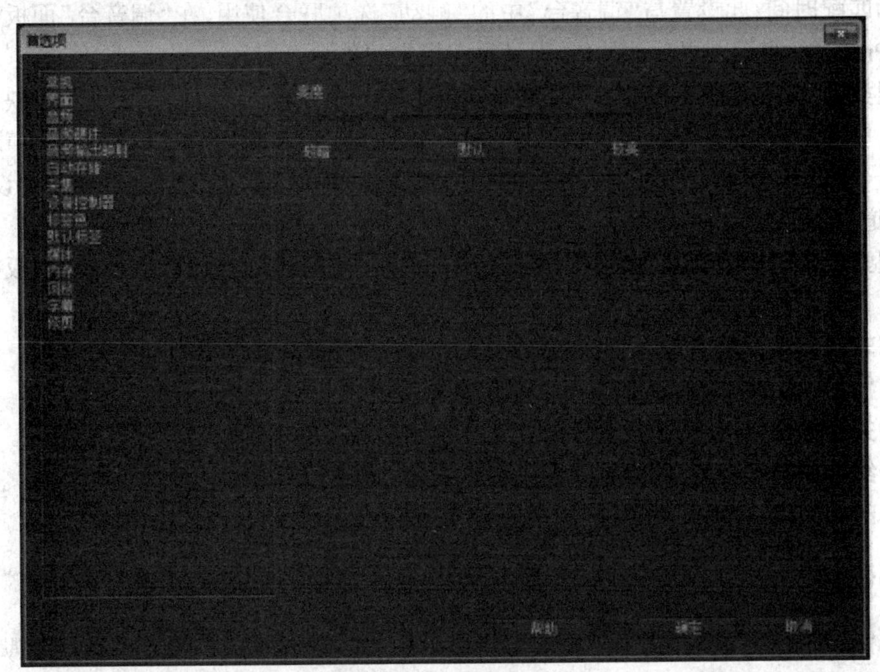

**图 2-1-3　界面面板**

## 3 音频

选择“音频”选项，在对话框右方将显示相关“音频”的设置参数（如图 2-1-4）。

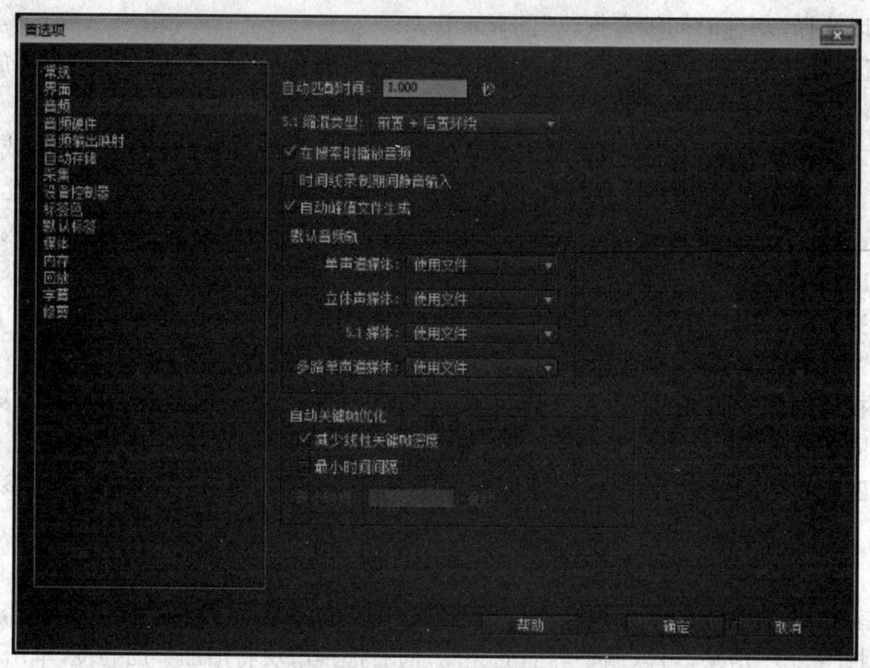


图 2-1-4　音频面板

**自动匹配时间：**此设置与“调音台”中的“触动”选项联合使用，在“调音台”面板中选择触动之后，Premiere 将返回更改前的值，但是仅在指定的秒数之后。

**缩混类型：**此设置用于控制 5.1 环绕音轨混合。一个 5.1 音轨由以下 3 个不可缺少的声道组成：左、中和右声道（5 个主要声道的前 3 个）。加上左后和右后声道（成为 5 个声道的其余两个）和一个低频声道（LFE）。使用 5.1 缩混类型下拉菜单可以更改“混合声道”的设置，这将降低“声道”的数目。

**在搜索走带时播放音频：**此设置用于控制是否在“时间线”面板或“监视器”面板中搜索走带时播放音频。

**时间轴录制期间静音输入：**此设置在使用“调音台”面板进行录制时关闭音频。当计算机上连接有“扬声器”时，选择此选项可以避免音频反馈。

**自动关键帧优化：**使用此设置可防止调音台创建过多的关键帧而导致性能降低。

**减少线性关键帧密度：**此设置试图仅在直线末端创建关键帧。

**最小时间间隔：**使用此设置控制“关键帧”之间的最小时间。

## 4 音频硬件

选择“音频硬件”选项，在对话框右方将显示相关“音频硬件”的设置参数，在“默认设置”选项的下拉列表中可以选择“音频硬件”的默认设备（如图 2-1-5）。

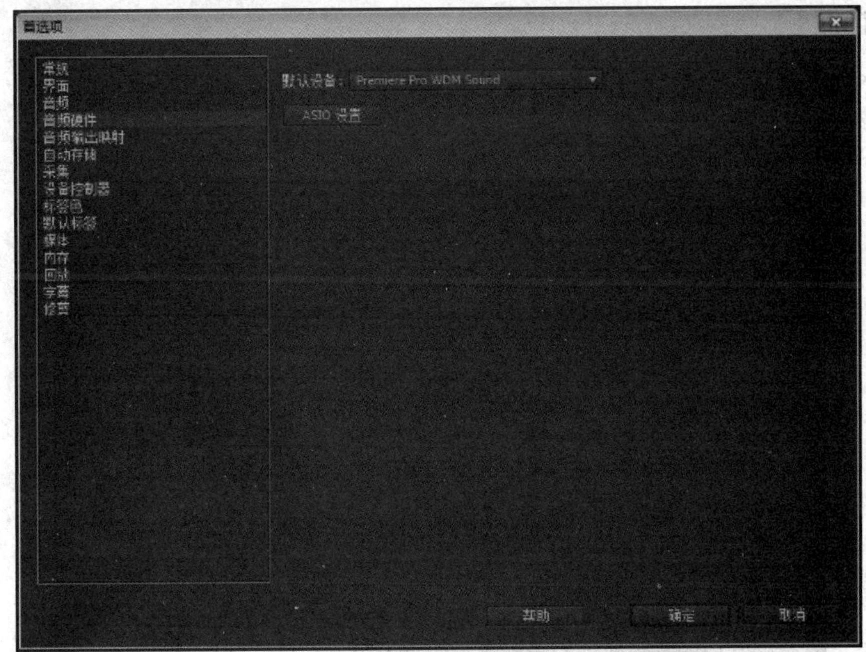


图 2-1-5 音频硬件面板

**ASIO 设置：**可以设置音频输入的硬件设备，还可以设置输入“音频”的缓存大小和采样。

## 5 音频输出映射

选择“音频输出映射”选项，将显示“音频输出映射”的相关参数，提供了用于“扬声器”输出的显示，指示了“音频”如何映射到声音设备中（如图 2-1-6）。

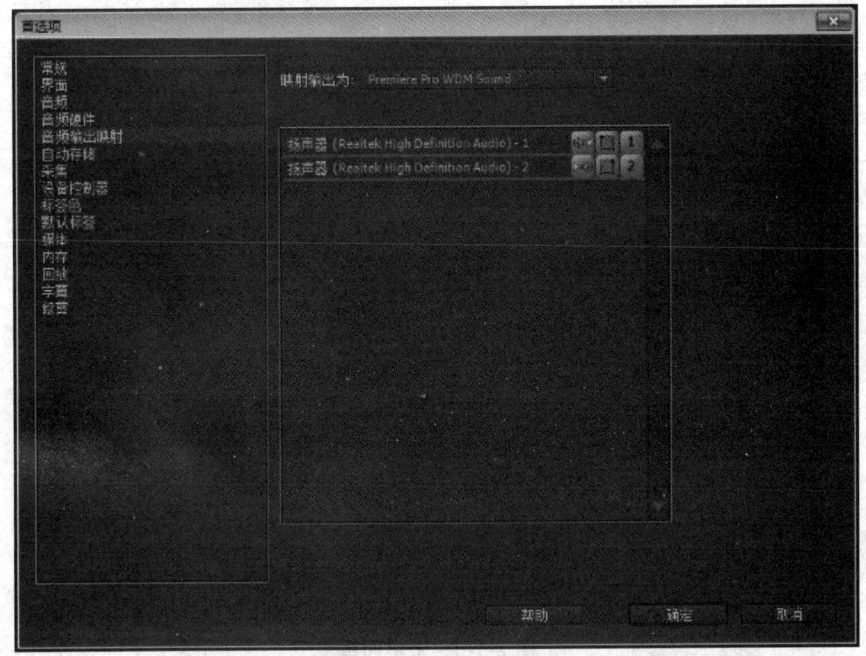


图 2-1-6 音频输出映射面板

## 6 自动存储

选择“自动保存”选项，在此可以设置“自动保存”项目的间隔时间，还可以修改“最多项目存储数量”（如图 2-1-7）。

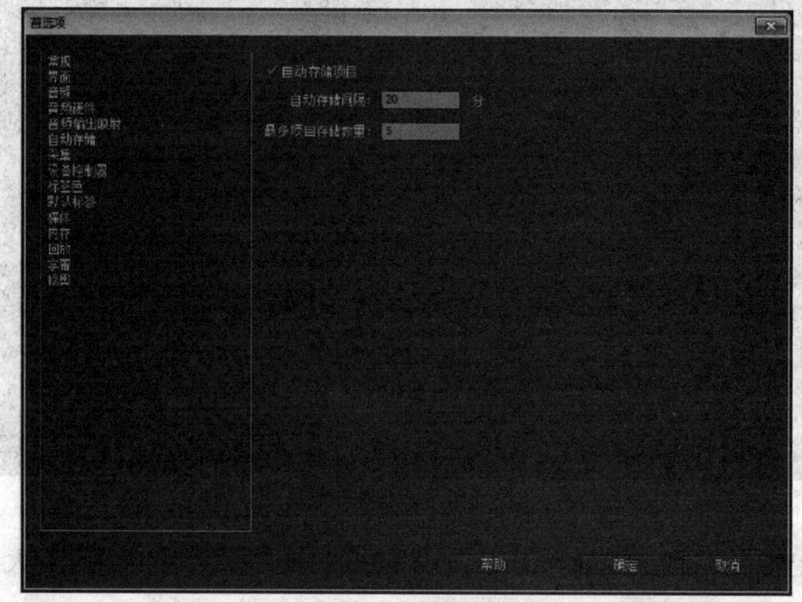


图 2-1-7 自动保存面板

## 7 采集

选择“采集”选项，在此可以设置“采集”的相关参数（如图 2-1-8）。

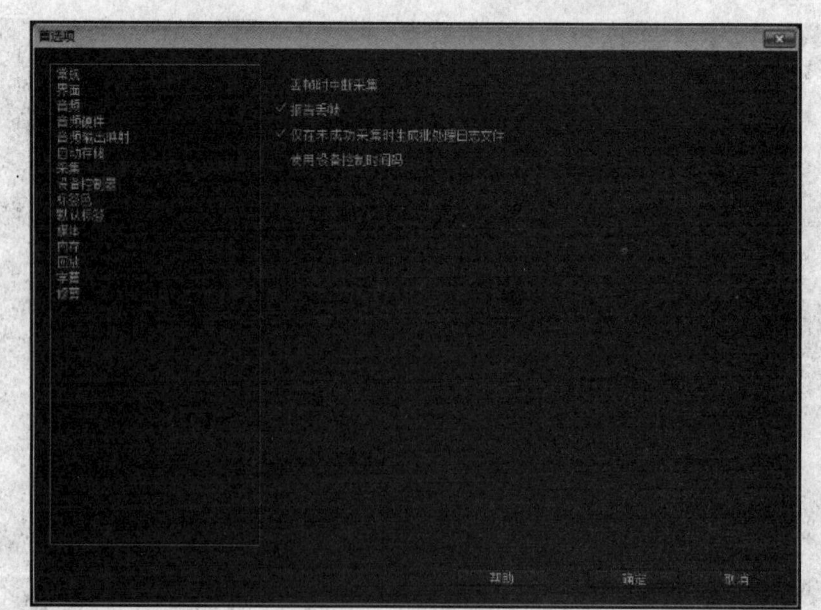


图 2-1-8 采集面板

**采集:**设置提供了用于“视频采集”和“音频采集”的选项。“采集”参数的作用是显而易见的,用户可以选择在丢帧时中断“采集”,也可以选择在屏幕上查看关于“采集”过程和“丢失帧”的报告。选择“仅在未成功采集时生成批处理日志文件”选项,可以在硬盘中保存日志文件,列出未能成功批量“采集”时的结果。

## 8　设备控制器

选择“设备控制器”选项,可以在“设备”参数中选择当前的采集设备(如图 2-1-9)。

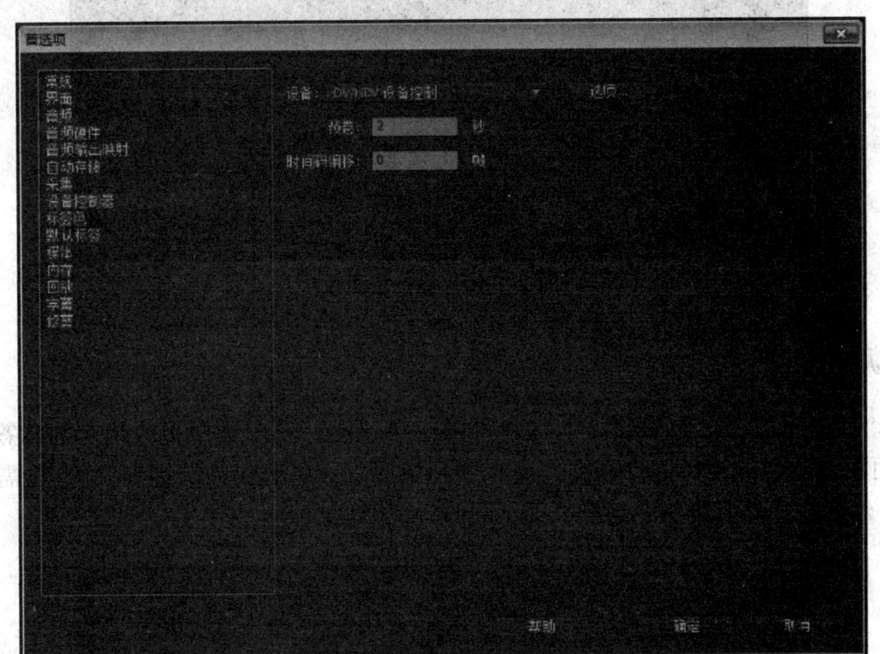


**图 2-1-9　设备控制器面板**

**预卷:**使用“预卷”设置,可以设置“磁盘卷动时间”和“采集开始时间”之间的间隔。这可使录像机或 VCR 在采集之前达到应有的速度。

**时间码偏移:**使用“时间码偏移”选项可以指定 1/4 帧的时间间隔,以补偿采集材料和实际磁带的“时间码”之间的偏差。使用此选项可以设置采集视频的“时间码”以匹配“录像带”上的帧。

**选项:**单击“选项”按钮可以打开“DV/HDV 设备控制设置”对话框,在此可以选择采集设备的品牌、设置时间码格式,并检查设备的状态是否在线等。

## 9　标签色

选择“标签色”选项,可以在“标签色”参数中更改“项目”面板中出现的标签颜色(如图 2-1-10),也可以在左方“色彩名称编辑”选项中更改颜色名称。单击“标签色”选项,将打开“颜色拾取”对话框,在矩形颜色框内单击鼠标左键,然后单击并垂直拖拽滑块可以更改颜色,也可以通过在数字字段输入数值更改颜色。

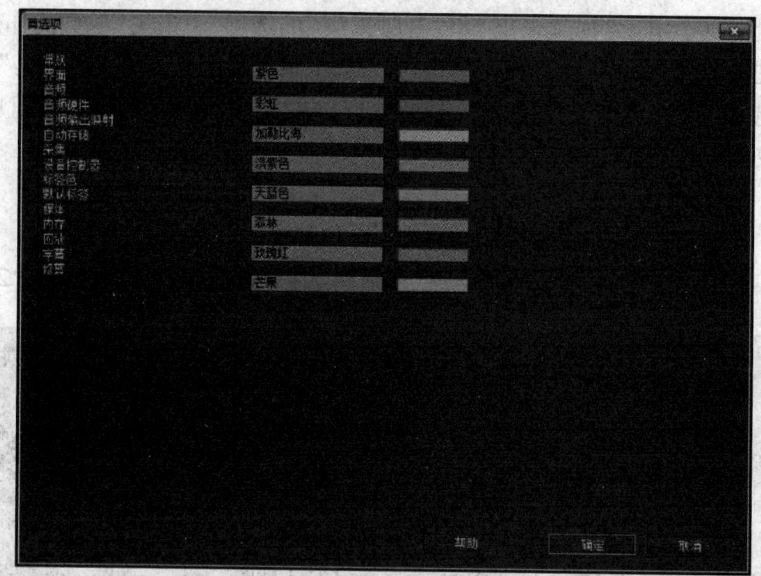


图 2-1-10　标签色面板

## 10　默认标签

选择“默认标签”选项(如图 2-1-11),可以在“默认标签”参数中更改指定的标签颜色,如“项目”面板中出现的视频、音频、文件夹和序列标签等。更改视频的标签颜色,只需单击“视频”选项,然后在弹出的菜单中选择一种不同的颜色即可。

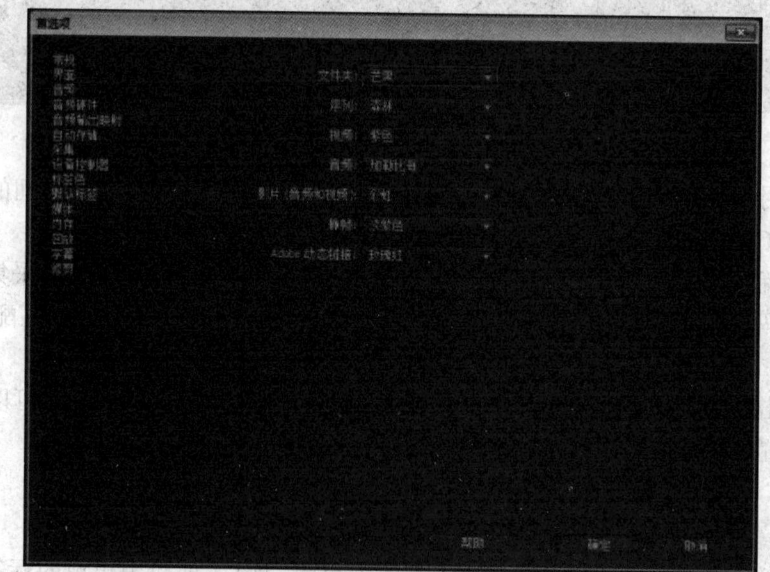

图 2-1-11　默认标签面板

## 11　媒体

选择“媒体”选项(如图 2-1-12),可以使用 Premiere 的“媒体”参数设置“媒体高速缓存文件”和“媒体高速缓存数据库”的位置。Premiere Pro 中可以识别的“缓存数据文件”如下：Peak 音频文件、cfa 统一音频文件和 MPEG 视频索引文件。单击“清理”按钮之后，Premiere Pro 将审查原始文件，将它们与缓存文件比较，然后移除不再需要的文件。

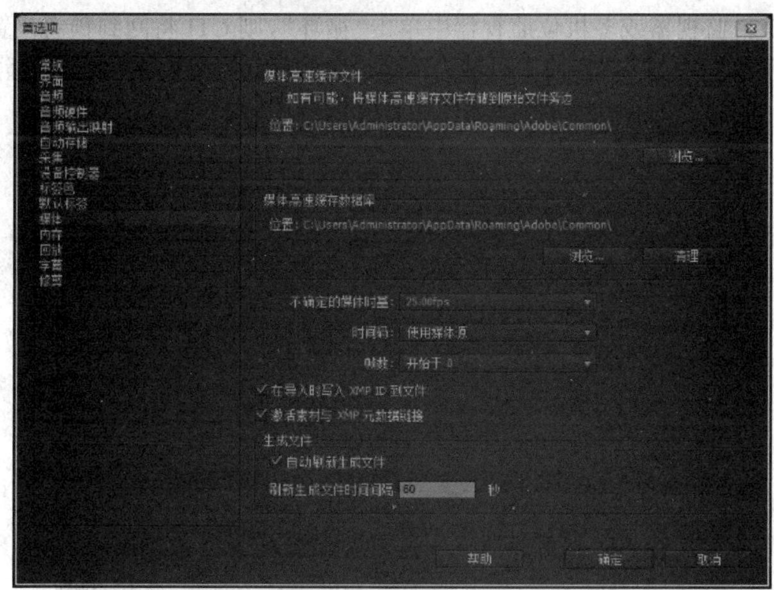


图 2-1-12　媒体面板

## 12　内存

选择“内存”选项，可以在该对话框中查看电脑中已安装的内存信息和可用的内存信息，还可以修改优化渲染的对象（如图 2-1-13）。

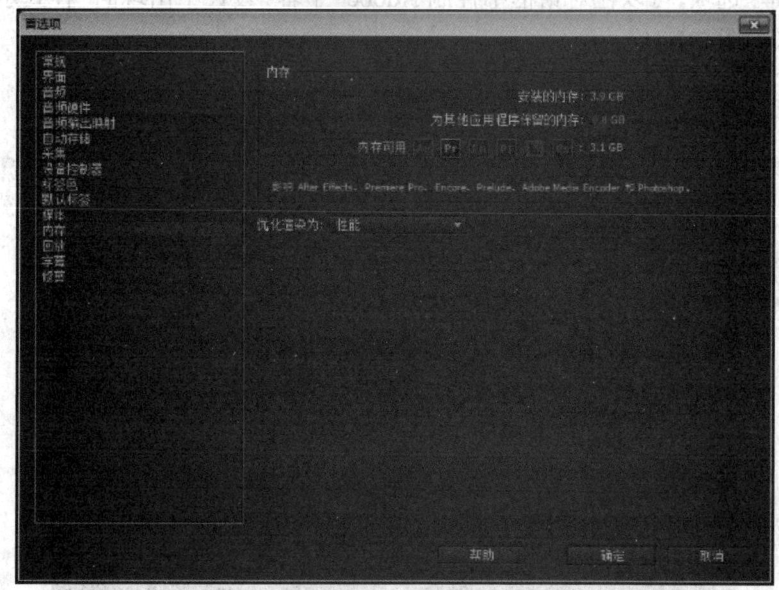


图 2-1-13　内存面板

## 13 回放

选择“回放”设置选项后，将显示“预卷”和“过卷”的参数设置，在单击监视器中的“循环”播放按钮后，这些设置将控制 Premiere Pro 在当前时间指示（CTI）前后播放的影片。如果在素材源监视器、节目监视器或多机位监视器中单击“循环”，则 CTI 将回到预卷位置并播放到后卷位置。在“预卷”和“过卷”字段中以秒为单位设置时间。也可以在“默认的播放器”、“音频设备”和“视频设备”选项中进行设置（如图 2-1-14）。

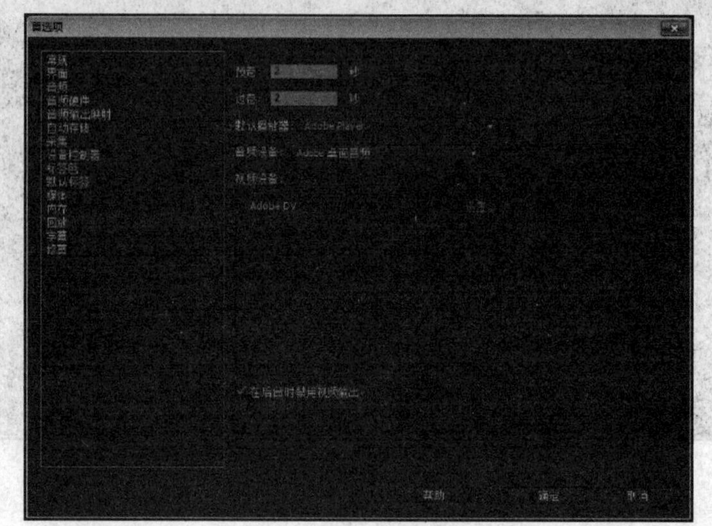

图 2-1-14　回放面板

## 14 字幕

选择“字幕”选项，可以在对话框中控制 Adobe“字幕”设计中出现的“样式示例”和“字体浏览”的显示（如图 2-1-15）。

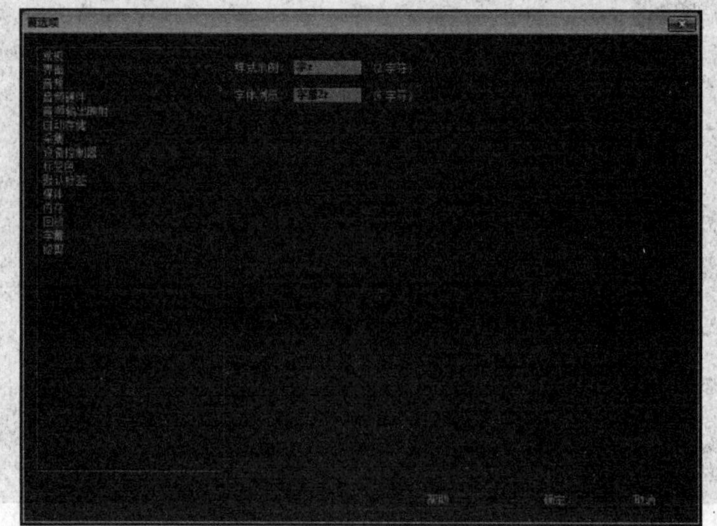

图 2-1-15　字幕面板

### 15　修剪

选择“修剪”选项，可以在对话框中修改最大修剪偏移的值和音频时间单位（如图 2-1-16）。

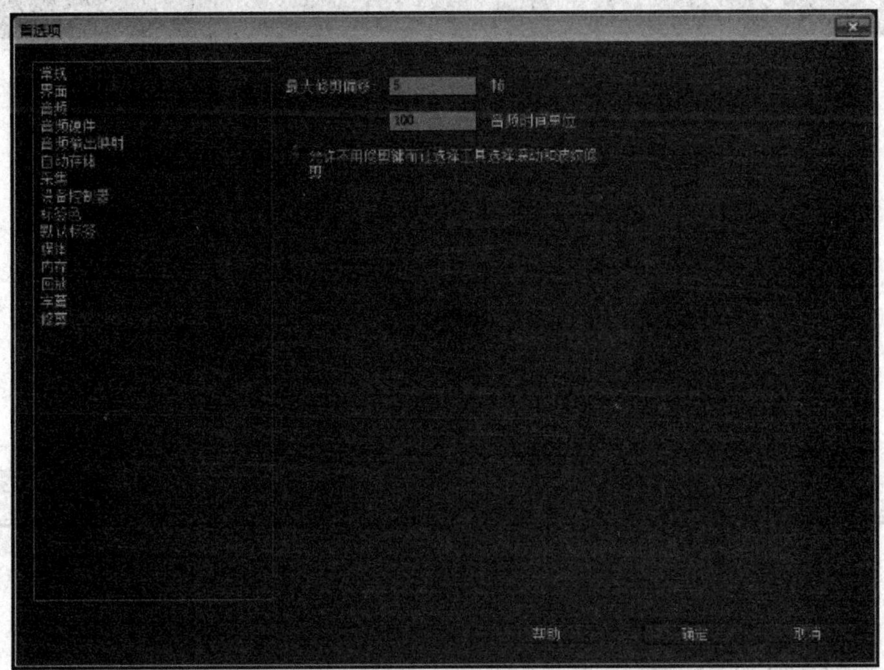


图 2-1-16　修剪面板

## 技能点 2　拓展案例——视频制作流程

本案例将带领大家逐步了解在 Premiere 中制作一个简短视频作品的整个流程。按照此流程操作后，可以学习如何在“时间线”面板上放置素材，在“素材源监视器”面板中编辑素材、应用“切换效果”，以及“视频特效”和“音频特效”等的应用。

（1）创建项目文件。启动 Premiere，然后单击“新建项目”（如图 2-2-1），在弹出的“新建项目”对话框中设置文件的保存位置与文件名（如图 2-2-2），再单击“确定”按钮，最后在弹出的“新建序列”对话框中单击“确定”按钮完成新建项目操作（如图 2-2-3）。

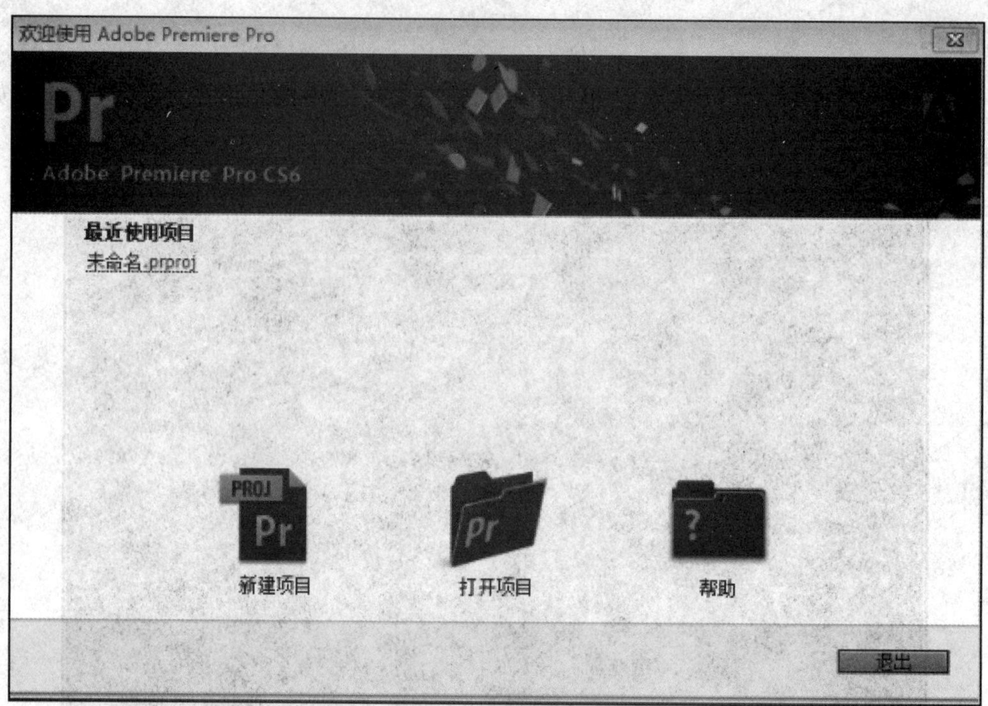


图 2-2-1 欢迎界面

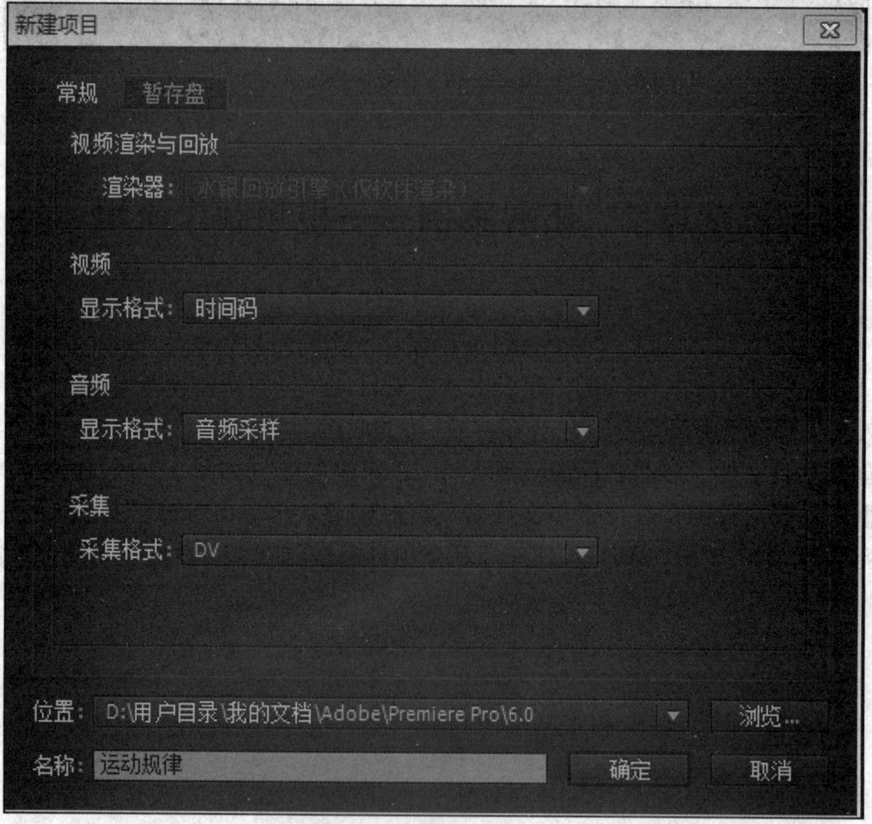

图 2-2-2 运动规律

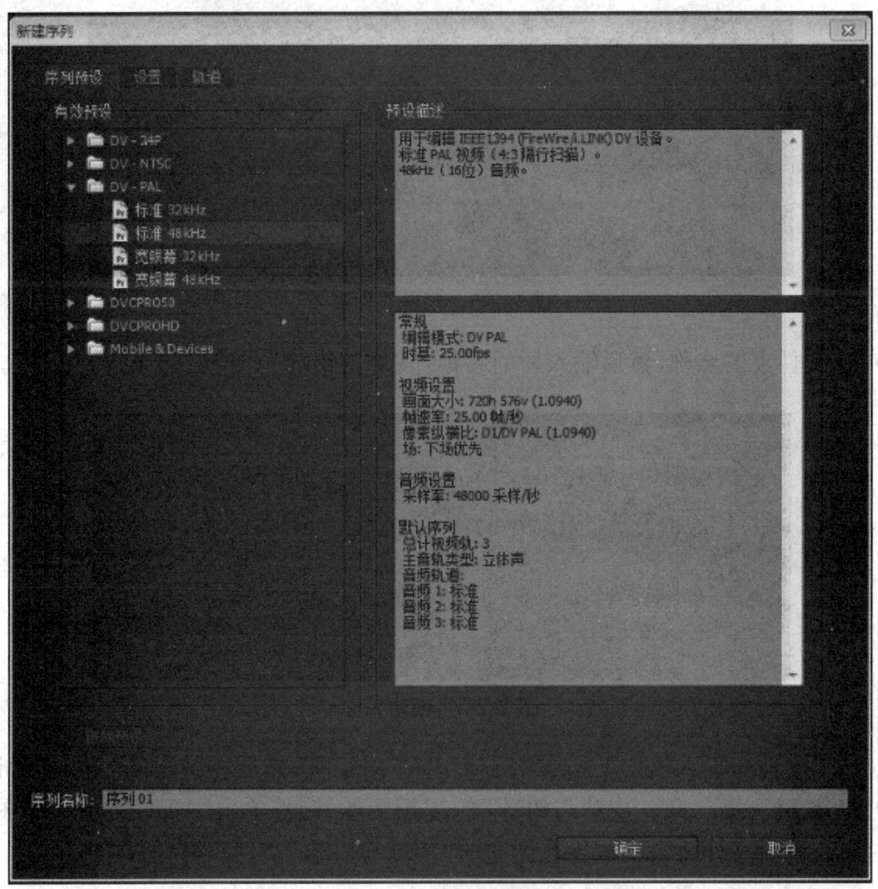


图 2-2-3　新建序列

（2）导入素材文件。在“项目”面板中单击鼠标右键，然后在弹出的快捷菜单中选择“新建文件夹”命令（如图 2-2-4），这样可以新建一个文件夹“文件夹 01”（如图 2-2-5）。

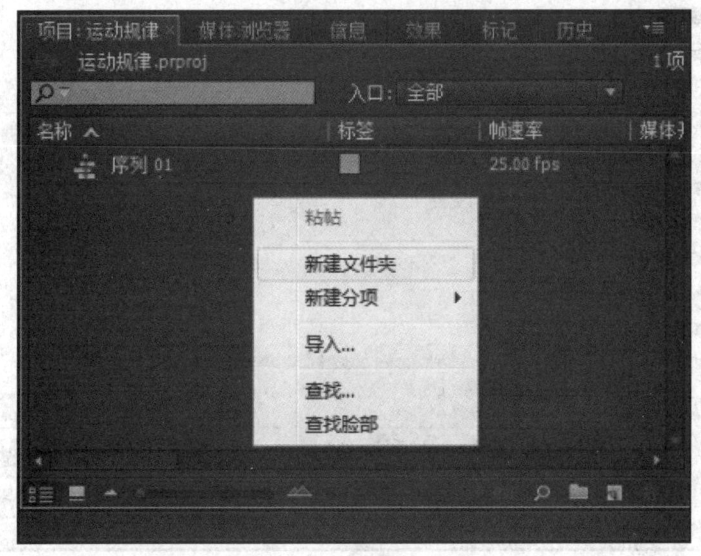


图 2-2-4　新建文件夹

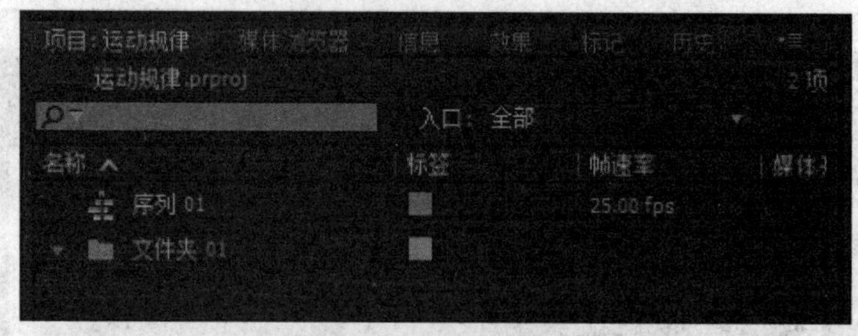


图 2-2-5 创建文件夹

（3）单击文件夹的名称，然后输入新的名称“皮球与铅球”（如图 2-2-6）。

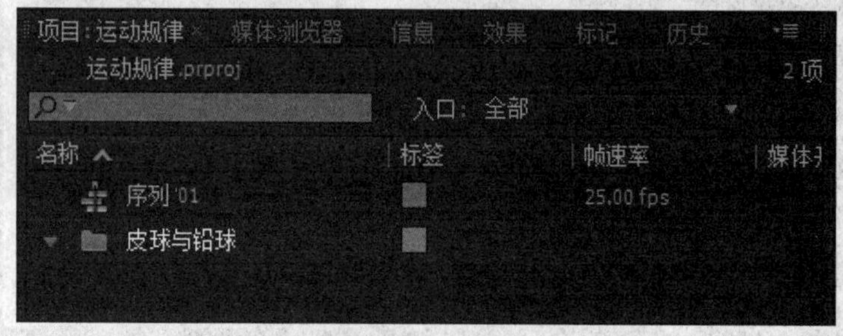


图 2-2-6 创建名称

（4）点击“文件→导入”菜单命令，打开“导入”对话框，然后在弹出的“导入”对话框中选择光盘中的“素材→第二章→皮球与铅球”的视频文件，接着单击“打开”按钮（如图 2-2-7），导入素材以后，素材文件将自动放置在新建的“皮球与铅球”文件夹内（如图 2-2-8）。

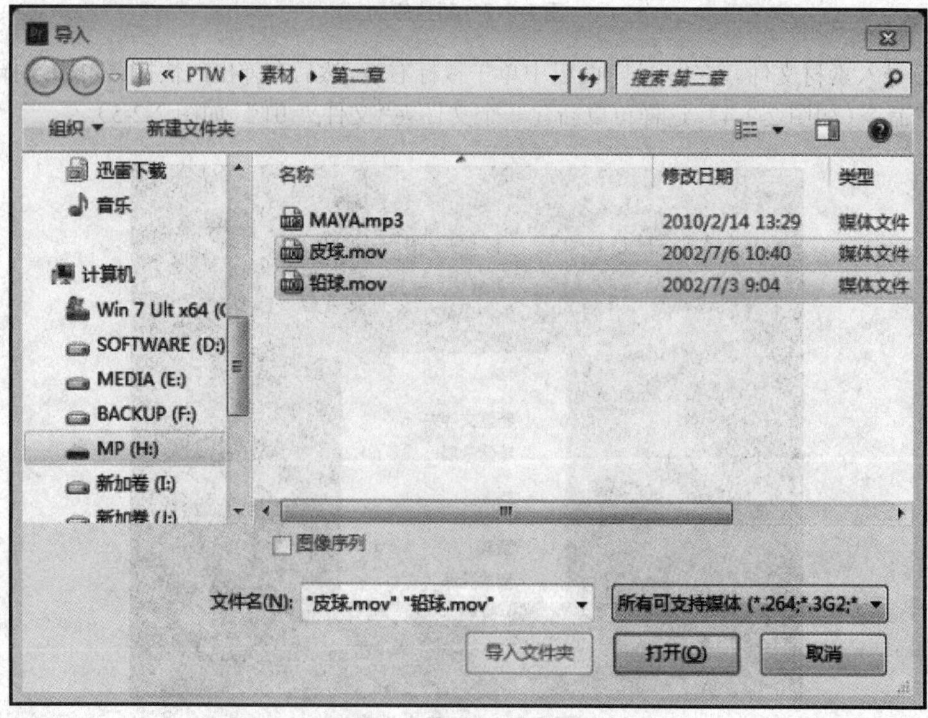


图 2-2-7 导入视频素材

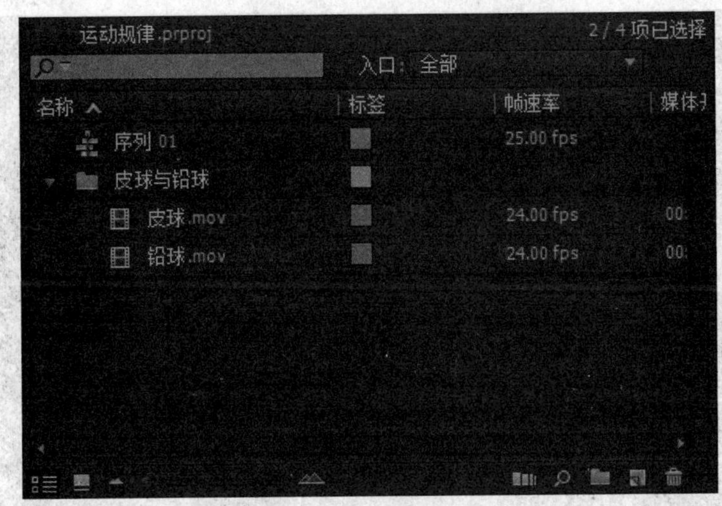


图 2-2-8　视频素材

(5)在空白处双击鼠标左键，接着在弹出的"导入"对话框中选择光盘中的"素材→第二章→素材 MAYA.mp3"文件作为背景音乐素材(如图 2-2-9)，导入完成后将该文件重命名为"背景音乐"(如图 2-2-10)。

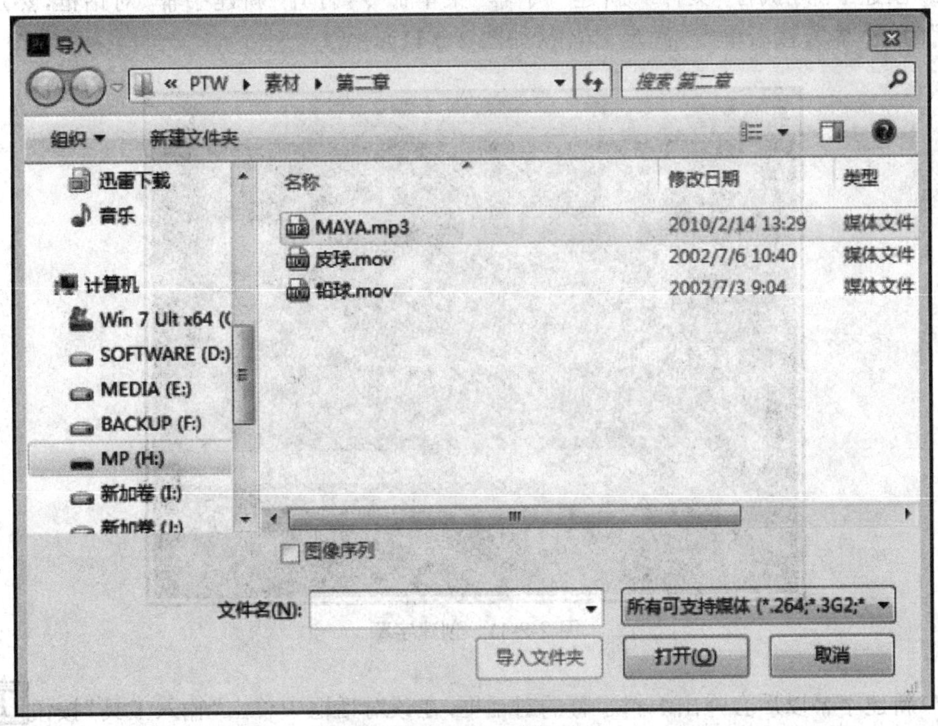


图 2-2-9　导入背景音乐

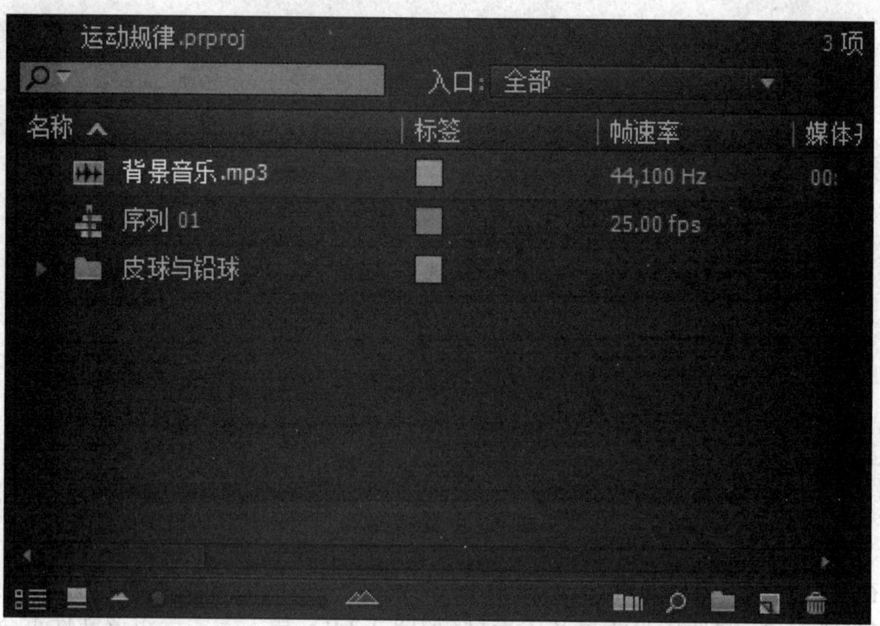


图 2-2-10　背景音乐

(6)创建字幕，执行“文件→新建→字幕”菜单命令，打开“新建字幕”对话框，然后设置“名称”为“字幕”，接着单击“确定”按钮（如图 2-2-11）。

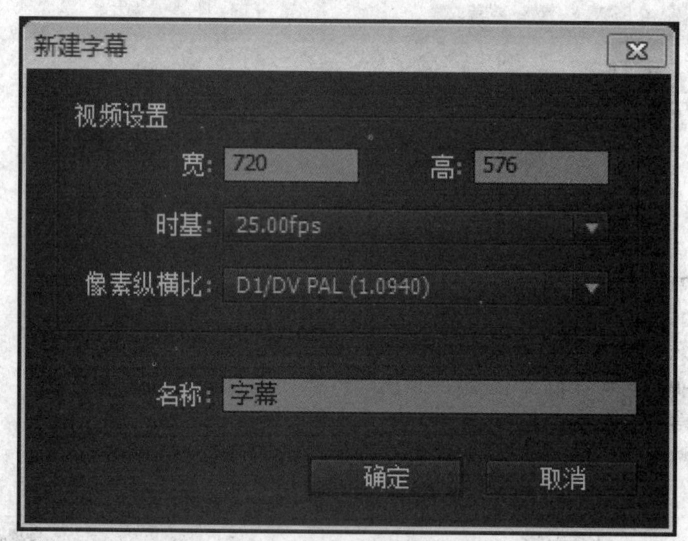


图 2-2-11　创建字幕

(7)新建字幕以后会弹出编辑字幕的对话框，在该对话框中单击“输入工具”按钮 T（如图 2-2-12），然后在文字输入区拖拽出一个文字输入框（如图 2-2-13），接着输入相应的文字内容，最后设置文字的字体为 SimHei 、“大小”为 30 点、“V/A”为 10、文字对齐方式为“居中”（如图 2-2-14）。

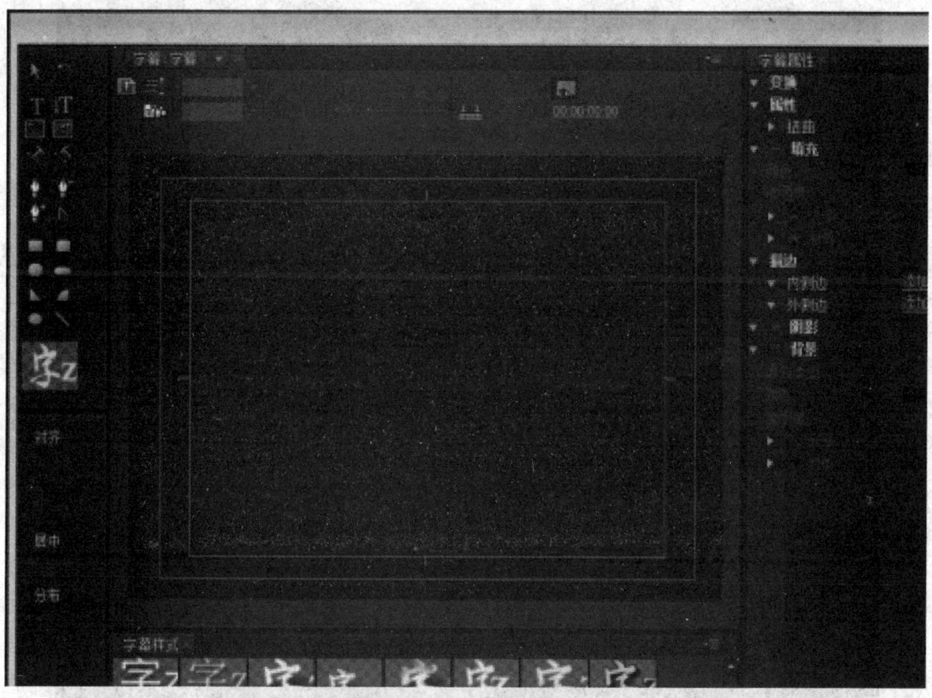


图 2-2-12　字幕对话框

图 2-2-13　文字输入框

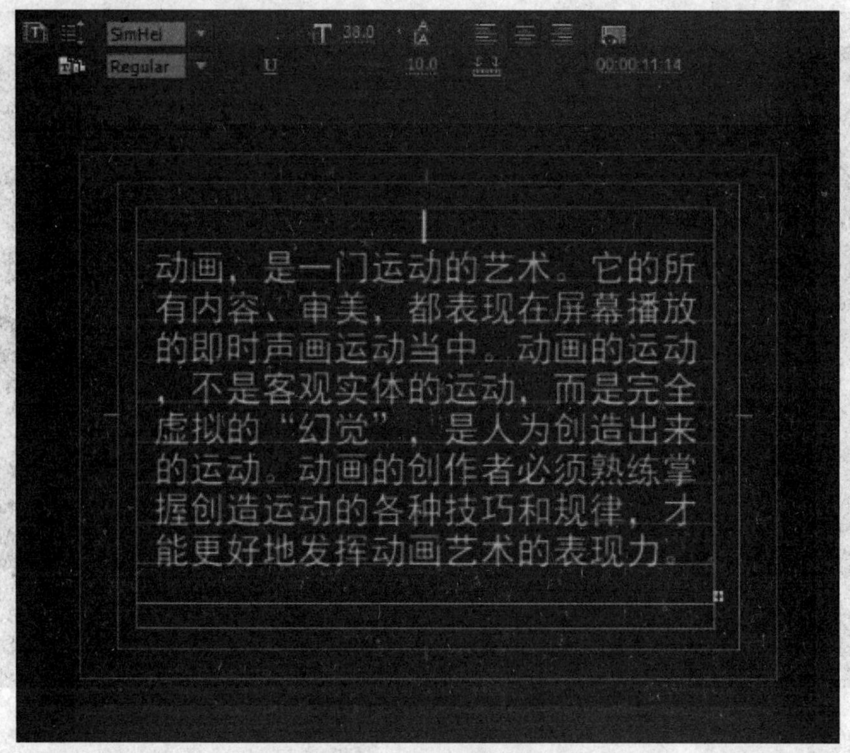


图 2-2-14 字幕效果

（8）关闭编辑字幕的对话框，此时可以在“项目”面板中生成新建的字幕对象（如图 2-2-15）。

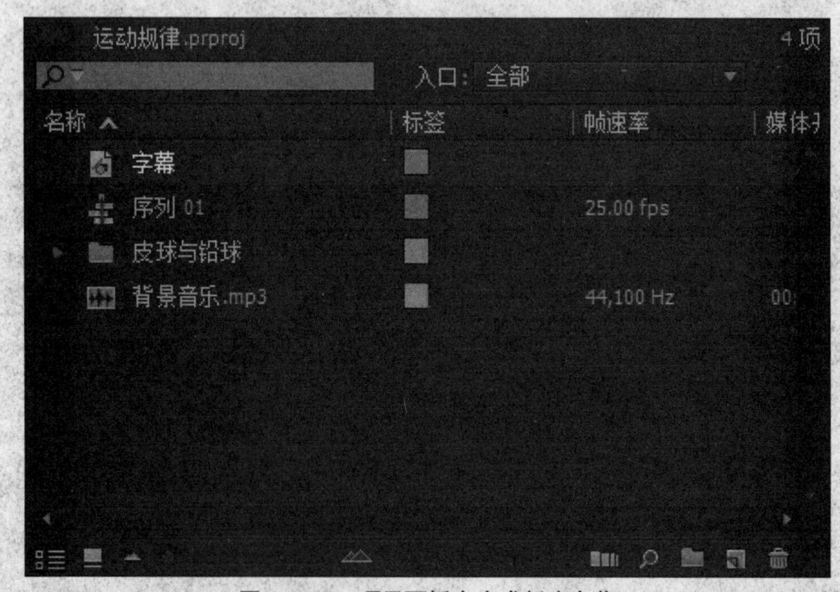


图 2-2-15 项目面板中生成新建字幕

（9）对素材进行编辑：选中“皮球”与“铅球”两个视频素材，接着按住鼠标左键将其拖入“时间线”面板中的“视频 1”轨道上（如图 2-2-16）。

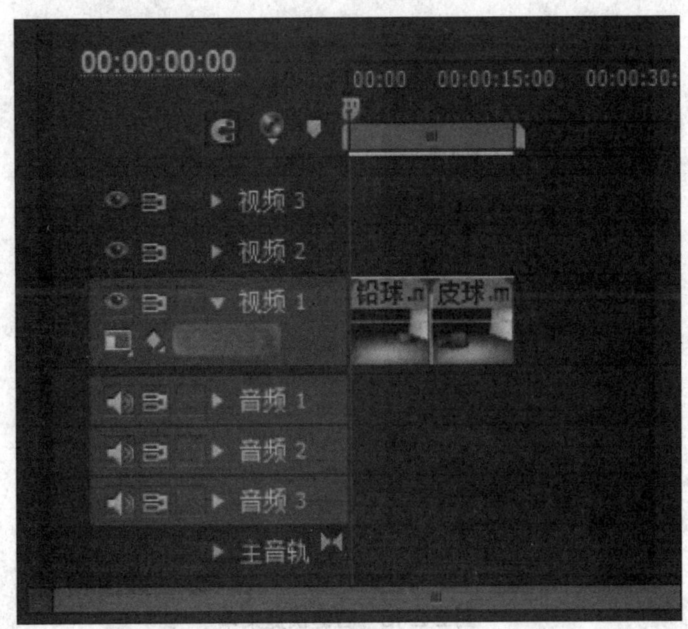


图 2-2-16　时间线面板中的视频 1 轨道

（如果在拖拽素材时出现一个“素材不匹配警告”对话框，根据匹配情况，可以单击“更改序列设置”按钮，继续操作。）

（10）使用鼠标左键将“皮球”视频素材向右拖拽到右面（如图 2-2-17），将两个视频素材分开。

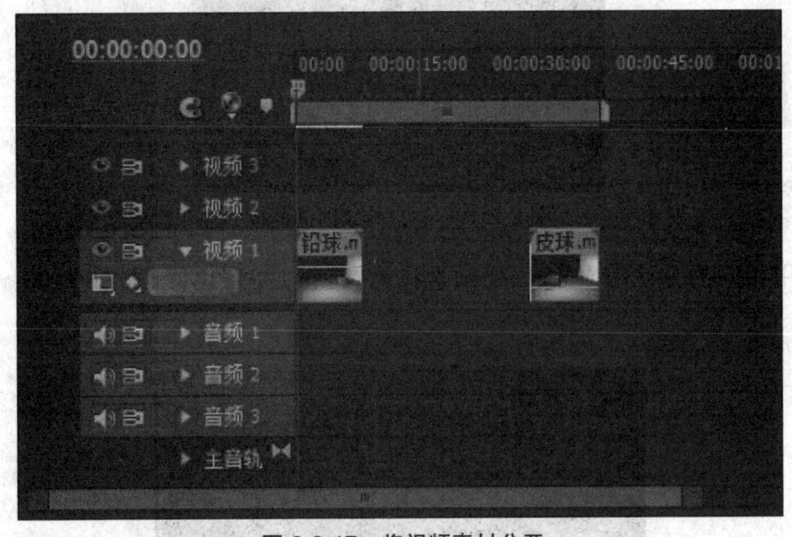


图 2-2-17　将视频素材分开

（11）选中“铅球”视频素材，然后单击鼠标右键，在弹出的快捷菜单中选择“速度 / 持续时间”命令（如图 2-2-18），接着在弹出的“素材速度 / 持续时间”对话框中设置“持续时间”为 00:00:10:00（即 10 秒），最后单击“确定”按钮完成操作（如图 2-2-19）。

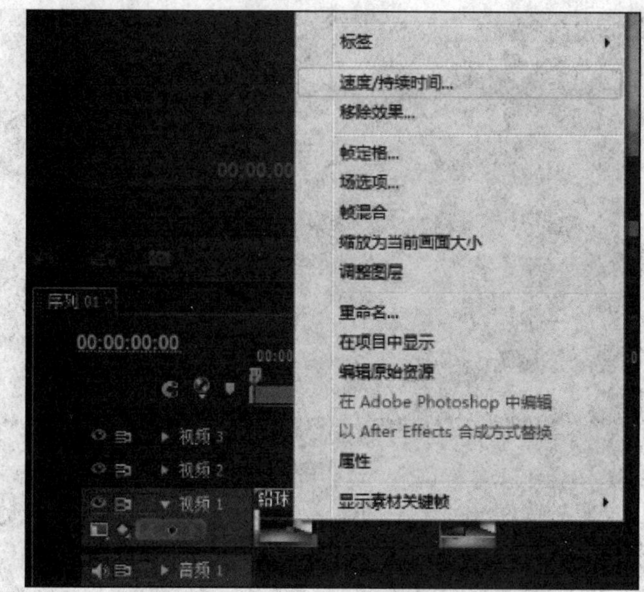


图 2-2-18 右键快捷菜单

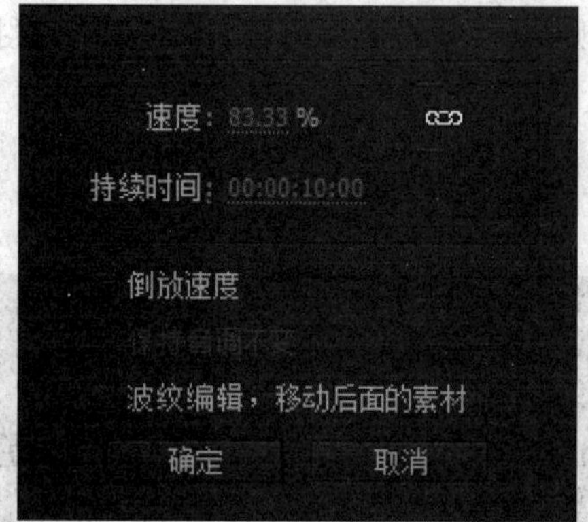


图 2-2-19 速度持续时间面板

（12）采用相同的方法将“皮球”视频素材的“持续时间”也修改为 00：00：10：00（如图 2-2-20）。

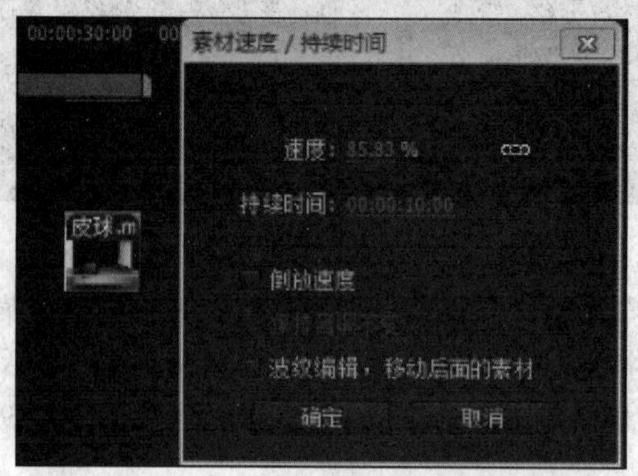


图 2-2-20 皮球的速度持续时间面板

（13）在“铅球”和“皮球”两个素材之间单击鼠标右键，然后在弹出的快捷菜单中选择“波纹删除”命令（如图 2-2-21）。完成后的效果（如图 2-2-22）。

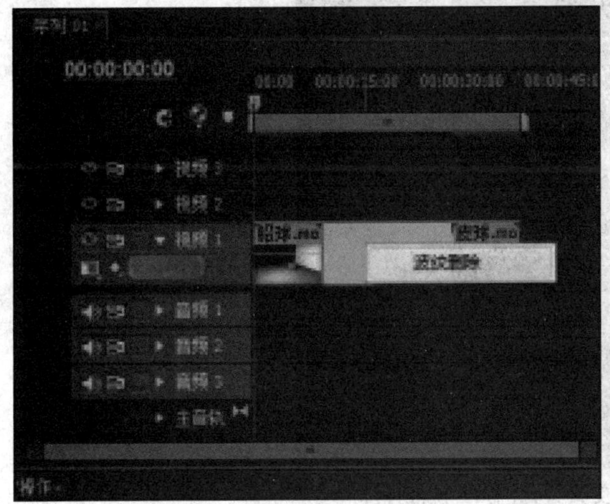


图 2-2-21　波纹删除命令

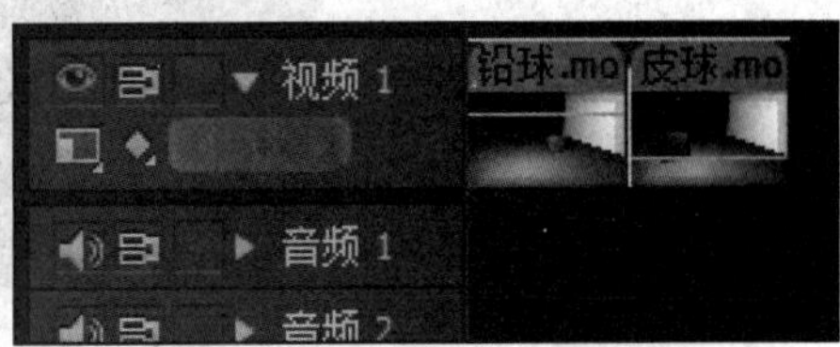


图 2-2-22　波纹删除命令效果

（14）在“效果”面板中展开“视频切换”文件夹，然后展开“叠化”子文件夹（如图 2-2-23），接着使用鼠标左键将“交叉叠化（标准）”效果拖拽到“皮球”素材上（如图 2-2-24），若出现对话框提示素材长度不够，点击“确定”按钮（如图 2-2-25）。

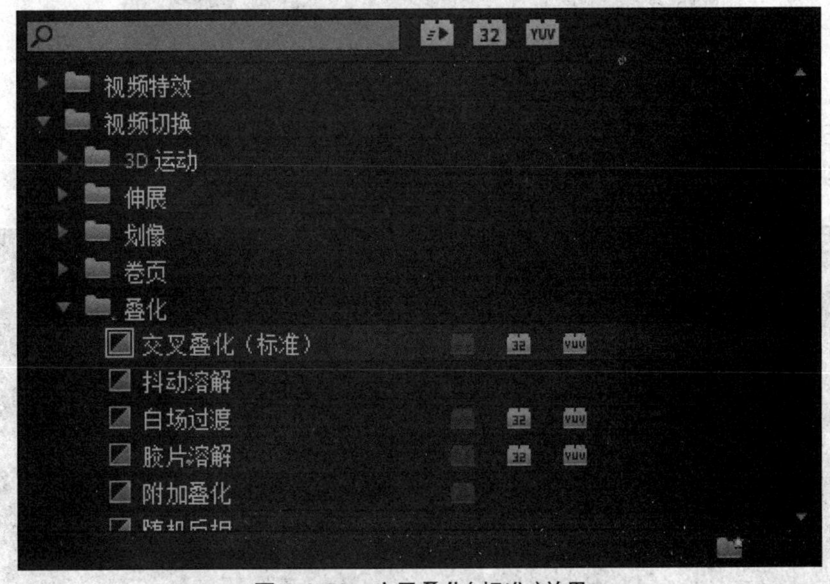


图 2-2-23　交叉叠化（标准）效果

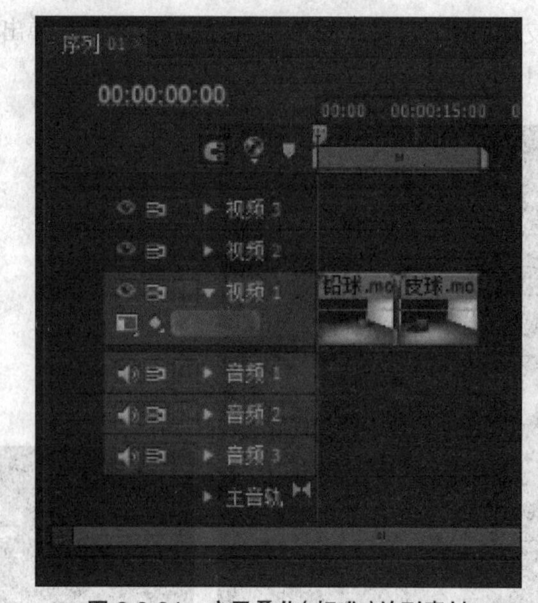


图 2-2-24　交叉叠化（标准）放到素材

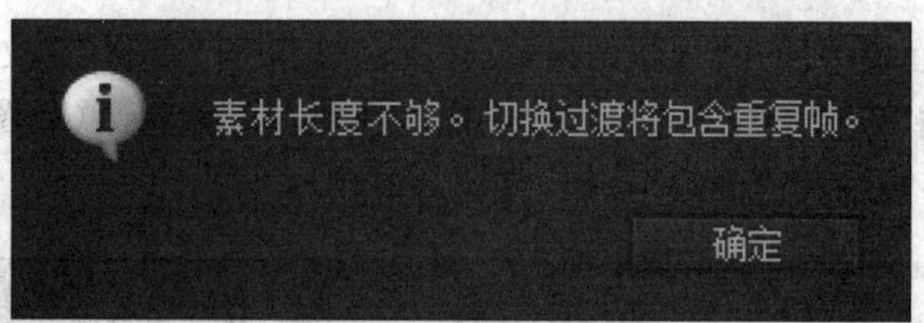


图 2-2-25　对话框提示

（15）在“效果”面板中展开“视频特效”文件夹，然后展开“调整”子文件夹，接着使用鼠标左键将“照明效果”效果拖拽到“铅球”素材上（如图 2-2-26）。

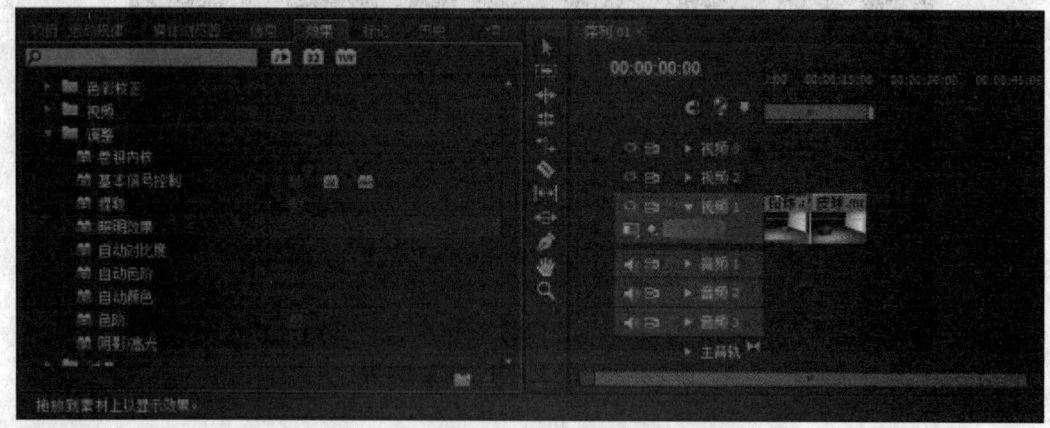

图 2-2-26　照明效果放到素材

（16）将“字幕”素材拖拽到“时间线”面板中的“视频 2”轨道上（与“皮球”素材对齐），然后将“背景音乐”素材拖拽到“音频 1”轨道上（如图 2-2-27）。

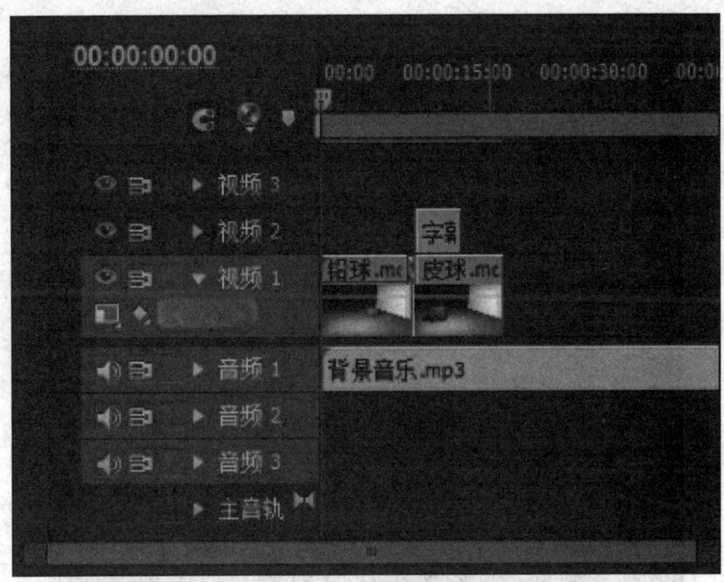


图 2-2-27　字幕放到视频 2 轨道

（17）在“时间线”面板中将指针的位置修改为 00：00：20：16，即 20 秒 16 帧（如图 2-2-28），然后在“工具”面板中单击“剃刀工具”，接着在“背景音乐”素材上单击鼠标左键，以修改“背景音乐”素材的长度（如图 2-2-29）。

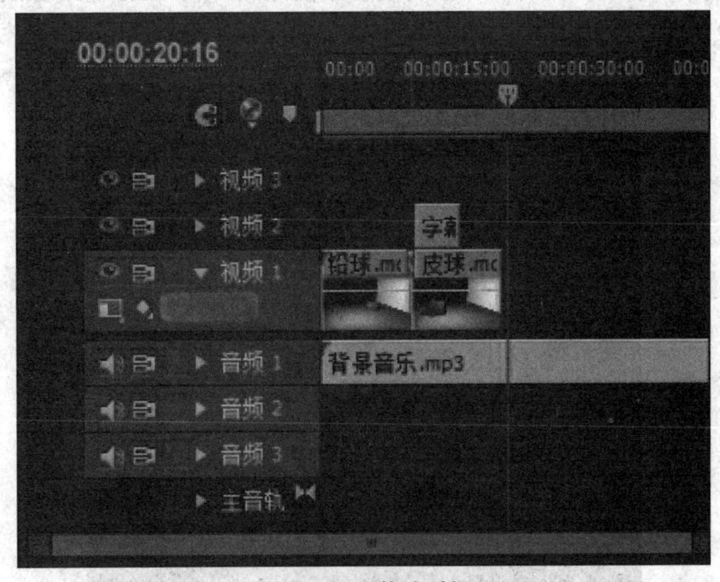


图 2-2-28　修改时间

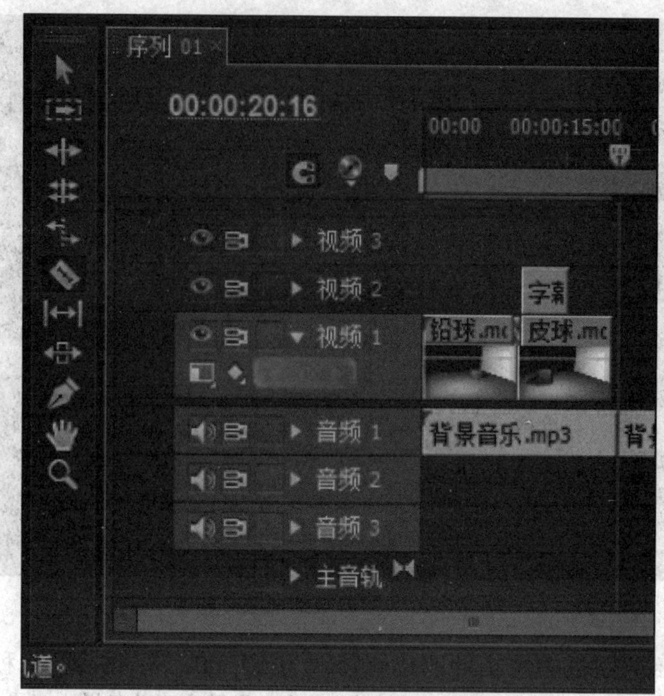


图 2-2-29 修改背景音乐的长度

（18）选中裁剪下来的“背景音乐”素材的后半段，然后按 Delete 键或 Backspace 键将其删除（如图 2-2-30）。

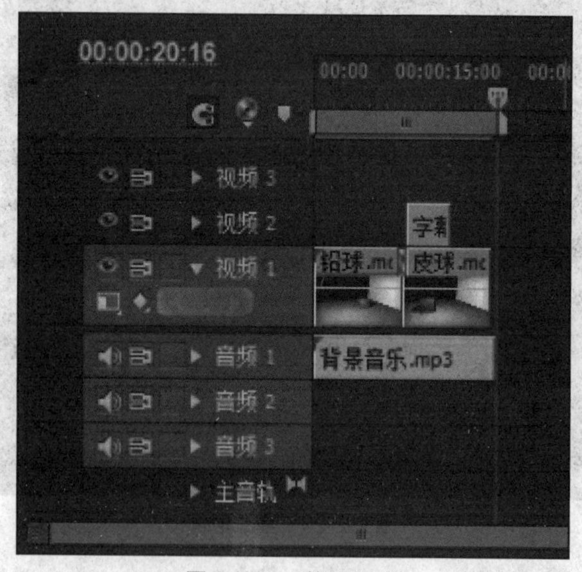


图 2-2-30 修改完成

（19）在“效果”面板中执行“音频过渡→交叉渐隐→指数型淡入淡出”命令，然后将其拖拽到“背景音乐”素材上的末端（如图 2-2-31）。

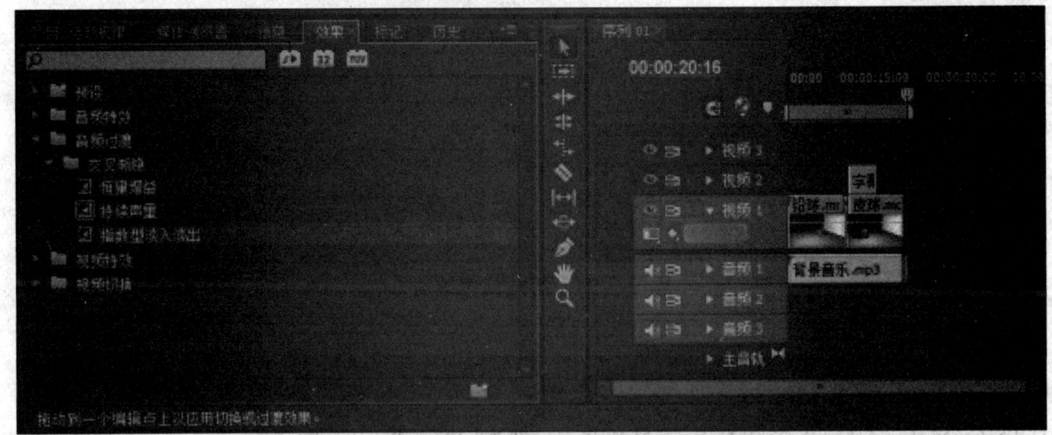
图 2-2-31　指数型淡入淡出放到背景音乐上

（20）使用鼠标左键单击添加的“指数型淡入淡出”效果，然后在“特效控制台”面板中将“持续时间”改为 00：00：02：00（如图 2-2-32）。

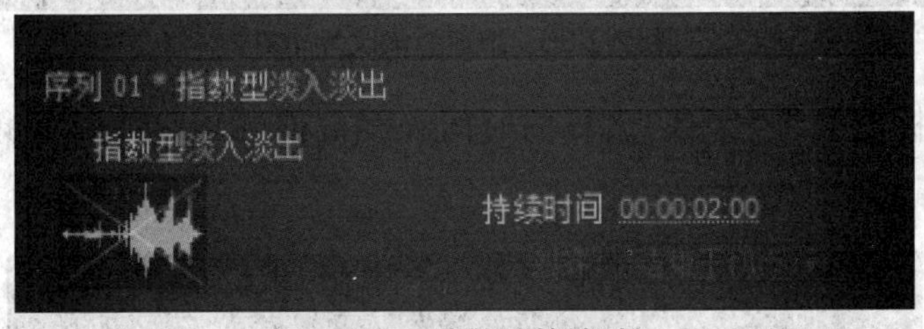

图 2-2-32　指修改持续时间

（21）在“时间线”面板中选择“字幕”素材，然后将指针拖拽到字幕的起始位置（如图 2-2-33）。

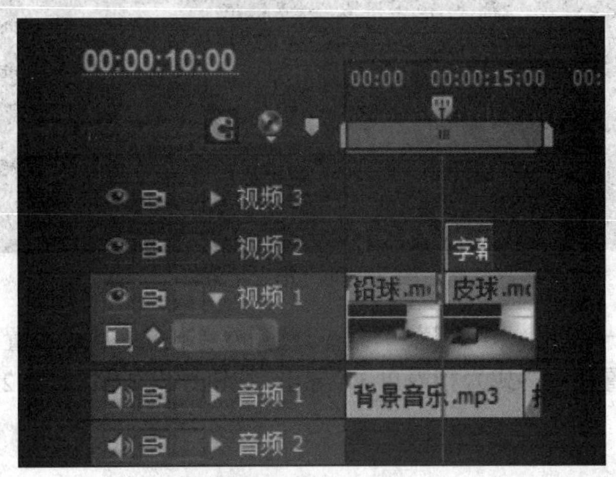

图 2-2-33　拖曳指针到字幕

（22）展开“运动”效果的控制列表，然后单击“缩放”选项前面的“切换动画”按钮添加一个关键帧，接着将“缩放”值修改为 0（如图 2-2-34）；将指针拖拽到 12 秒的位置上，然后将“缩放”值修改为 100（如图 2-2-35）。

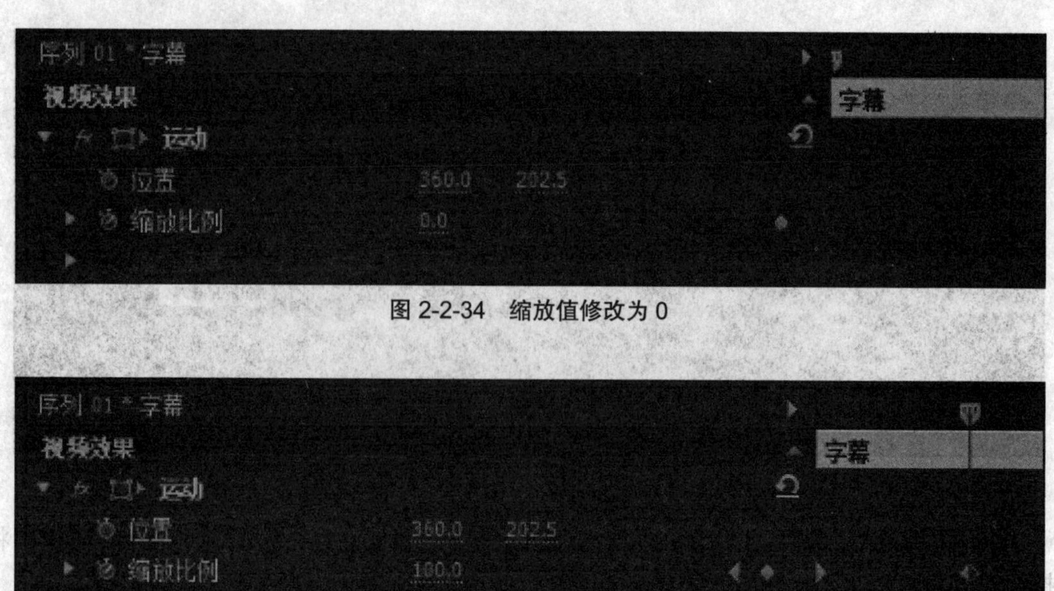


图 2-2-34　缩放值修改为 0

图 2-2-35　缩放值修改为 100

（23）使用鼠标左键将“字幕”素材的时间长度拖拽到与“皮球”视频素材对齐（如图 2-2-36）。

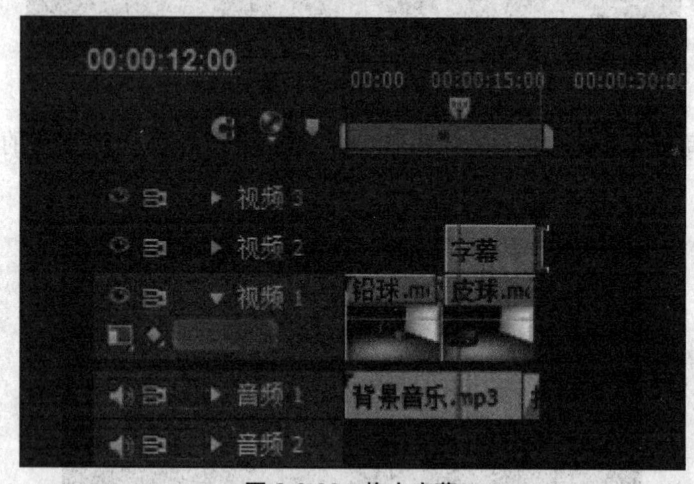


图 2-2-36　拖曳字幕

（24）执行“文件→导出→媒体”菜单命令，然后在弹出的“导出设置”对话框设置文件的输出名称（也可以设置视频格式），接着单击“导出”按钮导出视频（如图 2-2-37）。

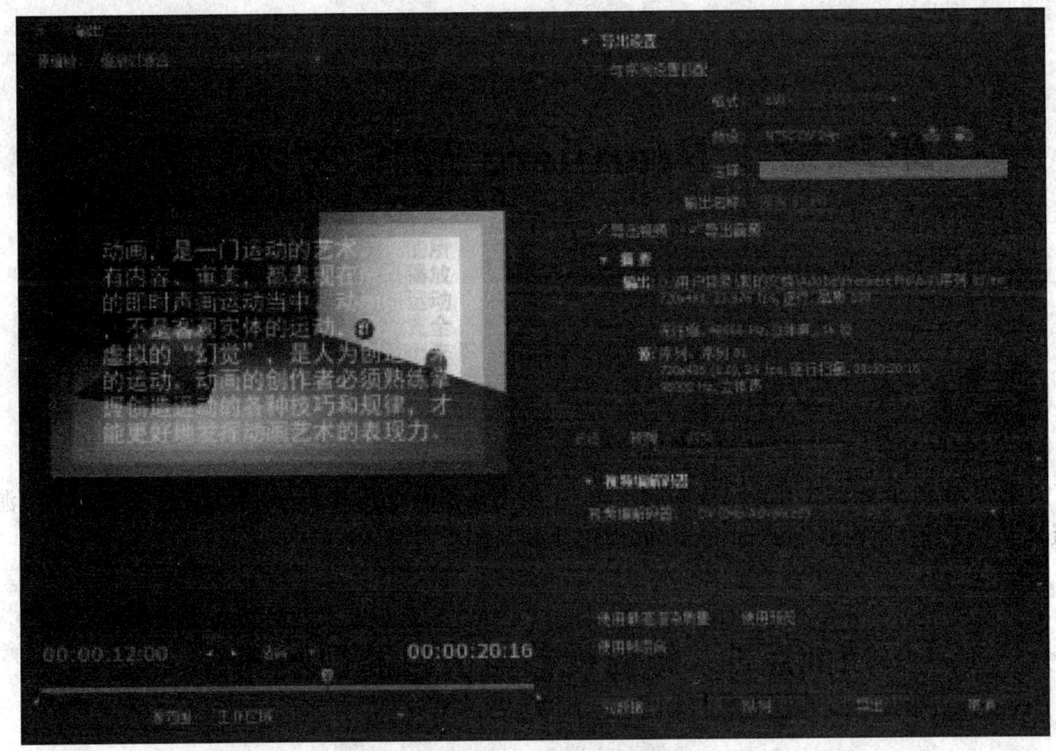


图 2-2-37　导出设置面板

（25）将项目文件导出后，可以使用播放器播放输出的影片，观看影片的完成效果（如图 2-2-38）。

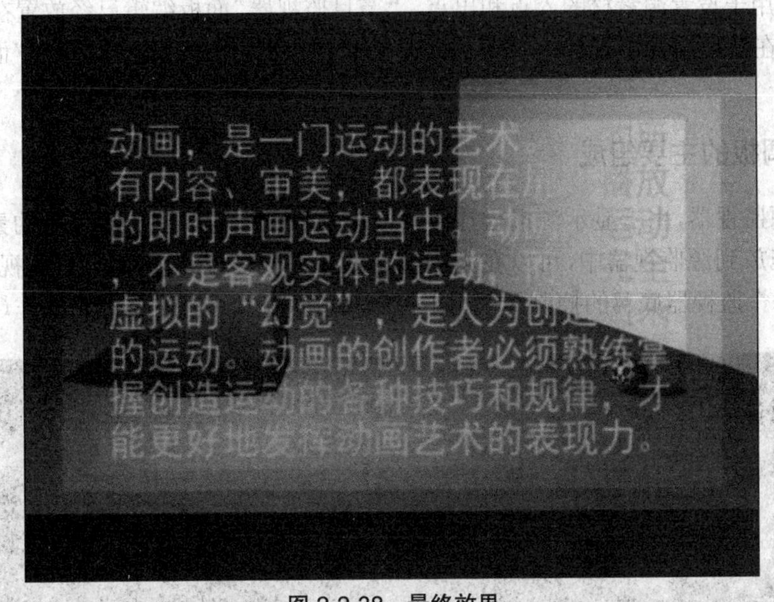


图 2-2-38　最终效果

# 第三章　Premiere 操作方法进阶

通过对 Premiere 常用编辑技术的学习，了解编辑过程的操作方法，学习并且熟练掌握“源监视器”、“节目监视器”和“时间线”面板创建插入和覆盖编辑的操作。

## 技能点 1　源监视器与节目监视器简介

“源监视器”与“节目监视器”面板不仅可以在操作时预览，还可以用于精确编辑和修整素材。在将素材放入视频序列之前，使用“源监视器”面板查看素材的效果。源监视器视频区域下方是“素材源控制器”，可以播放尚未添加到“时间线”面板中的源素材。“设置入点”和“设置出点”按钮用于设置源素材的入点和出点。“节目监视器”面板编辑已经放置在“时间线”面板上的影片，在节目监视器视频区域下方的是节目控制器，用于播放“时间线”面板上已有的节目。

### 1　监视器调板的主要组成

左侧为源监视器，用于显示源素材片段。双击项目调板或时间线调板中的素材片段或使用鼠标将其拖放到源监视器中，可以在源监视器中显示该素材；右侧为节目监视器，用于显示当前序列。每个监视器底部的控制面板用于控制播放预览和进行一些编辑操作（如图 3-1-1）。

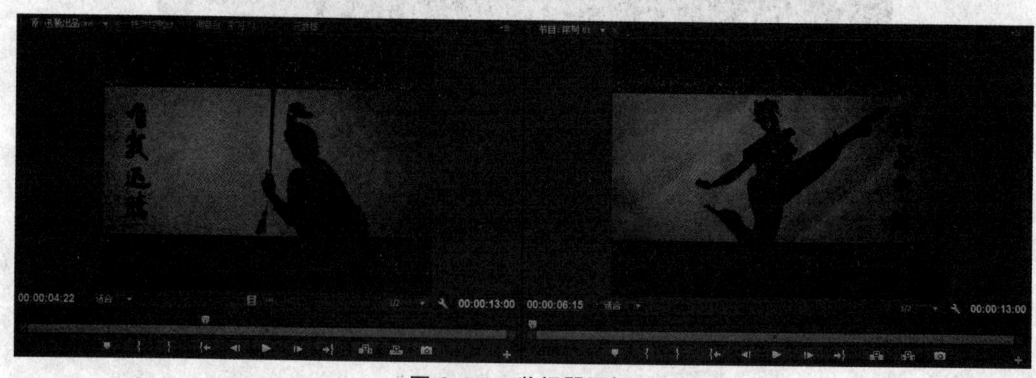



图 3-1-1　监视器调板

最常用的按钮显示在监视器调板的底部。单击调板右下角的“+”按钮，打开按钮编辑器（如图 3-1-2）。将需要的按钮从按钮编辑器中拖拽到调板中的按钮区域，按钮区域中的按钮也可以通过拖拽的方式改变位置，拖拽出按钮区域，也可以删除按。单击 OK 按钮，完成自定制，单击 重置布局 按钮，恢复默认状态（鼠标悬停在按钮上，会显示按钮的快捷键）。

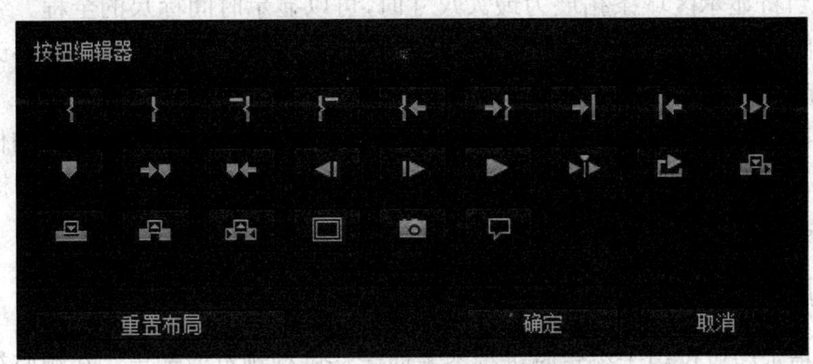


图 3-1-2　按钮编辑器

## 2　监视器调板的时间控制

源监视器和节目监视器中都包含用于控制播放时间的装置，其中包括时间标尺、当前时间指针、当前时间显示、持续时间显示和显示区域条等装置（如图 3-1-3）。

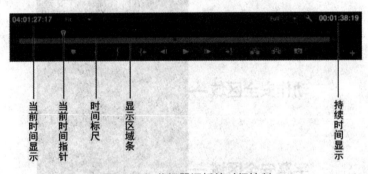

图 3-1-3　监视器调板的时间控制

**时间标尺：**在源监视器和节目监视器的时间标尺中，分别以刻度尺的形式显示素材片段或序列的持续时间长度。时间的度量和显示与项目设置保持一致。每个标尺还会在对应监视器显示标记，以及入点和出点的位置。可以通过拖拽当前时间指针，在时间标尺上调整当前时间指针的位置；还可以通过各种图标，在时间标尺上标记，以及对入点和出点的位置进行调整。

**当前时间指针：**在监视器的时间标尺中显示为一个蓝色三角指针，精确指示当前帧的位置。

**当前时间显示：**在每个监视器视频的左下方显示当前帧的时间码。在源监视器中显示打开素材的当前时间，而在节目监视器中则显示序列的当前时间。将其单击激活后可以输入新的时间，或将鼠标指针放在上方进行拖拽也可以更改时间。

**持续时间显示：**在每个监视器中，视频的右下方显示当前打开素材片段或序列的持续时间。持续时间不同于素材片段或序列中入点到出点之间的时间。未设置入点和出点时，持续时间就是指整段素材的时间长度，而设置了入点和出点之后，持续时间就指的是入点到出点的时间长度。

**显示区域条**：表示每个监视器调板中时间标尺上的可视区域。它是两个端点都带有柄的细条，处于时间标尺的上方。可以通过拖拽柄改变显示区域条的长度，从而改变下方时间标尺的显示比例。当将显示区域条拓展为最大尺寸时，可以显示时间标尺的全程。缩短显示区域条可以放大时间标尺，以查看更多细节。拖拽显示区域条的中心位置，可以在不改变显示比例的情况下滚动时间标尺的可视区域。

节目监视器调板中的当前时间指针的位置与时间线调板中当前时间指针的位置是同步关联的，但更改节目监视器调板中的时间标尺和显示区域条则不会影响时间线调板中的时间标尺和显示区域。

## 3 监视器调板中显示安全区域

安全区域指示线仅仅用于编辑时进行参考而无法进行预览或输出。在源监视器或节目监视器调板下方的控制面板中单击安全区域按钮，可以显示动作安全区域和字幕安全区域（如图 3-1-4）。再次单击则移除安全区域指示线。动作安全区域和字幕安全区域的边界，分在画面的 10% 和 20% 的位置，靠近外侧边缘，在项目设置对话框中可以更改安全区域的尺寸。

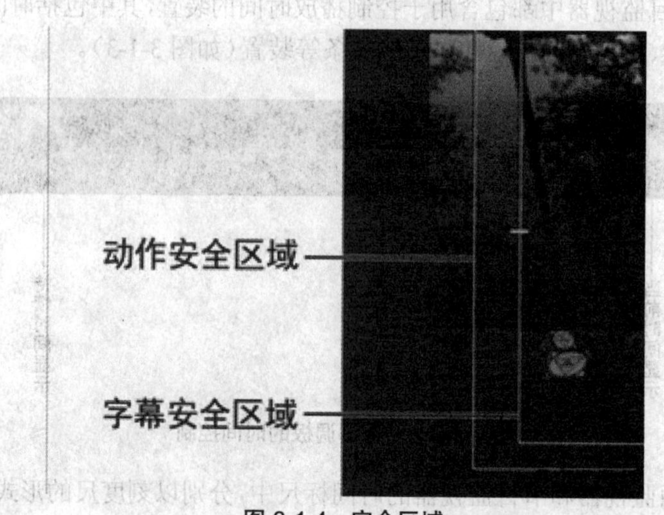


图 3-1-4 安全区域

## 4 选择显示模式

在监视器调板的视频显示区域中，可以根据工作性质的需要选择以各种方式显示视频，包括普通视频画面、视频的 Alpha 通道或者各种测量工具系统。在源监视器或节目监视器调板中单击设置按钮，或者在调板点击右键，在弹出式菜单中选择所需的显示模式（如图 3-1-5）。

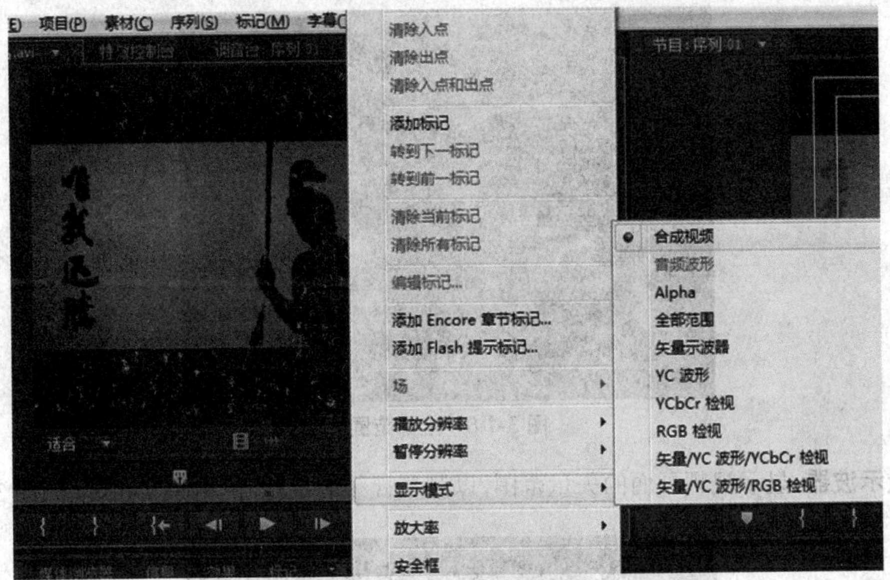


图 3-1-5　选择显示模式

**合成视频：**显示普通视频画面（如图 3-1-6）。

图 3-1-6　合成视频

**Alpha：**以灰度图的方式显示画面的不透明度（如图 3-1-7）。

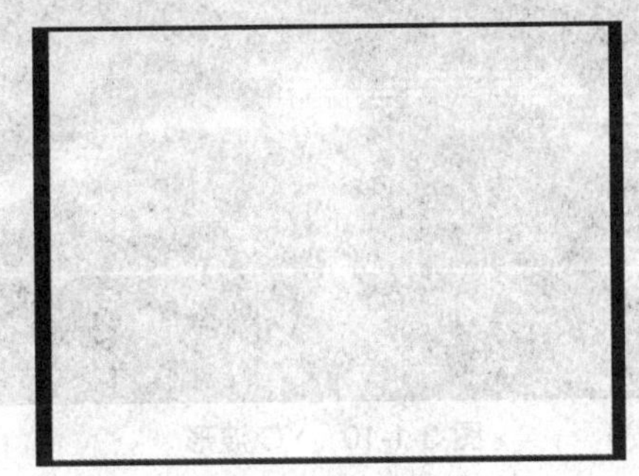

图 3-1-7　Alpha

**全部范围：**显示波形监视器、矢量范围、YCbCr 和 RGB 信号（如图 3-1-8）。

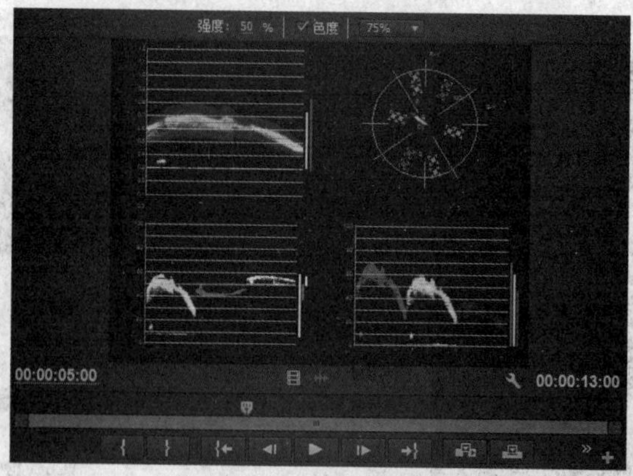

图 3-1-8　全部范围

**矢量示波器:**显示视频画面的矢量范围,以测量视频的色差,色相和饱和度(如图 3-1-9)。

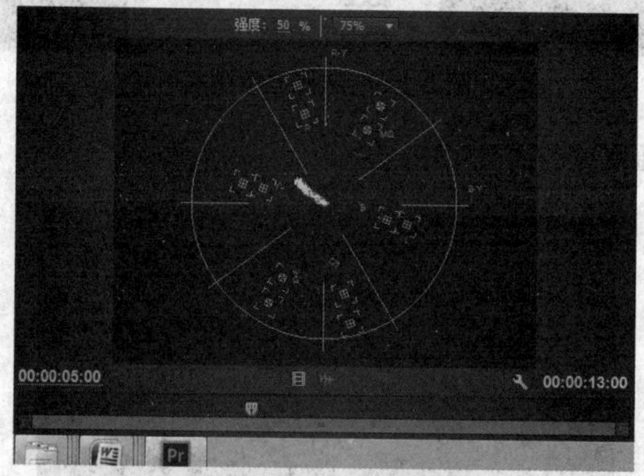

图 3-1-9　矢量示波器

**YC 波形:**显示基本波形监视器,以测量视频的亮度范围(如图 3-1-10)。

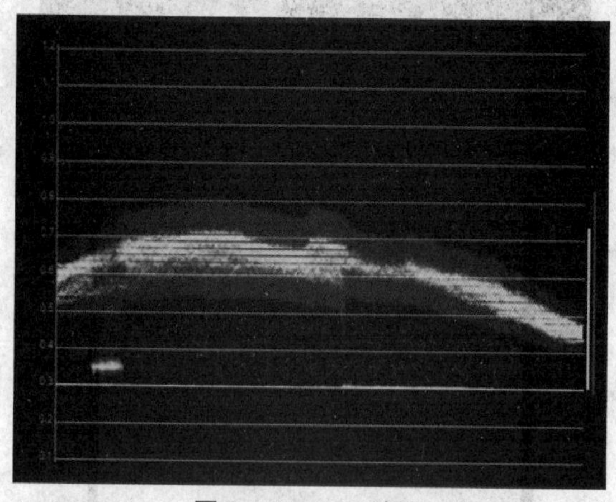
图 3-1-10　YC 波形

**YCbCr 检视:**显示一个波形监视器,以测量 Y、Cb 和 Cr 分量信号(如图 3-1-11)。

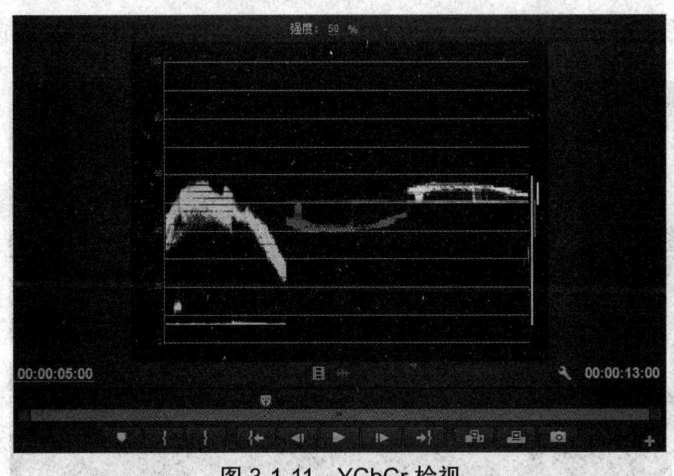


图 3-1-11　YCbCr 检视

**RGB 检视:**显示一个波形监视器,以测量 R、G、B 分量信号(如图 3-1-12)。

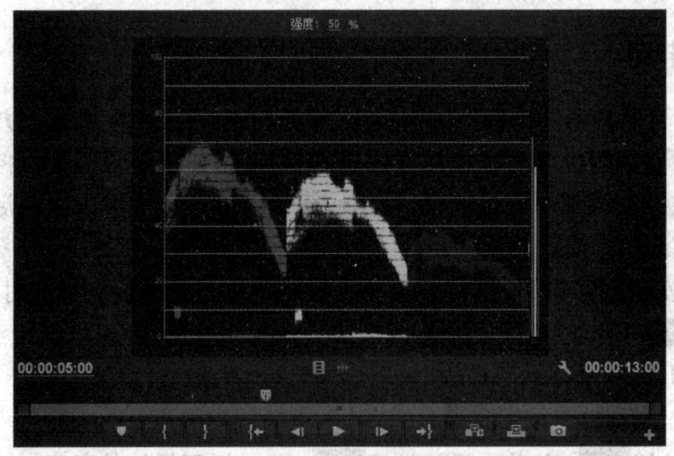


图 3-1-12　RGB 检视

**矢量 / YC 波形 / YCbCr 检视:**显示波形监视器、矢量范围和 YCbCr 信号(如图 3-1-13)。

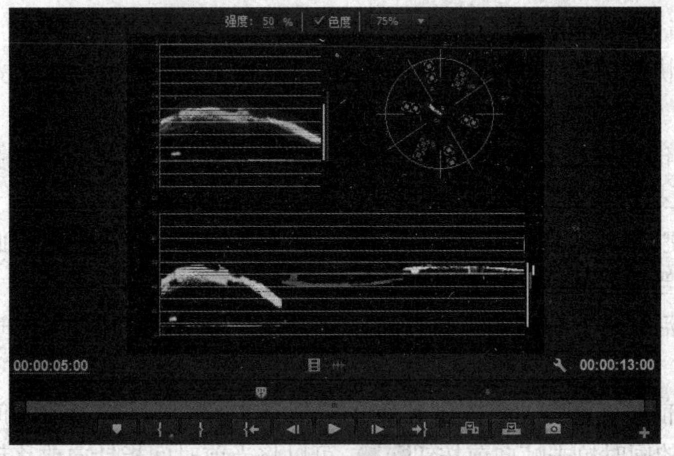


图 3-1-13　矢量 YC 波形 YCbCr 检视

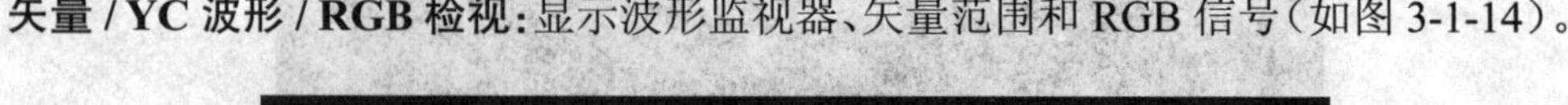

**矢量/YC 波形/RGB 检视：**显示波形监视器、矢量范围和 RGB 信号（如图 3-1-14）。

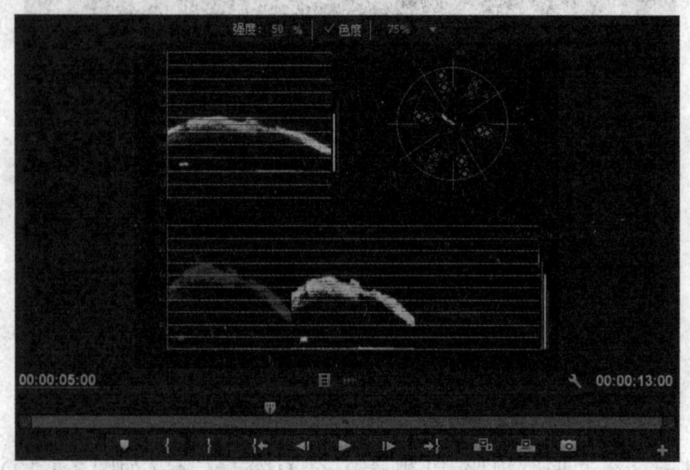


图 3-1-14 矢量 YC 波形 RGB 检视

## 5 播放素材和节目

源监视器和节目监视器的调板控制面板中，按钮与录音机、CD 机器、DVD 机器上的控制功能相似。使用源监视器控制可以播放并编辑素材片段，使用节目监视器控制可以播放并预览当前序列。播放控制大都对应快捷键，使用快捷键前应该通过单击来激活欲进行控制的监视器。使用如下方式进行播放控制。

● 单击播放按钮或按快捷键 L 及空格键都可以进行播放。播放时，原来的播放按钮会变为停止按钮，单击停止按钮 或按快捷键 K 及空格键，可以停止当前播放。

● 按快捷键 J，可以进行反向播放。

● 单击播放入点到出点按钮，可以从入点播放到出点。

● 单击循环按钮，并单击播放按钮，可以循环播放整段素材或节目。再次单击循环按钮，可以取消循环。

● 单击循环按钮，并单击播放入点到出点按钮，可以循环播放入点到出点之间的内容。再次单击循环按钮，可以取消循环。

● 重复按下快捷键 L，可以进行快速播放；重复按下快捷键 J，可以进行快速反向播放。播放速率可以从 1 倍逐级增长到 4 倍。

● 按住 K 键的同时按 L 键或反复按快捷键“Shift+L”，可以进行慢速播放；按住 K 键的同时按 J 键或反复按快捷键“Shift+J”，可以进行慢速反向播放。

● 按住 Alt 键，播放入点到出点按钮 会变为播放编辑按钮。此时单击播放编辑按钮，可以在当前时间指针位置附近进行播放。

● 单击以激活欲进行编辑的当前时间显示，并输入新的时间码，当前时间指针会发生相应的移动。

● 单击帧向前按钮，或按住 K 键的同时按 L 键，可以将当前时间指针向前移动 1 帧。按住 Shift 键的同时单击帧向前按钮，可以将当前时间指针向前移动 5 帧。

● 单击帧向后按钮 ，或按住 K 键的同时按 J 键，可以将当前时间指针向后移动 1 帧。按住 Shift 键的同时单击帧向后按钮 ，可以将当前时间指针向后移动 5 帧。

● 当时间线调板或节目监视器调板处于激活状态下，在节目监视器调板中单击到上一个编辑点按钮 ，或按 PageDown 键，可以将当前时间指针移动到目标音频或视频轨道中上一个编辑点的位置。

● 当时间线调板或节目监视器调板处于激活状态下，在节目监视器调板中单击到下一个编辑点按钮 ，或按 PageUp 键，可以将当前时间指针移动到目标音频或视频轨道中下一个编辑点的位置。

● 按 Home 键，可以将当前时间指针移动到素材片段或序列的起始位置。

● 按 End 键，可以将当前时间指针移动到素材片段或序列的结束位置。

## 6　参考监视器

一个参考监视器相当于第二个节目监视器，参考监视器可以用于对比序列中的不同帧或显示同一帧的不同模式。当需要显示同一帧的不同模式时，例如对影片进行调色时，可以通过单击参考监视器底部控制面板中的链接按钮 ，使参考监视器与节目监视器同步，并选择一种所需的显示模式（如图 3-1-15）。

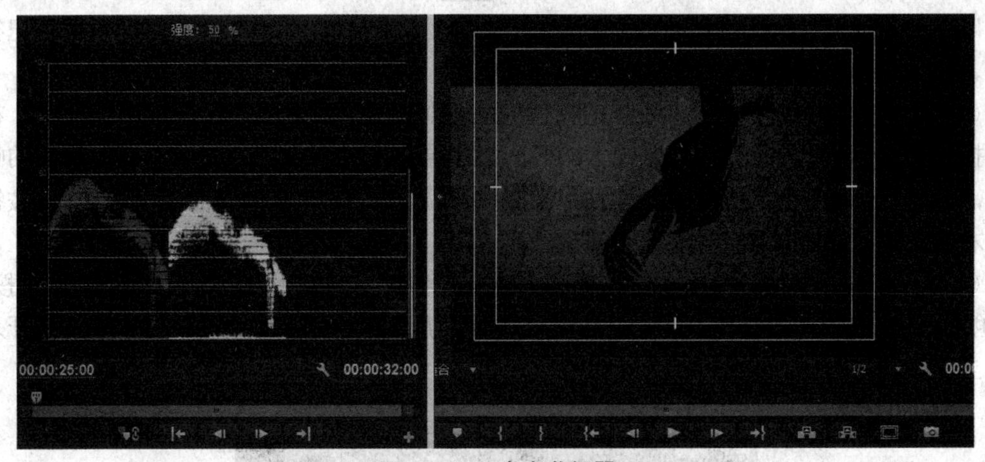


图 3-1-15　参考监视器

使用菜单命令“窗口→参考监视器”，可以在单独的调板中打开一个新的参考监视器。一般情况下，可以拖拽其标签使其与源监视器调板结组。参考监视器可以像操作节目监视器调板一样，设置参考监视器的显示精度、区域和显示模式。其时间标尺与显示区域条的工作原理与节目监视器的原理基本相同。但是，由于其目的仅仅在于参考而非编辑，所以其控制面板中仅包含移动到帧的功能，不包含播放和编辑功能。当与节目监视器设置关联同步后，可以使用节目监视器调板控制参考监视器的播放。

## 7　拓展案例——如何在“源监视器”面板中设置素材的入点和出点

（1）导入“迅腾出品”视频素材到“项目”面板中，然后双击该素材图标，在“源监视器”面板中显示该素材（如图 3-1-16）。

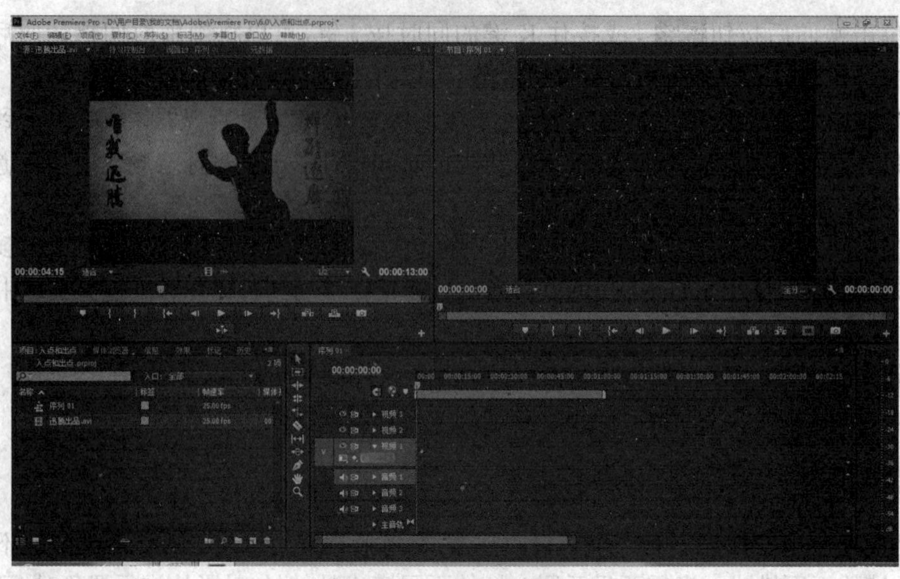


图 3-1-16 工作界面

（2）单击 （“循环”按钮，连续重放该素材）按钮，播放整个素材。在查看到需要编辑的那一部分素材时，单击“播放—停止切换”按钮 ，停止播放素材，这时可查看显示在“源监视器”左下角处的时间，了解停止的是哪个帧，这对设置素材的“入点”和“出点”以及标记很有帮助。

（3）要精确查看需要设置为入点的帧，并在“源监视器”面板的标尺区域中拖拽它。在单击并拖拽当前“时间指针”时，源监视器的时间显示会指示帧的位置。如果没有在所需的帧处停下，可以单击“逐帧进” 或“逐帧退” 按钮，一次一帧地慢慢向前或向后移动（按键盘的左右箭头键逐帧来回移动帧也是可以）。

（4）当前“时间指针”到达需要设置为入点的位置时，单击“设置入点”按钮 或按“I”键，也可以执行“标记→标记入点”菜单命令，即可为素材设置入点（如图 3-1-17）。移开入点处的当前“时间指针”，可看到入点处的左括号标记（如图 3-1-18）。

图 3-1-17 设置入点

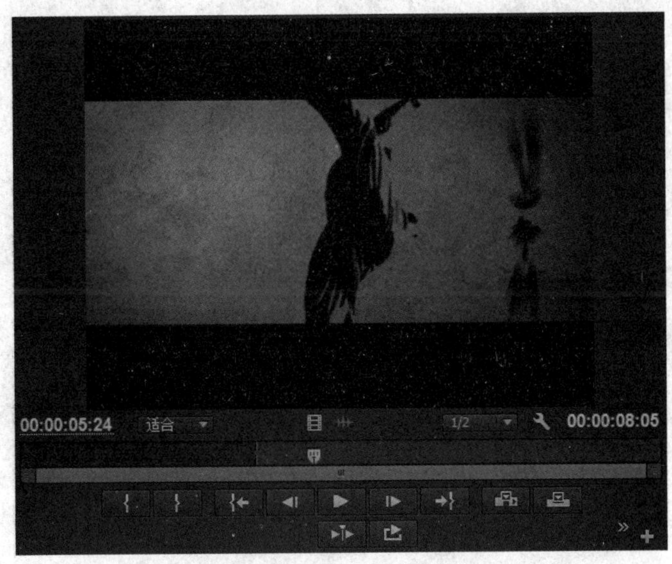


图 3-1-18 显示左括号标示

(5)将当前“时间指针”指向需要设置为“出点”的帧,然后单击“设置出点”按钮 或按“O”键,也可以执行“标记→标记出点”菜单命令,为素材设置“出点”,这时,一个右括号标记会出现在标尺区域内。在设置入点和出点之后,就可以通过单击并拖拽括号图标来轻松编辑“入点”和“出点”的位置。设置“入点”和“出点”后,源监视器右下角处的时间指示为从“入点”到“出点”的“持续时间”(如图 3-1-19)。

图 3-1-19 设置出点

(6)单击“播放”按钮 ,播放“源监视器”面板中已编辑的序列(如图 3-1-20)。如果想播放当前“时间指针”临近区域的视频短片,可以在单击“播放入点到出点”按钮的同时按下“Alt”键(这会将“播放入点到出点”按钮转换为“播放”按钮)。

图 3-1-20 播放效果

# 技能点 2 时间线面板概述

“时间线”面板是视频制作的基础，它提供了组成项目的视频序列、特效、字幕和切换效果的临时图形总览，使用好“时间线”面板，能更快捷的制作出优秀作品。在时间调板中，每个序列都可以包含多个平行的视频轨道和音频轨道。带有音频轨道的序列必须包含一条主控音频轨道以进行整合输出。

## 1 时间线调板基本控制

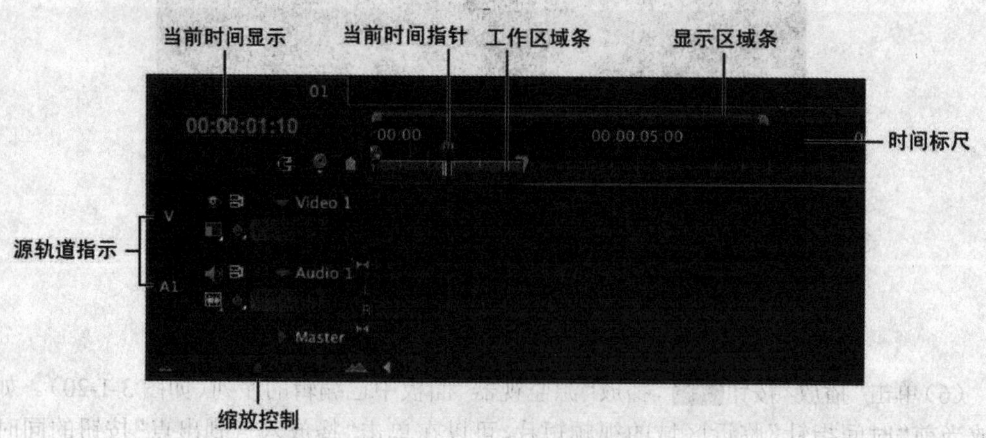


**时间标尺：**使用与项目设置保持一致的时间度量方式横向测量序列时间。刻度和相应的数字沿标尺进行显示，以指示序列时间。时间标尺上还显示标记、序列入点和出点等图标。

**当前时间指针**：在序列中设置当前帧的位置，当前帧会在节目监视器中进行显示。当前时间指针在时间标尺上显示为一个蓝色三角指针。其延展出来的一条红色时间指示线纵向贯穿整个时间线调板。可以通过拖拽当前时间指针的方式更改当前时间。

**当前时间显示**：在时间线调板中显示当前帧的时间码。将其单击激活后可以输入新的时间，或将鼠标指针放在上方进行拖拽也可以更改时间。

**显示区域条**：表示时间线调板中序列的可视区域。可以通过拖拽的方式来改变显示区域条的长度和位置，从而以显示序列的不同部分。显示区域条位于时间标尺的上方。

**工作区域条**：设置欲进行预览或输出的序列部分。工作区域条位于时间标尺的下半部分。

**缩放控制**：改变时间标尺的显示比例以增加或减少显示细节。缩放控制位于时间线调板的左下部分。

**源轨道指示**：标示视频或音频轨道包含在源监视器中进行显示的素材片段。

## 2　轨道的基本使用方法

添加素材片段到时间线调板中的轨道上。可以添加或删除轨道以及对轨道进行重命名。使用菜单命令“序列→添加轨道”，调出添加视音轨对话框，在其中输入添加轨道的数量，选择添加位置和音频轨道的类型（如图 3-2-1）。设置完毕，单击“OK”按钮，将按设置添加轨道。

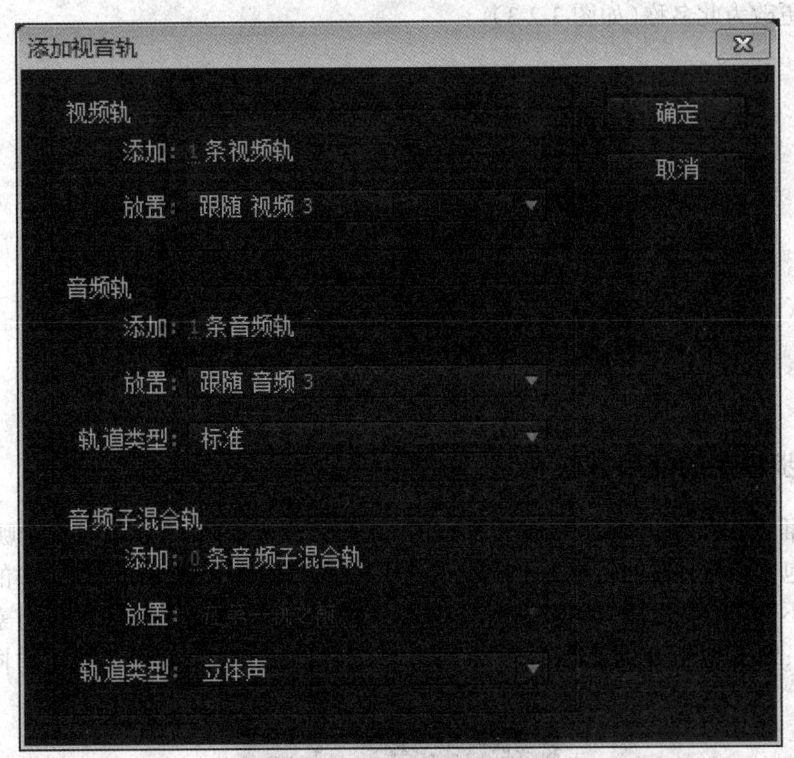


图 3-2-1　添加视音轨

单击轨道控制区域，选中需要删除的轨道，每次可以指定一条视频轨道和一条音频轨道，使用菜单命令“序列→删除轨道”，调出删除轨道对话框，在其中可以选择删除指定轨道或所有空轨道（如图 3-2-2）。设置完毕，单击“OK”按钮，将按设置删除轨道。轨道删除后，其上的素材片段也被从序列中删除。

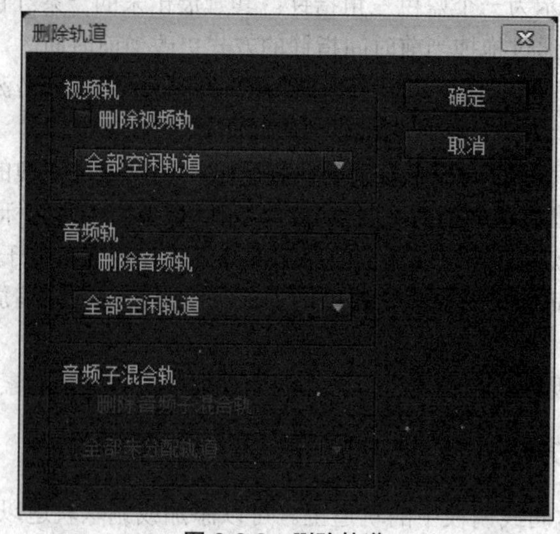

图 3-2-2 删除轨道

右键单击轨道控制区域，在弹出的菜单中选择“重命名”选项，输入新的名称，按回车键将轨道的名称更改为此名称（如图 3-2-3）。

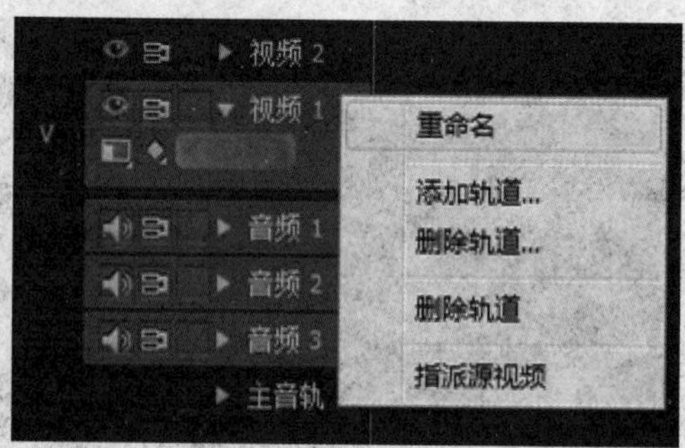

图 3-2-3 重命名

## 3 轨道同步锁定的使用方法

当进行插入、波纹删除或波纹编辑操作时，并开启轨道的同步锁，可以设定哪些轨道会受到影响。当包含素材片段的轨道处于同步锁定状态时，将会随着操作而对轨道中的内容进行调整；反之，则不受影响。以插入编辑为例，如果想让视频 1 和音频 1 轨道上的所有素材片段向右侧调整，而保留其他轨道的素材片段原地不动，则仅开启视频 1 和音频 1 的同步锁（如图 3-2-4）。

图 3-2-4 轨道同步锁定

开关框中会显示同步锁标记，单击位于视频或音频轨道头的同步锁开关框，开启所选轨道的同步锁定，按住 Shift 键，单击某一视频或音频轨道的同步锁开关框，可以开启所有视频或音频轨道的同步锁定。开启同步锁定的轨道将其同步锁定，再次按住 Shift 键单击同步锁框，使其不显示同步锁定标记，可以关闭某轨道或某类型所有轨道的同步锁定。

## 4　轨道隐藏的使用方法

通过隐藏轨道的方法，可以将某条或某几条轨道排除在项目之外，使其上的素材片段暂时不能被预览或参与输出。比较复杂的序列往往有多条轨道，当仅需要对其中某条或某几条轨道进行编辑时，可以将其他轨道暂时隐藏起来。单击轨道控制区域的眼睛图标或扬声器图标，使其隐藏；再次单击原图标所在方框，图标出现，轨道恢复有效性（如图 3-2-5）。

图 3-2-5　轨道恢复

在编辑过程中，为了防止意外操作经常需要将一些已经编辑好的轨道进行锁定。为了保持素材片段的视频与音频同步，需要将视频轨道和与之对应的音频轨道分别进行锁定。单击轨道区域中轨道名称左边的方框，出现锁的图标，将轨道锁定，轨道上显示斜线（如图 3-2-6）。再次单击锁的图标，图标与轨道上显示的斜线消失，轨道被解除锁定。

图 3-2-6　轨道被锁定

在隐藏轨道或锁定轨道的操作中，如果按住 Shift 键，可以同时将所有同类型的轨道进行隐藏或锁定。锁定的轨道无法作为目标轨道，其上的素材片段也无法被编辑操作，但可以进行预览或输出。

## 5　素材片段的分割与伸展

如果需要对一个素材片段进行不同的操作或施加不同的效果，可以先将素材片段进行分割。使用剃刀工具，单击素材片段上欲进行分割的点，可以从此点将素材片段一分为二。按住 Shift 键，单击素材片段上某一点，可以以此点将所有未锁定轨道上的素材片段进行分割（如图 3-2-7）。

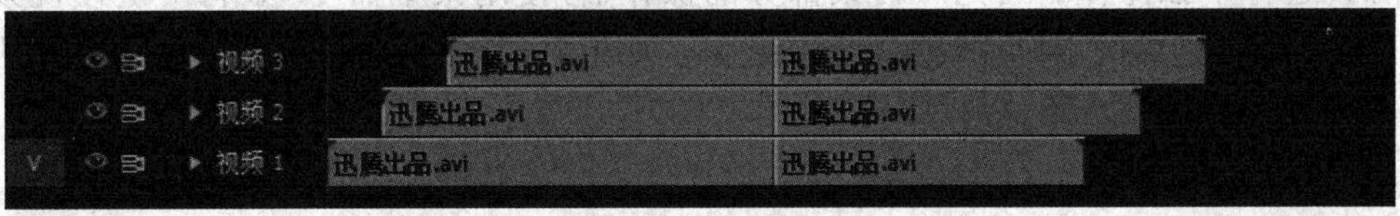

图 3-2-7　分割素材

如果需要对素材片段进行快放或慢放的操作，可以更改素材片段的播放速率和持续时间。对于同一个素材片段，其播放速率越快持续时间越短，反之亦然。使用速率伸展工具 对素材片段的入点或出点进行拖拽，可以更改素材片段的播放速率和持续时间（如图 3-2-8）。使用菜单命令"素材→速度 / 持续时间"或快捷键"Ctrl+R"，可以在调出的对话框中对素材片段的播放速率和持续时间进行精确的调节，还可以通过勾选"倒放速度"复选框，将素材片段的帧顺序进行反转（如图 3-2-9）。

图 3-2-8 更改播放速率和持续时间

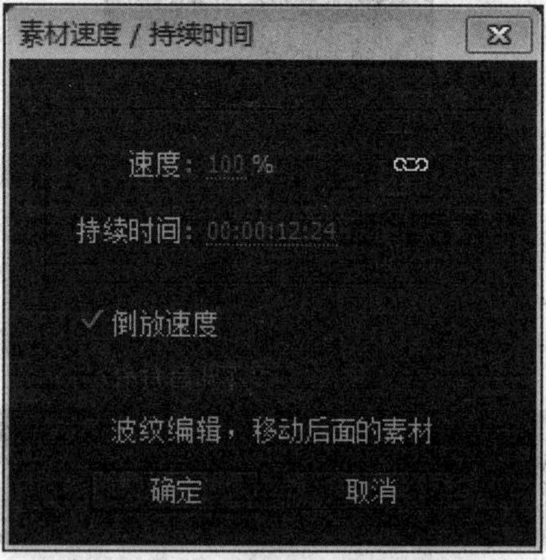

图 3-2-9 播放速率和持续时间

当改变了素材片段的速率后，其中的动态画面可能会出现抖动或闪烁，开启帧融合选项，可以创建新的插补帧以平滑动作。使用菜单命令"素材→视频选项→帧混合"，可以开启或关闭帧融合。默认状态下，帧融合是打开的。

## 6 素材片段的链接与结组

视频素材被添加到轨道后，其视频部分和音频部分是链接的。对某部分进行的选择、移动、设置入点或出点、删除、分割或伸展等操作都将影响另一部分。当需要对其中某部分进行单独操作时，可以在按住 Alt 键的同时进行操作。使用菜单命令"素材→解除视音频链接"，可以解除链接关系，使一个链接的影片素材变为独立的一个视频素材片段和一个音频素材片段，从而对其进行单独操作。当完成对某部分的操作后，使用菜单命令"素材→链接视频和音频"，可以将断开链接的素材片段重新链接起来。如果对素材的各部分进行单独移动后再重新链接（如图 3-2-10）。

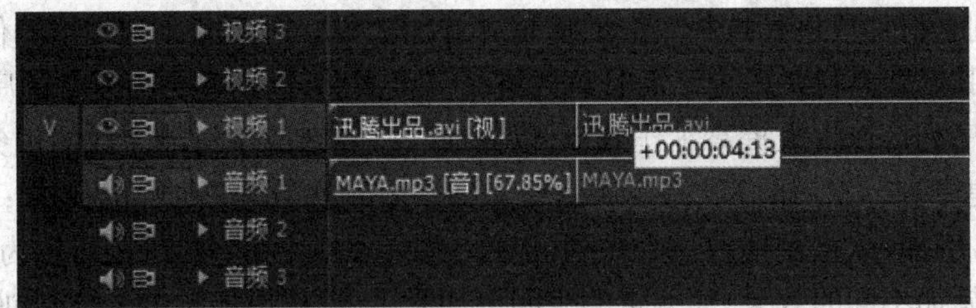


图 3-2-10　链接与解除链接视频和音频

使用菜单命令“素材→编组”或快捷键“Ctrl+G”，可以将选中的素材片段结成一组。按住 Alt 键，可以对组中的单个素材片段进行单独操作。必要时，还可以使用菜单命令“素材→解组”或快捷键“Ctrl+Shift+G”将编组的素材片段解除编组。

## 7　序列嵌套

一个项目中可以包含多个序列，所有的序列共享相同的时基。使用菜单命令“文件→新建→序列”，或在项目调板的底端单击“新建”按钮，并在弹出式菜单中选择“序列”选项，调出“新建序列”对话框。在对话框中输入“序列”的名称，并设置序列的相属性（如图 3-2-11）。

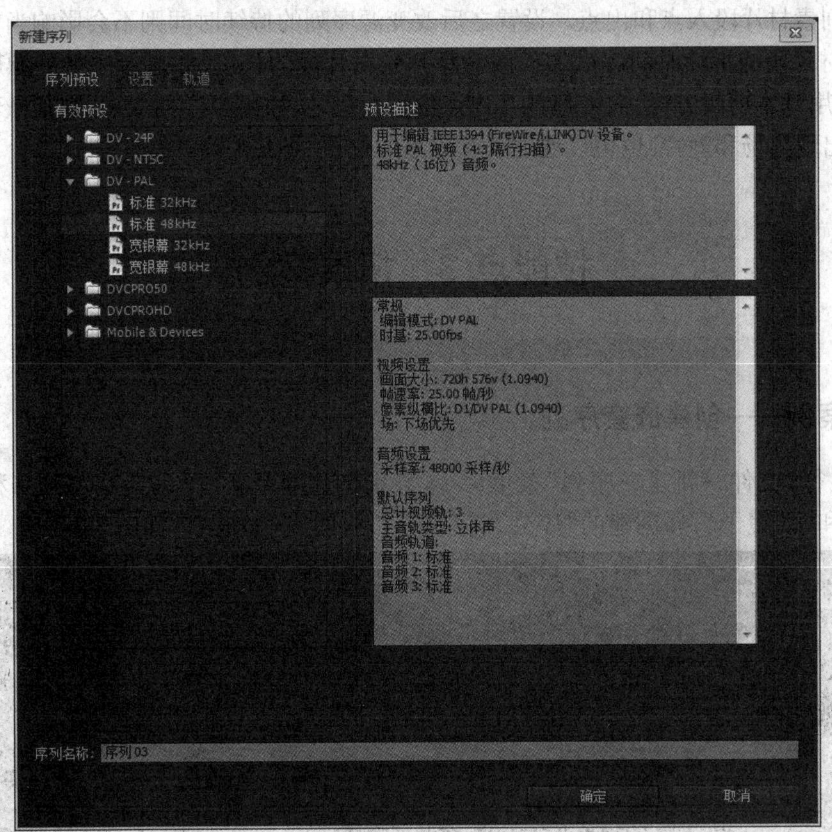


图 3-2-11　新建序列

设置完毕，单击“OK”按钮，即可按照设置创建新的序列。可以将一个序列作为素材片段插入到其他的序列中，这种方式称为嵌套。无论被嵌套的子序列中含有多少视频和音频轨道，嵌套子序列在其母序列中都会以一个单独的素材片段的形式出现。可以像操作其他素材一样，对嵌套序列素材片段进行选择、移动、剪辑并施加效果。对于源序列作出的任何修改，都会实时地反映到其嵌套素材片段上。而且可以进行多级嵌套，以创建更为复杂的序列结。

使用嵌套序列可以大大提高工作效率，以完成一些复杂或不可能完成的任务：重复使用序列；只需要创建序列一次，却可以像普通素材一样不限制次数地添加到序列中；为序列复制施加不同的设置，例如，欲重复播放一个序列，但每次要看到不同的效果，则可以为每个嵌套序列素材片段分别施加不同的效果；使编辑的空间更加紧凑，流程更加顺畅。分别创建复杂的多层序列，并将它们作为单独的素材片段添加到项目的主序列中；这样可以免去同时编辑多个轨道的主序列，并且还有可能减少不经意误操作的可能性；创建复杂的编组和嵌套效果，例如，虽然可以在一个编辑点上施加一个转场效果，但通过嵌套序列，并对嵌套的素材片段施加新的转场效果可以创建多重转场。

创建嵌套序列应该遵循以下原则：不可以进行自身嵌套；当动作中包含嵌套序列素材片段时，需要更多的处理时间，因为嵌套序列素材片段中包含了许多的素材片段，Premiere Pro 会将动作施加给所有的素材片段；嵌套序列总是显示其源序列的当前状态。对源序列中内容的更改会实时地反映到其嵌套序列素材片段中；嵌套序列素材片段起始的持续时间由其源序列所决定，包含源序列中起始位置的空间，但不包含结束位置的空间；像其他素材片段一样，可以设置嵌套序列素材片段入点和出点。设置之后改变源序列的持续时间则不会影响当前现存的嵌套序列素材片段的持续时间。欲加长嵌套序列素材片段的长度，并显示添加到源序列中的素材，应该使用基本剪辑方式，向右拖拽其出点位置。反之，如果源序列变短，则其嵌套序列素材片段中会出现黑场和静音，也可以通过设置出点的位置，将其消除。

# 技能点 3　拓展案例

## 1　拓展案例——创建嵌套序列

（1）执行“文件→新建→序列”菜单命令，分别创建两个新“序列”，将序列名称分别设置为“拉车”和“照镜子”，新创建的“序列”将添加到“时间线”面板中（如图 3-3-1）。

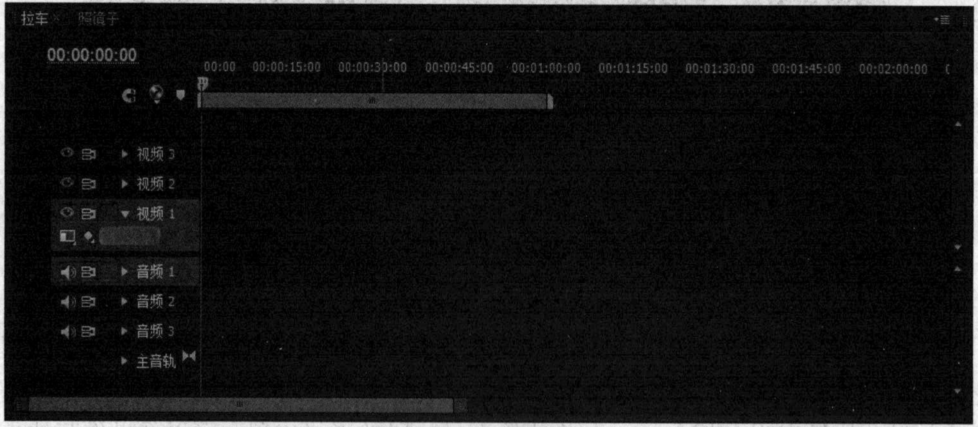

图 3-3-1　新建序列

（2）“文件→导入”菜单命令，打开“导入”对话框，然后选择要导入的“拉车”视频素材，“照镜子”视频素材，并将其打开（如图 3-3-2）。

| 名称 | 标签 | 帧速率 | 媒体开始点 |
|---|---|---|---|
| 拉车 | | 25.00 fps | |
| 拉车.mov | | 24.00 fps | 00:00:00:00 |
| 照镜子 | | 25.00 fps | |
| 照镜子.mov | | 24.00 fps | 00:00:00:00 |

图 3-3-2 导入素材

（3）在“时间线”面板中选择“拉车”序列，然后将“拉车”视频素材添加到该序列的视频轨道上（如图 3-3-3）。

图 3-3-3 添加到视频轨道

（4）在“效果”面板中，为该影片添加“视频特效”，如“风格化”特效中的“浮雕”效果（如图 3-3-4、3-3-5）。

图 3-3-4 添加视频特效

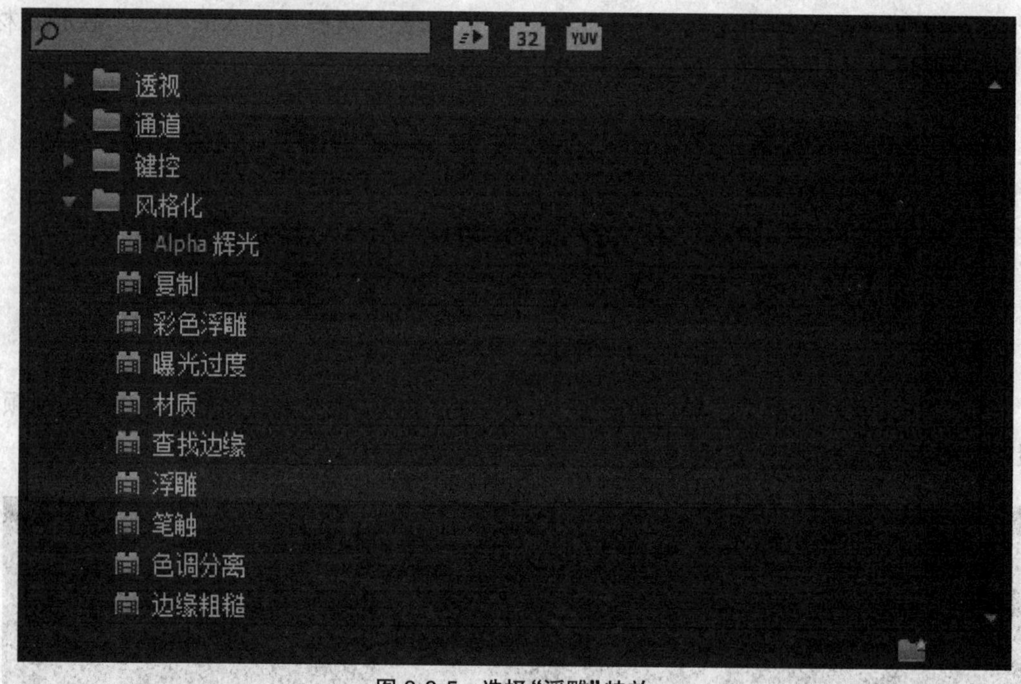


图 3-3-5 选择“浮雕”特效

（5）在“时间线”面板中选择“照镜子”序列，然后将“照镜子”视频素材添加到该序列的视频轨道上（如图 3-3-6）。

图 3-3-6 添加到视频轨道

（6）在“效果”面板中，为该影片添加“视频特效”，如“生成”特效中的“镜头光晕”效果（如图 3-3-7、3-3-8）。

图 3-3-7　添加特效

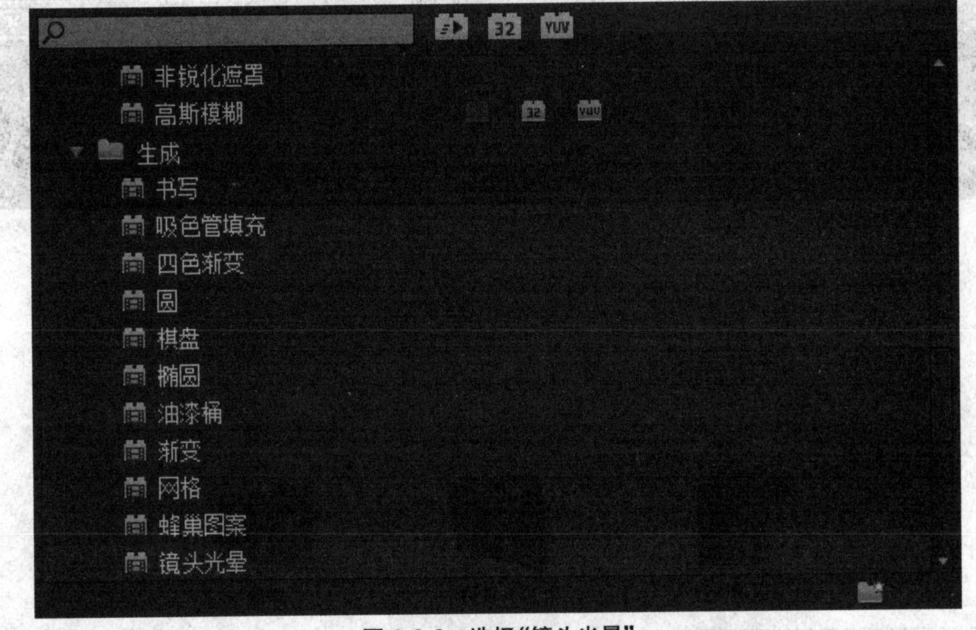


图 3-3-8　选择“镜头光晕”

（7）在“项目”面板中，将“拉车”序列拖拽到“照镜子”序列的轨道中，即可将“拉车”序列嵌套到“照镜子”序列中，即完成嵌套序列的制作（如图 3-3-9）。

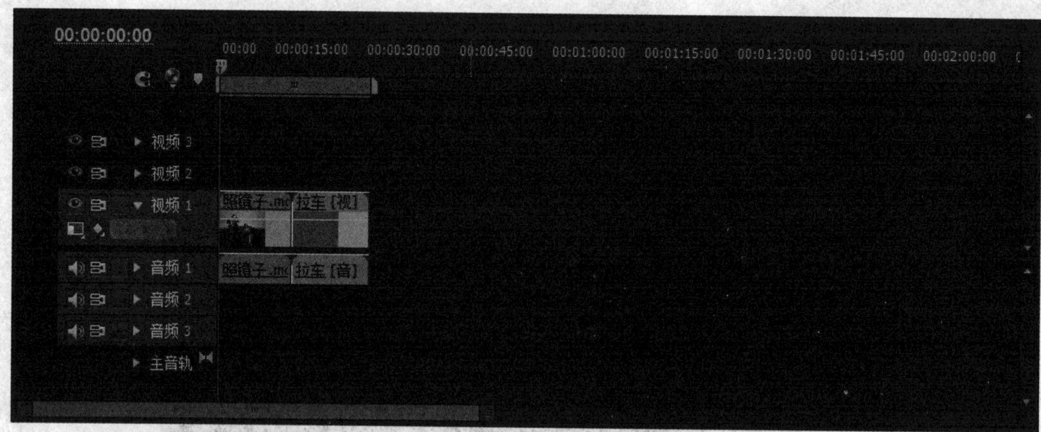


图 3-3-9 完成嵌套

## 2 拓展案例——在序列标记处执行提取编辑

（1）打开 Premiere 软件，然后在弹出对话框中选择“新建项目”图标（如图 3-3-10）。

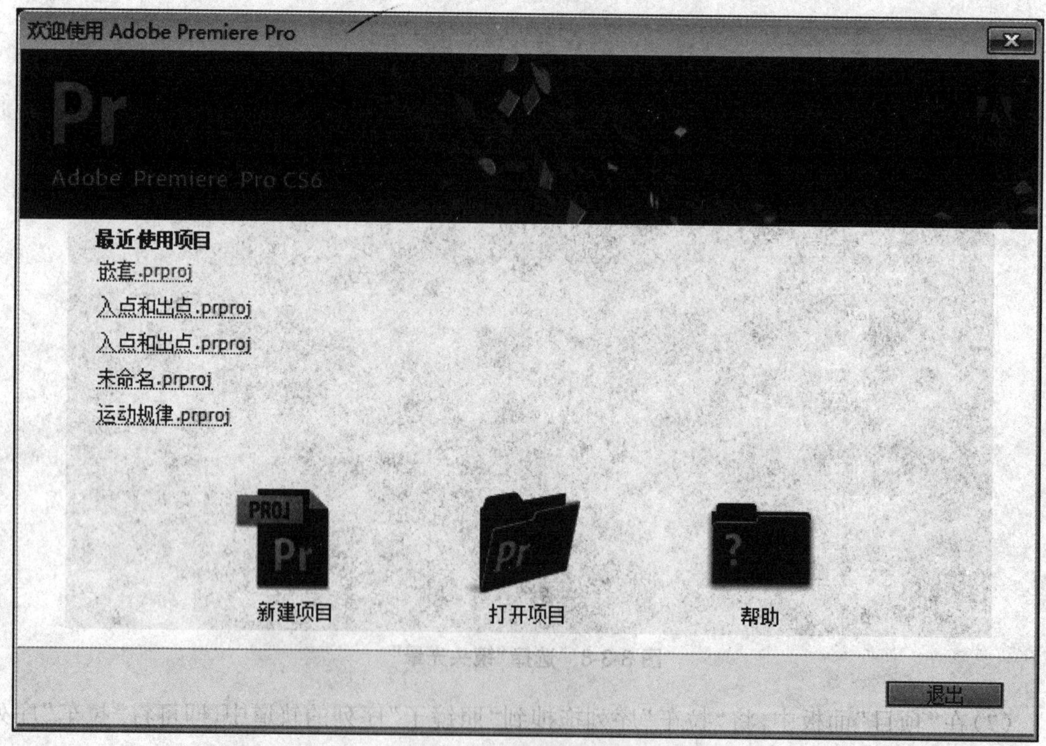


图 3-3-10 新建项目

（2）在弹出的“新建序列”对话框中的“DV-PAL”文件夹下拉菜单中，选择标准 48kHz 选项，最后单击“确定”按钮（如图 3-3-11）。

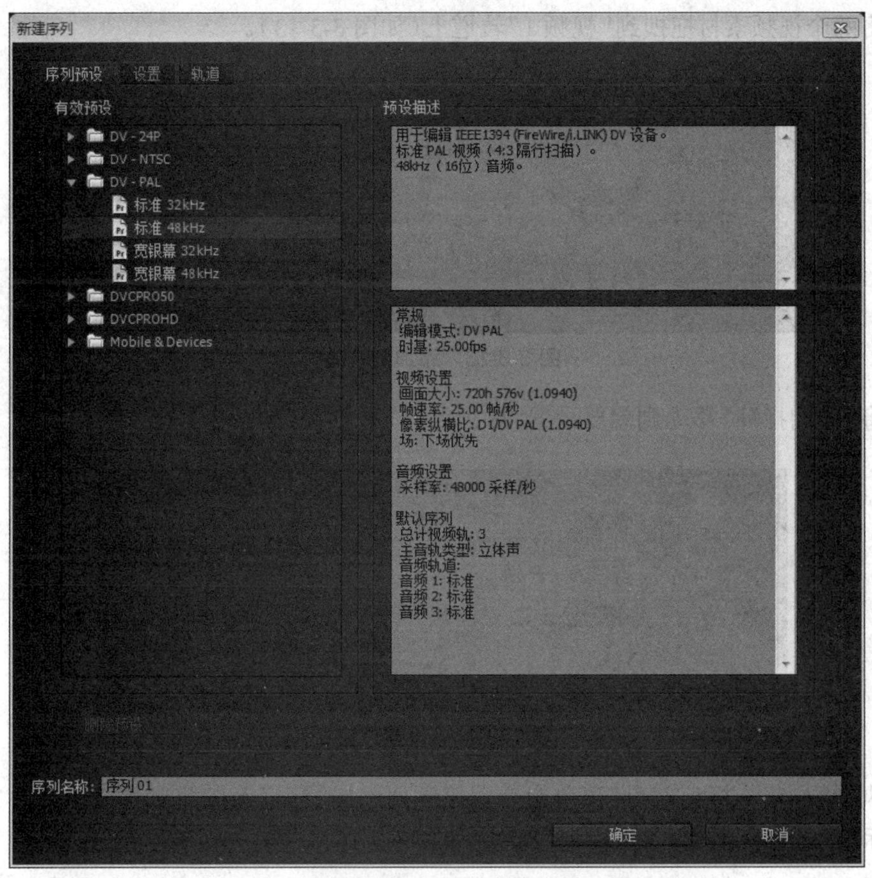


图 3-3-11　确定标准

（3）在“项目”面板中空白处双击，然后在弹出的“导入”对话框中按 Ctrl 键单击并选择“冰箱”视频素材和“吃水果”视频素材，单击“打开”按钮将两个视频素材导入进来（如图 3-3-12）。

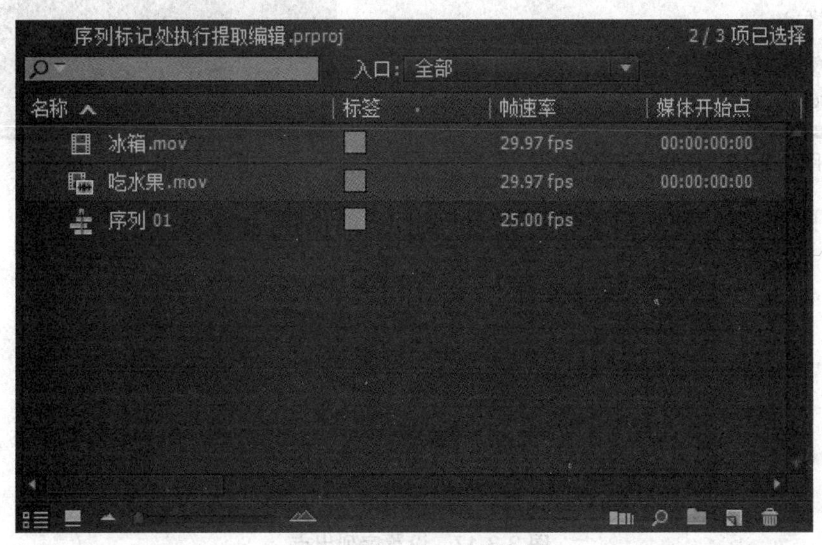


图 3-3-12　导入视频素材

（4）将两个视频素材拖拽到“视频 1”轨道上（如图 3-3-13）。

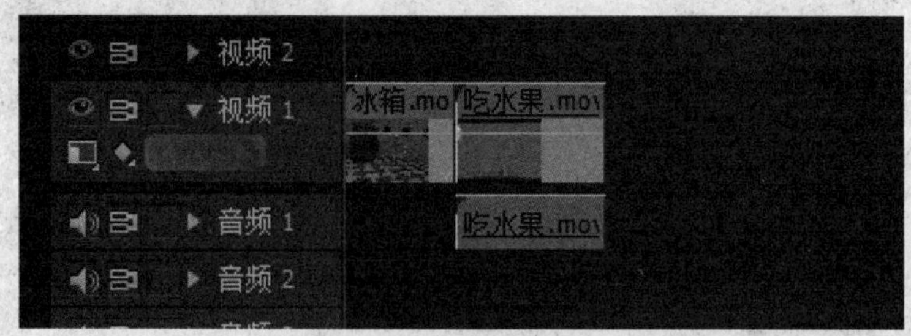


图 3-3-13 添加到轨道

（5）将“时间指针”移动到想要设置“序列入点”的位置（如图 3-3-14）。

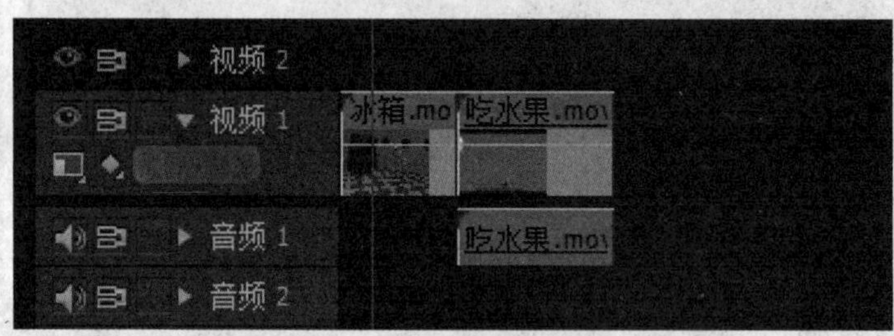


图 3-3-14 设置位置

（6）执行“标记→标记入点”菜单命令为该序列添加“标记入点”（如图 3-3-15），完成后在“时间线标尺”上方会出现“入点标记”符号（如图 3-3-16）。

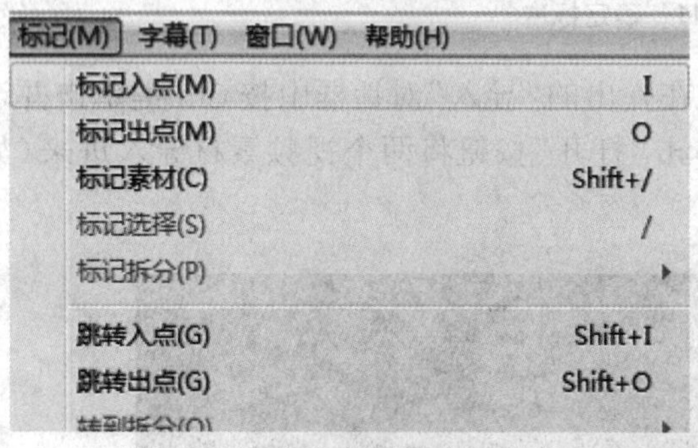


图 3-3-15 添加标记入点

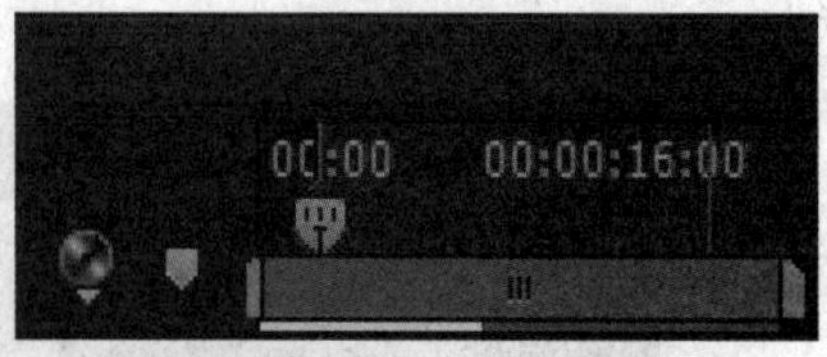


图 3-3-16 入点标记

（7）将“时间指针”移动到想要设置“序列出点”的位置（如图 3-3-17）。

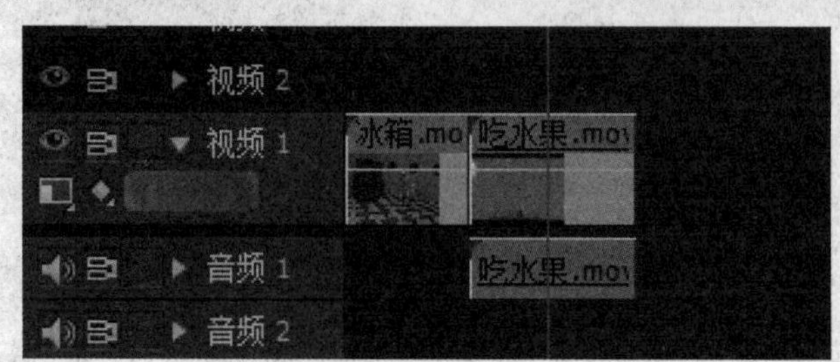


图 3-3-17 设置序列出点

（8）执行“标记→标记出点”菜单命令为该序列添加“出点”（如图 3-3-18），完成后在“时间线标尺”上方会出现“入点标记”符号（如图 3-3-19）。

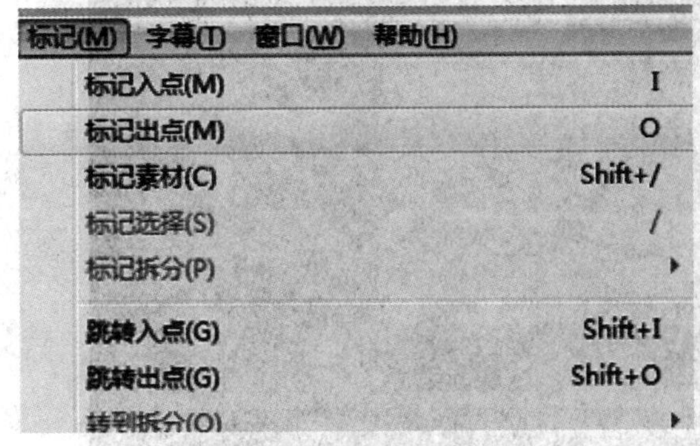


图 3-3-18　添加出点

图 3-3-19　入点标记

（9）如果要修改序列“入点”和“出点”，用鼠标左键单击“时间线标尺”上的“入点”或“出点”符号并左右拖拽即可（如图 3-3-20）。

图 3-3-20　修点入点和出点

（10）执行“序列→提取”菜单命令，或者单击“节目监视器”面板中的“提取”按钮，即可完成“提取”编辑操作，此时将移除由“入点”标记和“出点”标记划分出的以外区域（如图 3-3-21）。

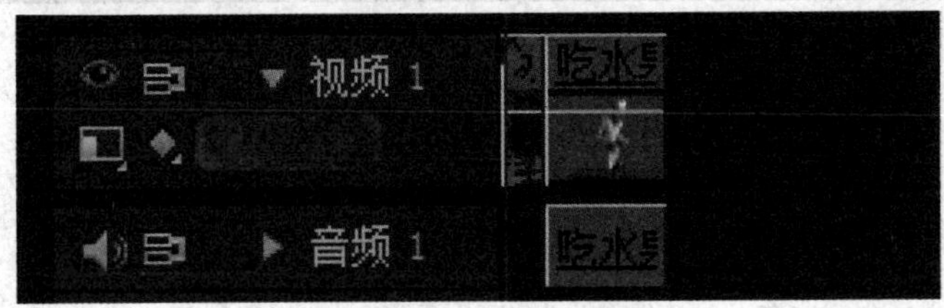


图 3-3-21　提取编辑

（11）在“节目监视器”面板中单击“播放—停止切换”按钮，即可浏览编辑完成后的素材（如图 3-3-22）。

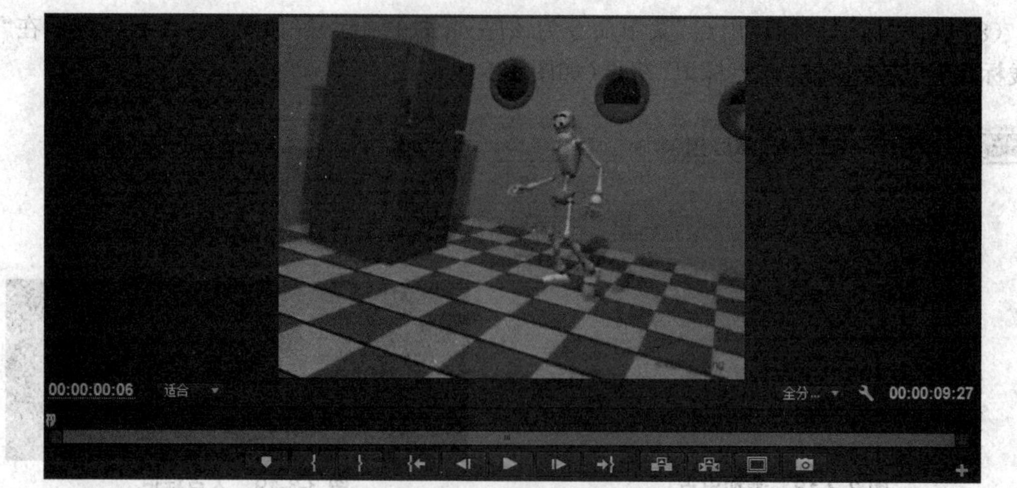


图 3-3-22　浏览素材

（12）执行“文件→导出→媒体”菜单命令（如图 3-3-23）。然后在弹出的“导出设置”对话框中选择将要导出的视频格式“AVI”，接着单击“导出”按钮（如图 3-3-24），即可导出所编辑的项目。

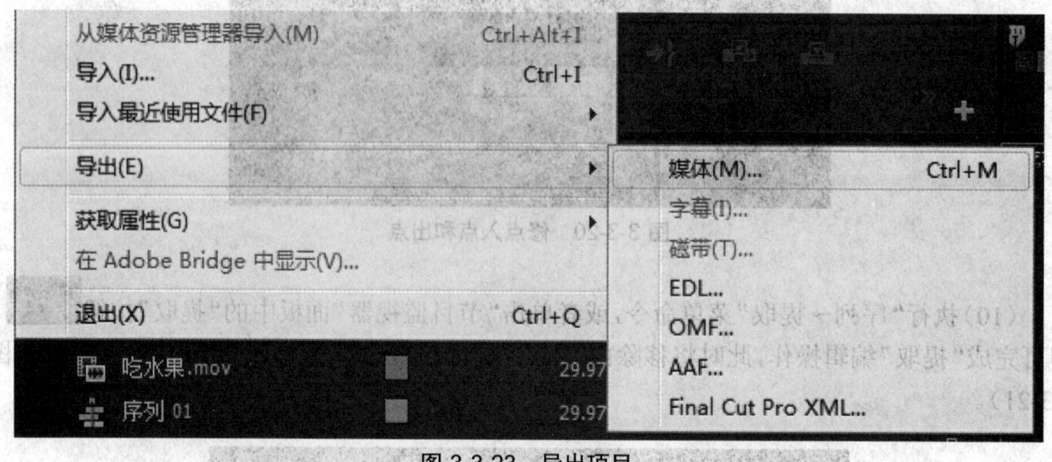


图 3-3-23　导出项目

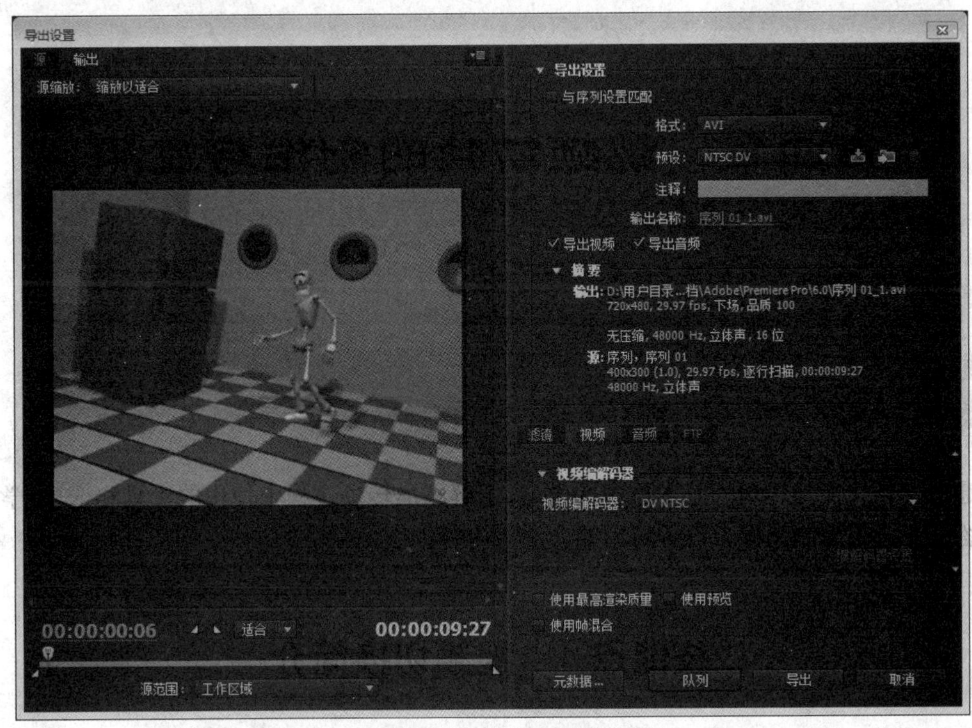


图 3-3-24　导出设置

（13）导出编辑好的视频，可以使用播放器观看作品，若符合要求即可对文件进行保存，完成此次的编辑工作（如图 3-3-25）

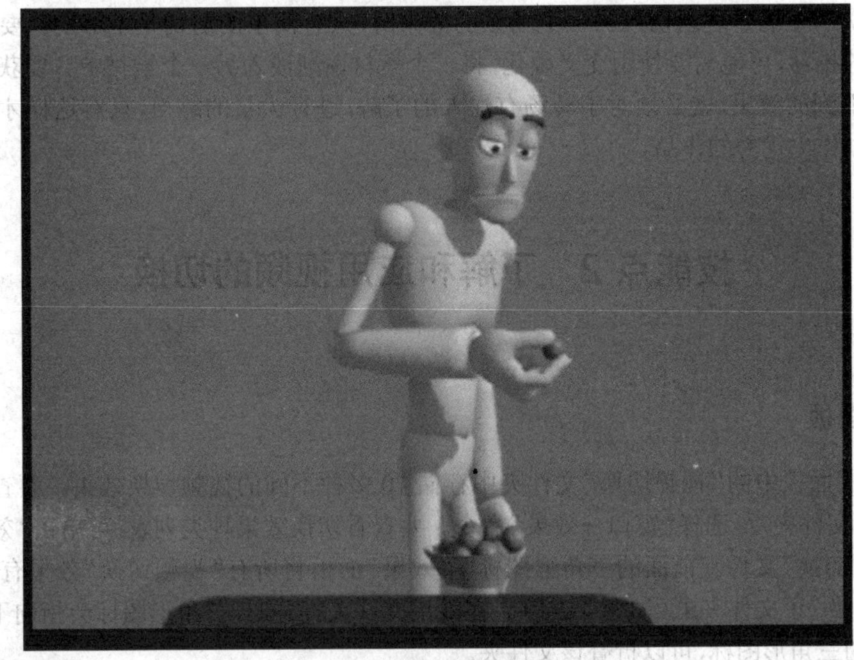

图 3-3-25　保存项目

# 第四章　视频切换的制作与应用

通过视频切换与转场的基本原理的学习，了解添加转场过程中使用的工具和选项，学习并且熟练掌握效果控制调板中设置转场的方法等内容。

## 技能点 1　视频切换简介

视频的切换就是转场。有些时候，视频简单的衔接就可以完成切换，这种最简单的方式被称为硬切。但有些时候，需要从第一个视频淡出并向第二个视频淡入，这种方式被称为软切。从视频作品中的一个场景切换到另一个场景就是一次转场。但是，当需要传达时间的推移，或者想创建从一个场景逐渐切入另一个场景的效果时，只有简单的剪切是不够的。要从艺术上表达时间的推移，可能需要使用交叉叠化，将一个素材逐渐淡入另一个素材中。要获得更多生动和意想不到的效果，就必须对于转场有深入的了解，进行大量的练习，只有这样才能在以后的工作中创作出优秀的作品。

## 技能点 2　了解和应用视频的切换

### 1　效果面板

“效果”面板中的“视频切换”文件夹中存储 70 多种不同的视频切换效果。要查看“视频切换”效果文件夹，可选择“窗口→效果”命令。要查看切换效果种类列表，可单击“效果”面板中的“视频切换”文件夹前面的三角形图标。“效果”面板将所有“视频切换”效果有组织地放入“视频切换”子文件夹中（如图 4-2-1）。在效果文件夹打开时，三角形图标会指向下方，单击指向下方的三角形图标，可以折叠该文件夹。

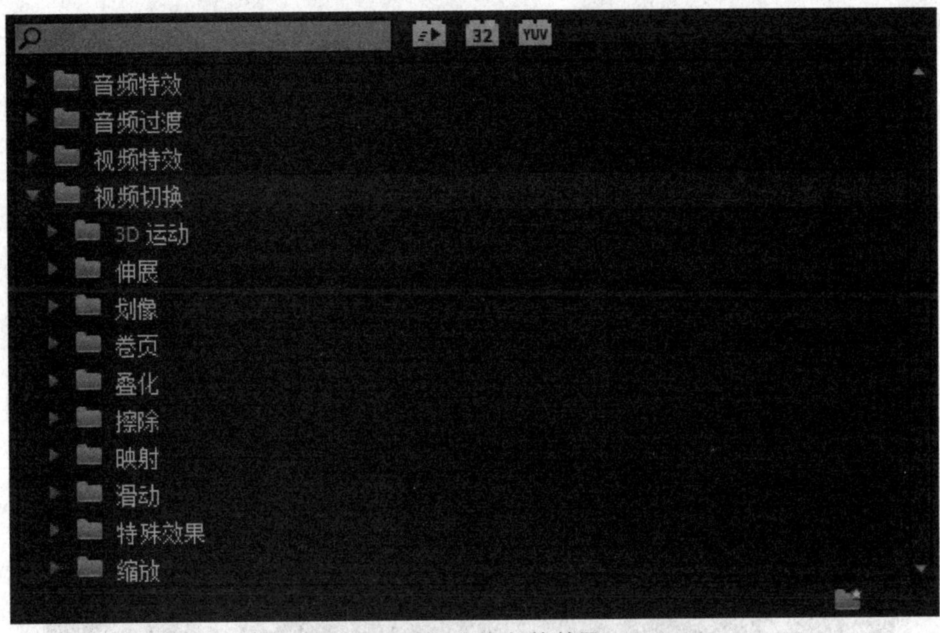

图 4-2-1　视频切换效果

视频切换效果的默认持续时间被设置 25 帧。要更改切换效果的默认持续时间，可右键单击“效果”面板菜单中的“设置默认过渡持续时间”命令（如图 4-2-2），在弹出的“首选项”对话框的“常规”设置中，修改“视频切换默认持续时间”参数（如图 4-2-3），然后单击“确定”按钮，即可更改“默认视频切换效果”的持续时间。

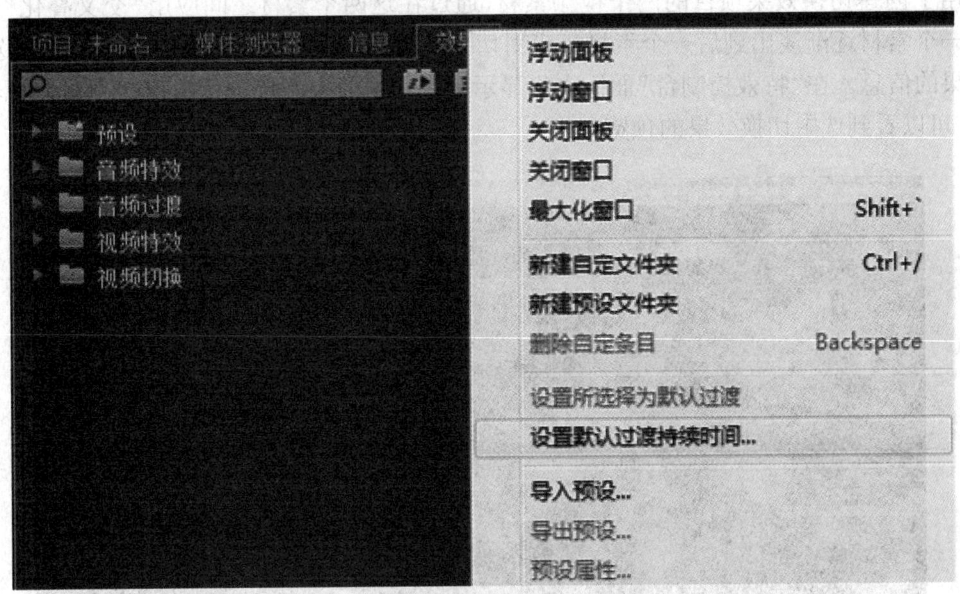

图 4-2-2　设置默认过渡持续时间

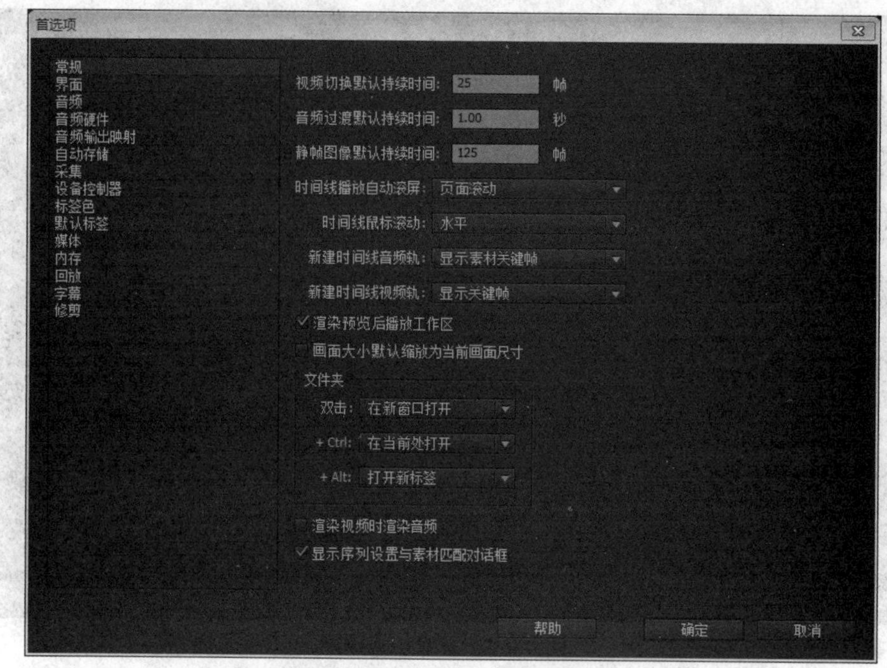


图 4-2-3 首选项中常规设置

应用“切换效果”方法非常简单，只需将“切换效果”放入轨道中的两个素材之间即可。切换效果使用第一个素材出点处的额外帧，以及第二个素材入点处的额外帧之间的区域作为切换效果区域。图 4-2-4 显示了一个示例“切换效果”项目及其面板。在“时间线”面板中，可以看到用于创建切换效果项目的两个视频素材，通过在这两个素材之间应用“交叉叠化”效果，使前一个素材逐渐淡出到后一个素材。应用切换效果后，在“信息”面板中将显示关于选中切换效果的信息。在“特效控制台”面板中将显示选中切换效果的选项，并且在“节目监视器”面板中，可以看到选中切换效果的预览。

图 4-2-4 切换效果

## 2　控制调板设置选项

使用效果控制调板最主要的作用是通过设置选项，对转场的各种属性进行精确控制（如图4-2-5）。

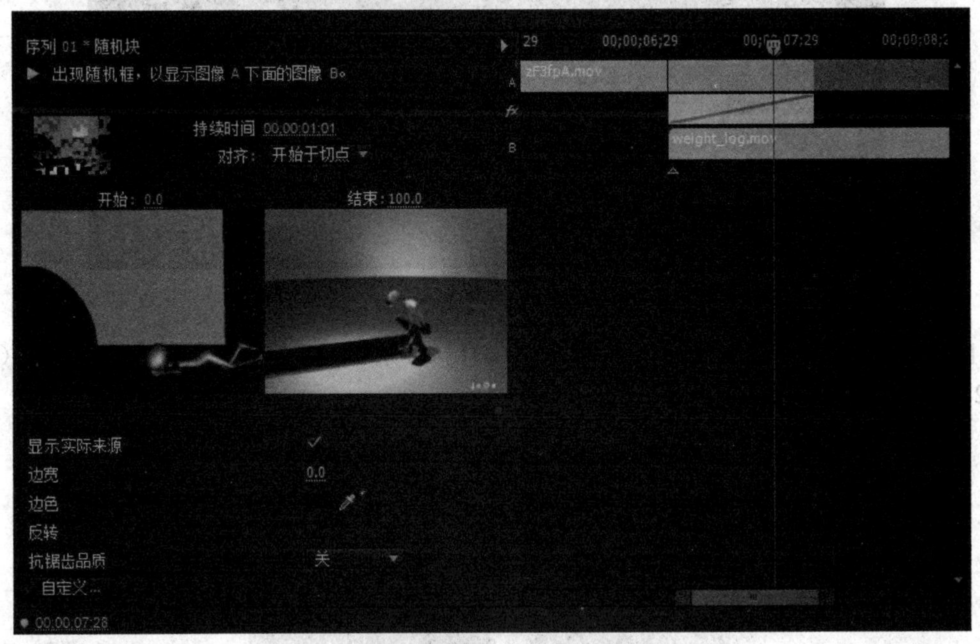


图 4-2-5　控制调板

**开始和结束滑块：**设置转场始末位置的进程百分比，按住 Shift 键拖拽滑块，可以对始末位置进行同步移动。

**显示实际来源：**显示素材始末位置的帧画面。

**变宽：**调节转场边缘的宽度，默认宽度为 0。一些转场没有边缘。

**边色：**设定转场边缘的色彩。单击色彩标记可以调出拾色器，在其中选择所需色彩，或使用吸管选择色彩。

**反转：**对转场进行翻转。例如，ClockWipe 转场翻转后，转动方向变为逆时针。

**抗锯齿品质：**调节转场边缘的平滑程度。

**自定义：**设置转场的一些具体设置。大多数转场不支持自定义设置。

# 技能点 3　视频转场的类别

转场按照不同分类分别放置在不同的文件夹中，按类别分为：3D 运动、伸展、划像、卷页、叠化、擦除、映射、滑动、特殊效果、缩放十大类。（由于篇幅所限，不能展示全部效果，大家可以课下实践操作，一定会收获意想不到的效果。）

（1）三维运动转场主要是通过三维空间的转化达到转场过渡的效果（如图 4-3-1）。

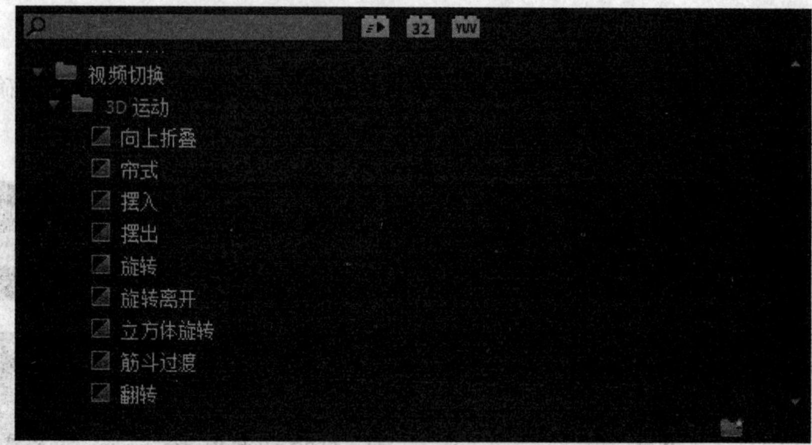


图 4-3-1　三维运动转场

**向上折叠:**类似于立方体旋转,而前后两段素材分别相当于立方体的两个相邻的面(如图 4-3-2)。

图 4-3-2　向上折叠

**帘式:**类似于掀窗帘,默认状态下,前一段素材相当于窗帘,被掀开后,露出后一段素材画面(如图 4-3-3)。

图 4-3-3　帘式

**摆入:**类似于开关门,默认状态下,后一段素材画面相当于门,关闭之后,进行显示(如图

4-3-4）。

图 4-3-4　摆入

（2）伸展：转场主要通过使素材片段进行伸缩达到转场过渡的效果（如图 4-3-5）。

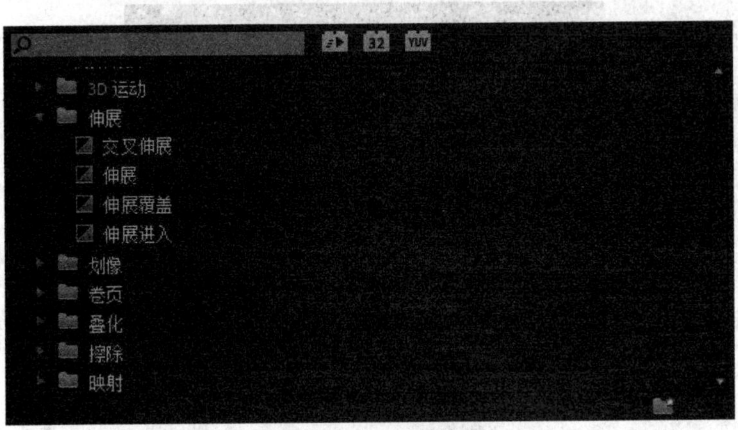

图 4-3-5　伸展转场

**交叉伸展：**后一段素材画面通过伸展挤压前一段素材画面，直至消失，完成转场（如图 4-3-6）。

图 4-3-6　交叉伸展

**伸展：**后一段素材画面通过伸展覆盖前一段素材画面（如图 4-3-7）。

图 4-3-7 伸展

**伸展覆盖**：后一段素材画面从画面中线垂直放大，直至完全覆盖前一段素材画面（如图4-3-8）。

图 4-3-8 伸展覆盖

（3）划像：转场主要是通过画面中不同形状的孔形面积的变化达到转场过渡的效果（如图4-3-9）。

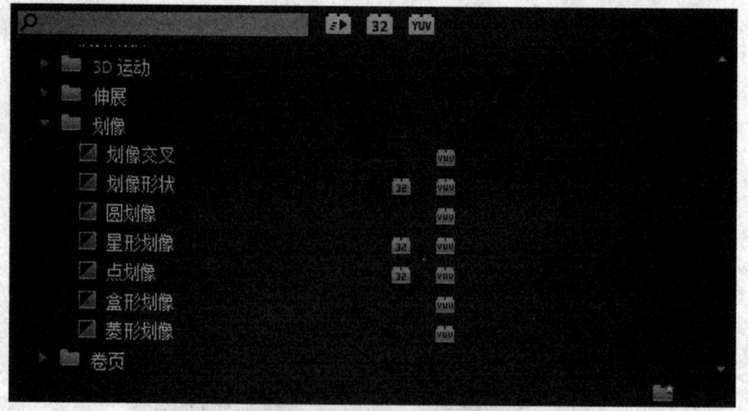


图 4-3-9 划像转场

**划像交叉**：前一段素材画面中出现一个十字，逐渐放大，直到完全显示出后一段素材画面为止（如图 4-3-10）。

图 4-3-10　划像交叉

**划像形状：**前一段素材画面中水平并排出现多个菱形的孔，逐渐放大，直到完全显示出后一段素材画面（如图 4-3-11）。

图 4-3-11　划像形状

**圆划像：**前一段素材画面中出现一个圆形的孔，逐渐放大，直到完全显示出后一段素材画面（如图 4-3-12）。

图 4-3-12　圆划像

（4）卷页：模拟看书翻页的效果，将前一段素材画面作为翻去的一页，从而露出后一段素材画面，达到转场过渡的效果（如图 4-3-13）。

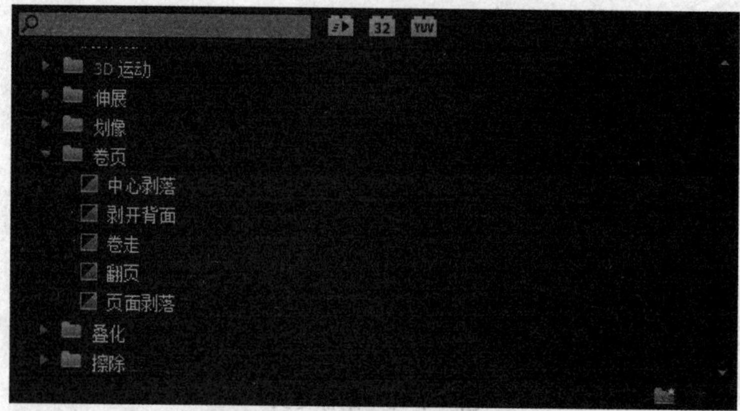


图 4-3-13　卷页转场

**中心剥落：**从画面的某个角点对前一段素材画面进行翻页，以显示后一段素材画面（如图 4-3-14）。

图 4-3-14　中心剥落

**剥开背面：**从中心点将素材画面分为 4 部分，按照顺时针分别从中心点对前一段素材画面进行翻页（如图 4-3-15）。

图 4-3-15　剥开背面

**卷走**：将前一段素材画面从左至右进行卷页，以显示后一段素材画面，从而进行过渡（如图4-3-16）。

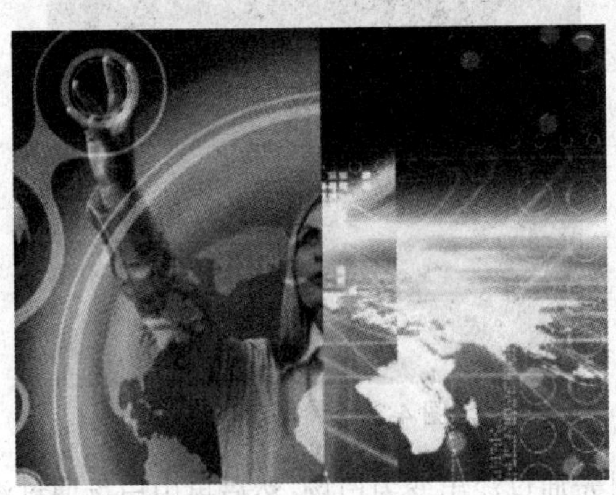

图 4-3-16　卷走

（5）叠化：通过画面的溶解消失达到转场过渡的效果，其中的交叉叠化（标准）为默认状态下的默认转场（如图 4-3-17）。

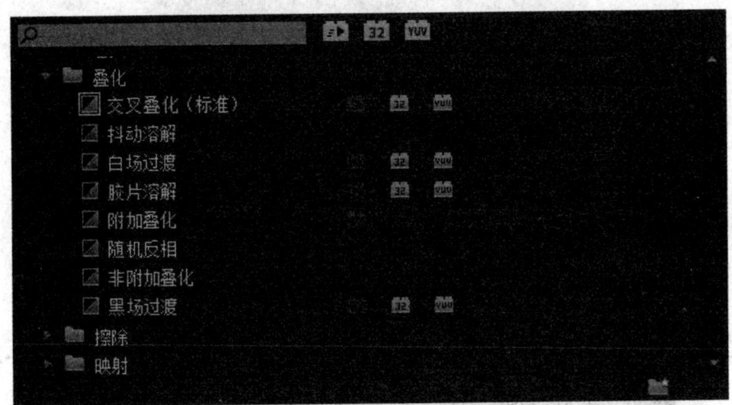


图 4-3-17　叠化转场

**交叉叠化（标准）**：标准的溶解叠化转场，以前后素材片段画面透明度变化的方式进行过渡（如图 4-3-18）。

图 4-3-18　交叉叠化（标准）

**抖动溶解**：以一种细小的网格纹路的变化进行溶解叠化（如图 4-3-19）。

图 4-3-19　抖动溶解

**白场过渡**：前一段素材先通过淡出变为白场，然后再由白场通过淡入变为后一段素材画面（如图 4-3-20）。

图 4-3-20　白场过渡

（6）擦除：通过各种形状和方式的擦除渐隐达到转场过渡的效果（如图 4-3-21）。

图 4-3-21　擦除转场

**双侧平推门**：类似于开门的效果，前一段素材画面从中线分裂，逐渐消失，露出后一段素材画面（如图 4-3-22）。

图 4-3-22　双侧平推门

**带状擦除**：后一段素材画面以交错条形从两侧始显示，直至完全掩盖前一段素材画面，完成转场（如图 4-3-23）。

图 4-3-23　带状擦除

**径向划变**：后一段素材画面以扫描的方式从画面的一角逐渐出现，直至完全覆盖前一段素材画面（如图 4-3-24）。

图 4-3-24　径向划变

（7）映射：通过对素材画面的某些通道或亮度信息的映射达到转场过渡的效果（如图4-3-25）。

图 4-3-25 映射转场

**明亮度映射**：使用素材片段的亮度信息进行映射（如图 4-3-26）。

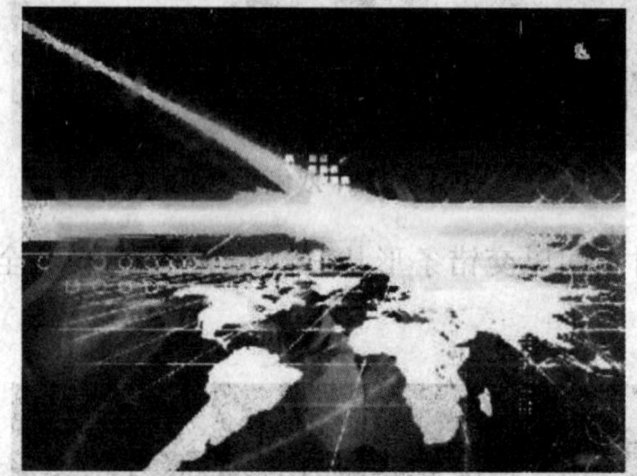

图 4-3-26 明亮度映射

**通道映射**：从前一段或后一段素材画面的某通道映射输出到转场图像（如图 4-3-27）。可以在调出的通道映射设置对话框中选择通道源（如图 4-3-28），选择完毕，单击“确定”按钮，即可将所选通道应用到转场。

图 4-3-27 通道映射

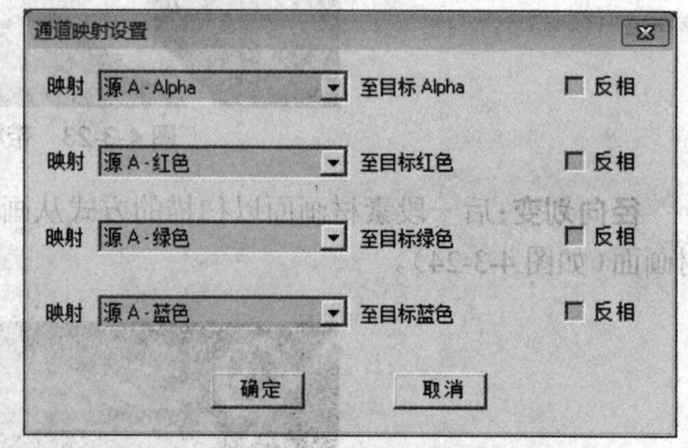


图 4-3-28 通道映射设置

（8）滑动：以条或块滑动的方式达到转场过渡的效果（如图 4-3-29）。

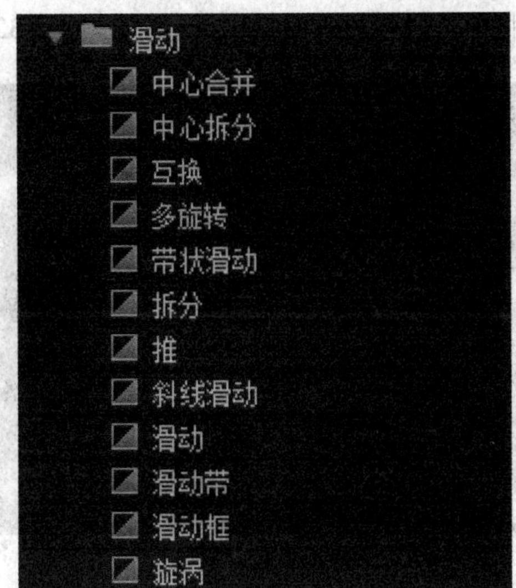


图 4-3-29　滑动转场

**中心合并:**从画面的中心将前一段素材画面分为 4 部分,并消失于画面的中心点,显示后一段素材(如图 4-3-30)。

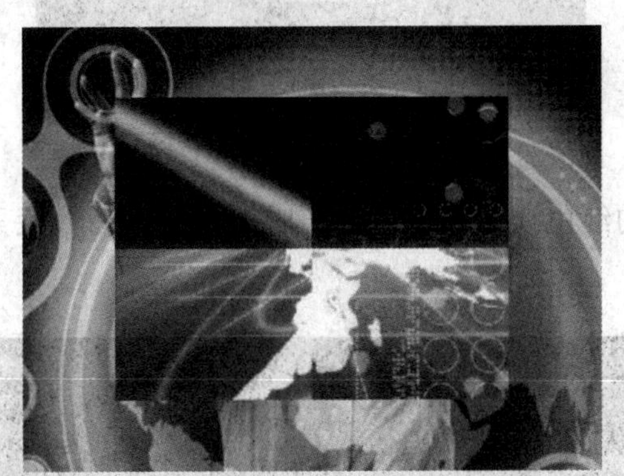

图 4-3-30　中心合并

**中心拆分:**从画面的中心将前一段素材画面分为 4 部分,并分别沿对角线方向向外扩展,直至消失,显示后一段素材(如图 4-3-31)。

图 4-3-31　中心拆分

**互换**:后一段素材画面将前一段素材画面推出屏幕(如图 4-3-32)。

图 4-3-32 互换

(9)特殊效果:转场收录了一些未被分类的特殊效果的转场(如图 4-3-33)。

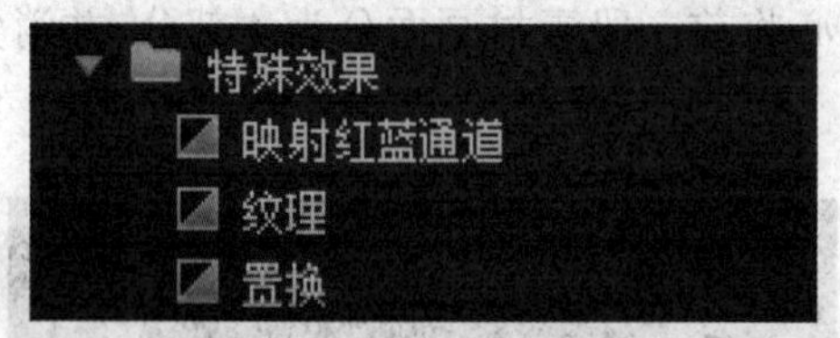


图 4-3-33 特殊效果转场

将前一段素材画面的红色通道和蓝色通道映射混合到后一段素材画面,进行转场(如图 4-3-34)。

图 4-3-34 映射红绿蓝通道

**纹理**:使用前一段素材的色彩信息作为纹理进行过渡转场(如图 4-3-35)。

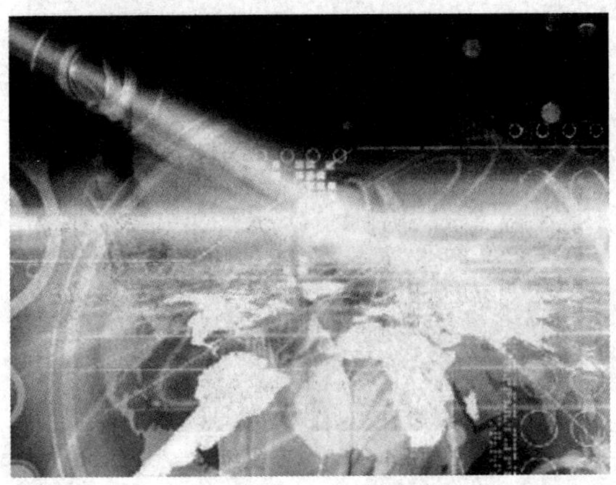

图 4-3-35　纹理

**置换**：使用前一段素材画面的通道中的信息替换后一段素材中的信息（如图 4-3-36）。

图 4-3-36　置换

（10）缩放：通过对素材画面进行各种形式的缩放达到转场过渡的效果（如图 4-3-37）。

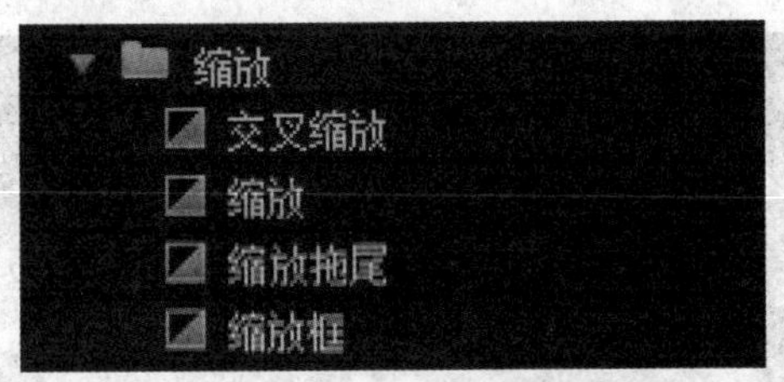


图 4-3-37　缩放转场

**交叉缩放**：前一段素材画面逐渐放大虚化，而后一段素材则由大变小，直至适合屏幕（如图 4-3-38）。

图 4-3-38 交叉缩放

**缩放：**后一段素材画面从画面中心出现，且逐渐放大，直至完全覆盖前一段素材画面（如图4-3-39）。

图 4-3-39 缩放

**缩放拖尾：**前一段素材画面逐渐缩小，在缩小的同时产生拖影，直至完全露出后一段素材画面（如图 4-3-40）。

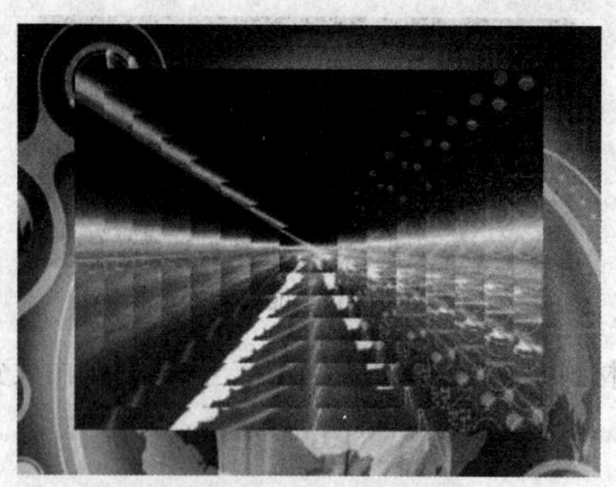

图 4-3-40 缩放拖尾

# 技能点 4　在切换效果项目中创建背景和字幕素材

（1）打开 Premiere 软件，执行“文件→新建→黑场”菜单命令，创建一个“黑色视频”素材（如图 4-4-1、4-4-2）。

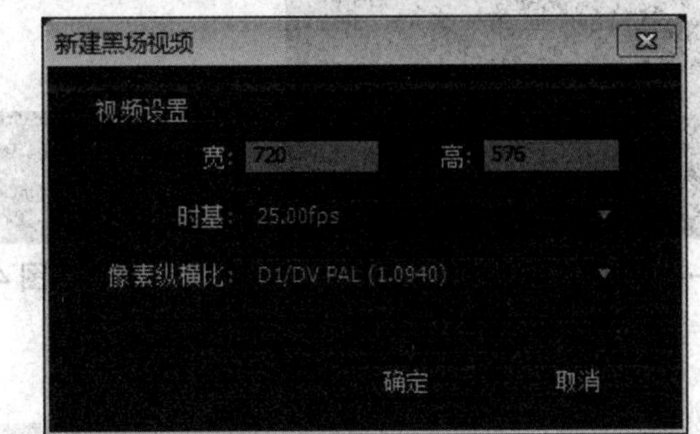


图 4-4-1　新建黑场视频

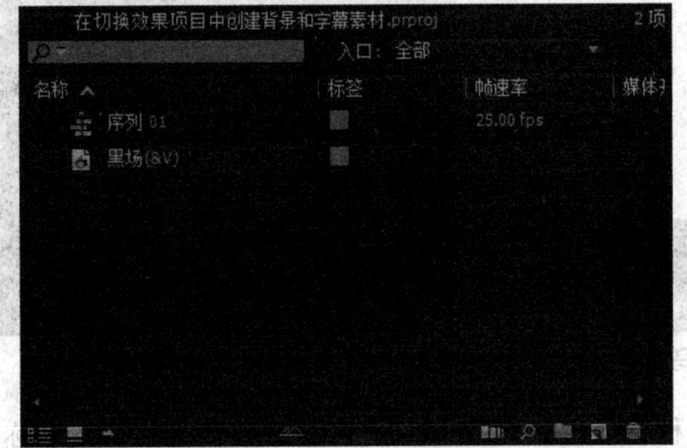


图 4-4-2　黑场视频

（2）将黑色视频素材从“项目”面板拖拽到“时间线”面板中“视频 1”轨道的开始处（如图 4-4-3）。

图 4-4-3　黑场视频拖曳到时间线面板

(3)对“黑色素材”应用不同的视频效果，以创建所需的背景。共使用了3个视频特效：色彩平衡（HLS）、马赛克和四色渐变（如图4-4-4、4-4-5、4-4-6、4-4-7）。

图 4-4-4 新建字幕

图 4-4-5 色彩平衡( HLS )

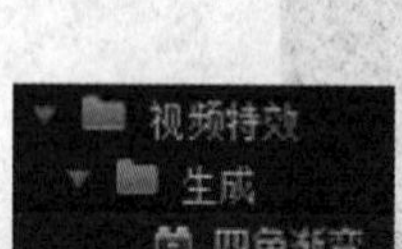


图 4-4-6 马赛克

图 4-4-7 四色渐变

想要快速找到某种特效，在“效果”面板搜索栏中，输入该特效名称即可找到该特效以及相关特效（如图4-4-8）。

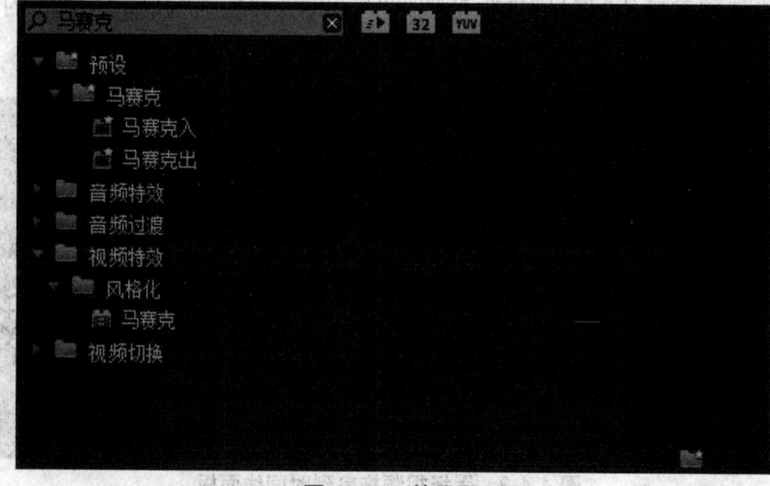


图 4-4-8 效果图

（4）将“黑色视频”素材从“项目”面板再拖拽到“时间线”面板的视频 1 轨道中两次（如图 4-4-9）。

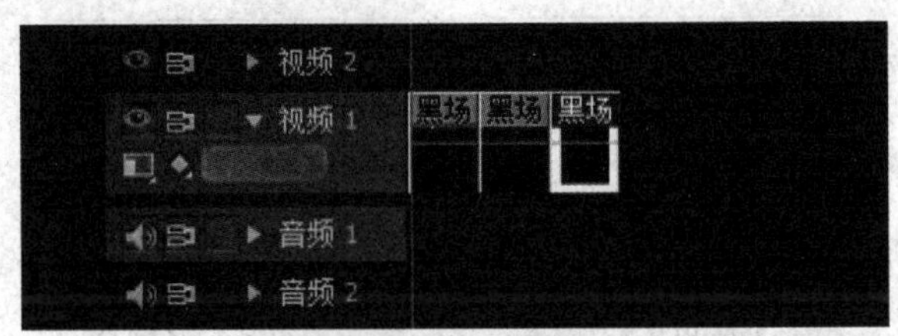


图 4-4-9　面板搜索栏

（5）将“星形划像”切换效果应用于视频 1 轨道中的第一个背景素材和第二个背景素材之间，将“翻页”切换效果应用于第二个背景素材和第三个背景素材之间，将“盒形划像”切换效果应用于第三个背景素材的结束处（如图 4-4-10、4-4-11、4-4-12、4-4-13）。

图 4-4-10　黑场视频拖曳到时间线面板两次

图 4-4-11　星形划像

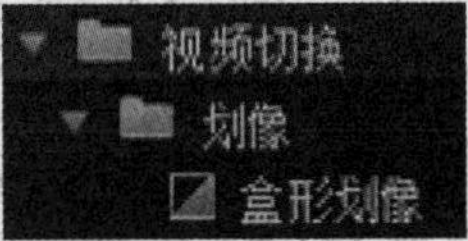


图 4-4-12　翻页

图 4-4-13　盒形划像

（6）为了使视频 1 轨道中的所有“背景素材”具有相同的“视频效果”，可选择第一个“背景素材”，然后执行“编辑→复制”命令（如图 4-4-14）。

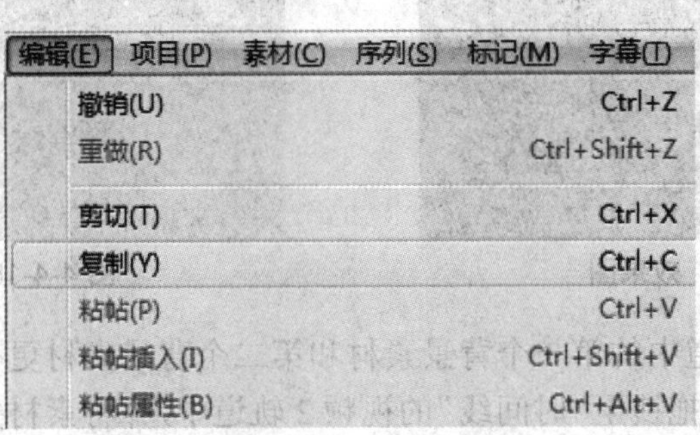

图 4-4-14　效果图

（7）选择第二个背景素材并执行“编辑→粘贴属性”命令（如图 4-4-15），然后对视频 1 轨道中的第三个背景素材重复此步骤（如图 4-4-16）。

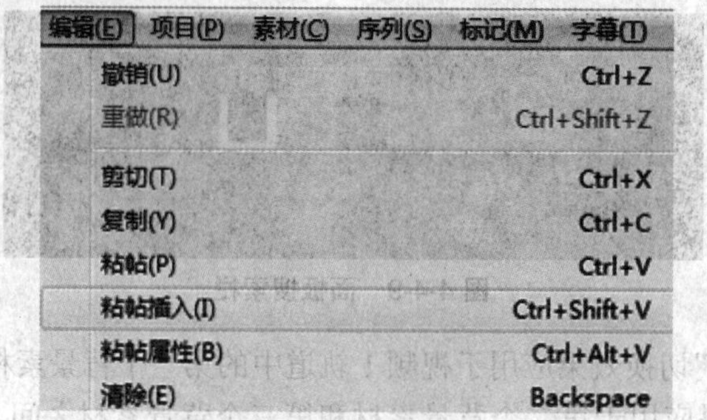

编辑(E)
项目(P)
素材(C)
序列(S)
标记(M)
字幕(T)
撤销(U) Ctrl+Z
重做(R) Ctrl+Shift+Z
剪切(T) Ctrl+X
复制(Y) Ctrl+C
粘帖(P) Ctrl+V
粘帖插入(I) Ctrl+Shift+V
粘帖属性(B) Ctrl+Alt+V
清除(E) Backspace

图 4-4-15 复制

00:00:00:00
00:00
00:00:05:00
00:00:10:00
00:00:15:00
00:00:20:00
00:00:25:00
视频 3
视频 2
视频 1
音频 1
音频 2
音频 3
主音轨

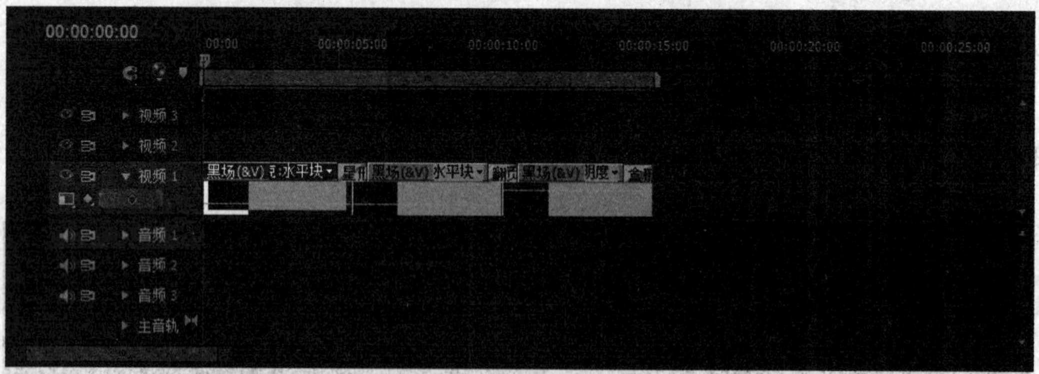

图 4-4-16 粘贴插入

（8）为了使 3 个背景素材看起来稍有不同，可以在“特效控制台”中调整“四色渐变（HLS）”视频效果，稍微改变一下素材的颜色。图 4-4-17 为调整第二个背景素材后的效果，图 4-4-18 为调整第三个背景素材后的效果。

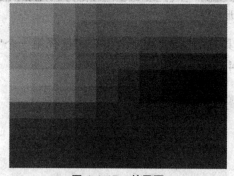

图 4-4-17 效果图

图 4-4-18 效果图

（9）要使视频 1 轨道中的第一个背景素材和第二个背景素材更有趣一些，可两次将黑色视频素材从“项目”面板拖拽至“时间线”的视频 2 轨道中，并将素材并排放置（如图 4-4-19）。并在重叠区域内应用“交叉叠化”切换效果（如图 4-4-20、4-4-21）。

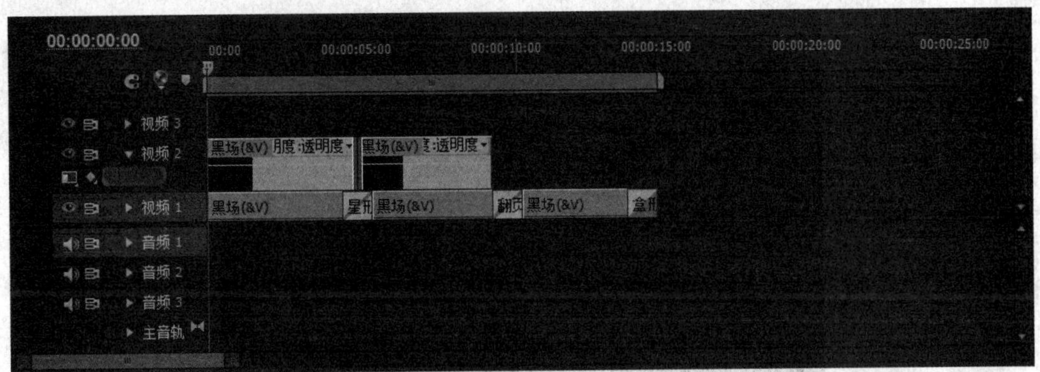


图 4-4-19　效果图

图 4-4-20　素材并排放置

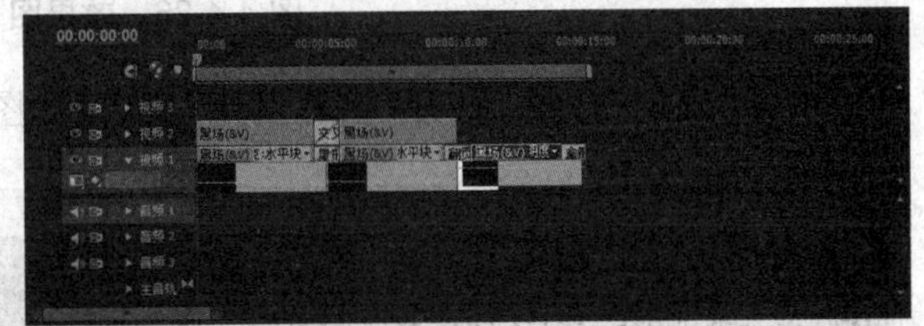

图 4-4-21　交叉叠化(标准)

（10）对于视频 2 轨道中的第一个“黑色视频”素材，可应用“棋盘”视频特效（如图 4-4-22）。并在“特效控制台”面板中，将白色棋盘的透明度设置为 39%，这样就可以看到视频 1 轨道中的背景素材（如图 4-4-23）。

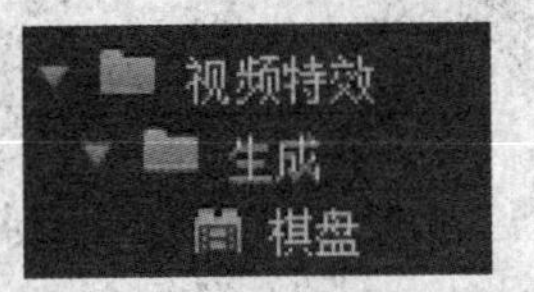


图 4-4-22　交叉叠化切换效果

图 4-4-23　棋盘

（11）对于第二个黑色视频素材，可应用“网格”视频效果（如图 4-4-24），并将白色网格的透明度设置为 38%，这样就可以看到视频 1 轨道中的背景（如图 4-4-25）。

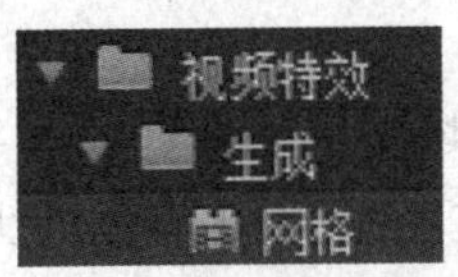


图 4-4-24　效果图

图 4-4-25　网络

（12）要创建字幕素材，可执行“文件→新建字幕→默认静态字幕”菜单命令，在打开的“新建字幕”对话框中保持默认设置（如图 4-4-26）。

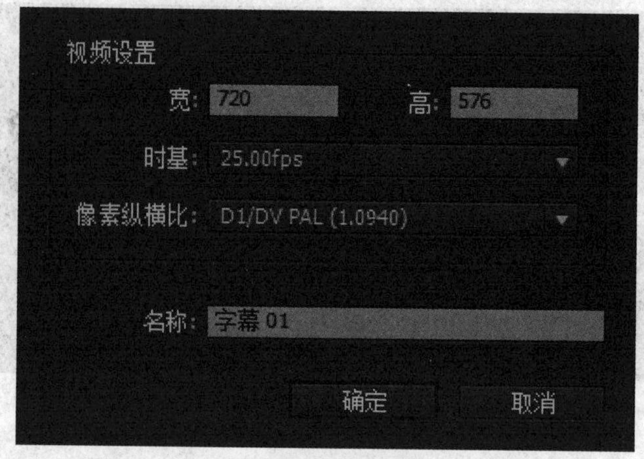


图 4-4-26 效果图

（13）单击“确定”按钮，打开“字幕设计”窗口（如图 4-4-27）。

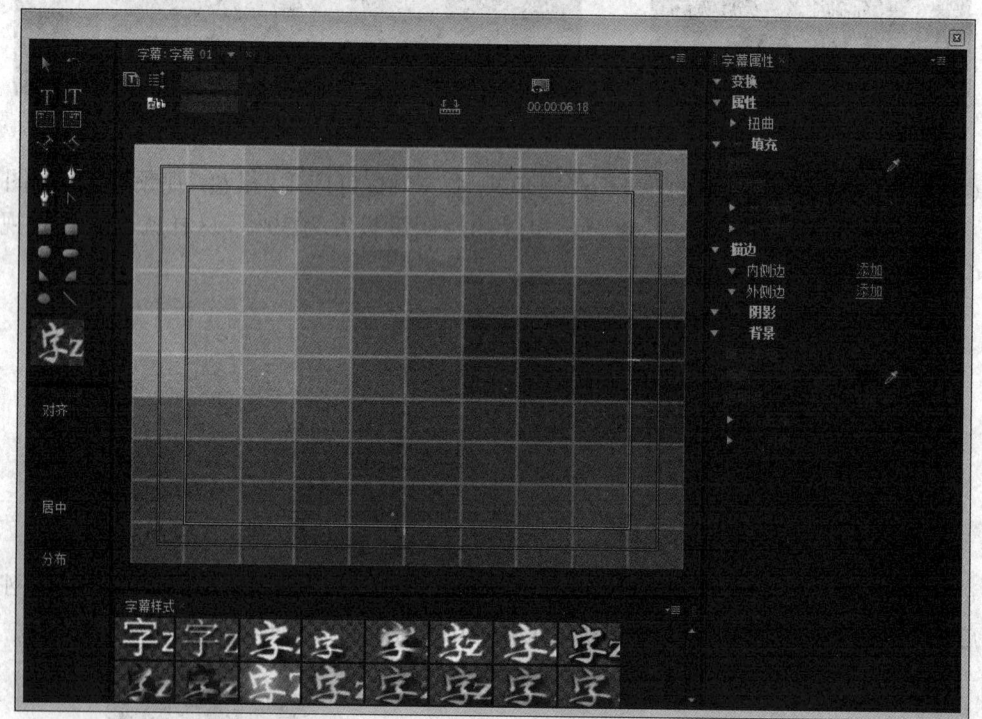


图 4-4-27 字幕设计窗口

（14）在“字幕设计”窗口的“字幕工具”面板中选择“区域文字工具”，再在字幕窗口中单击鼠标左键并拖动鼠标，创建一个文本框后释放鼠标，输入文字“远看山有色，近听水无声。春去花还在，人来鸟不惊”（如图 4-4-28）。

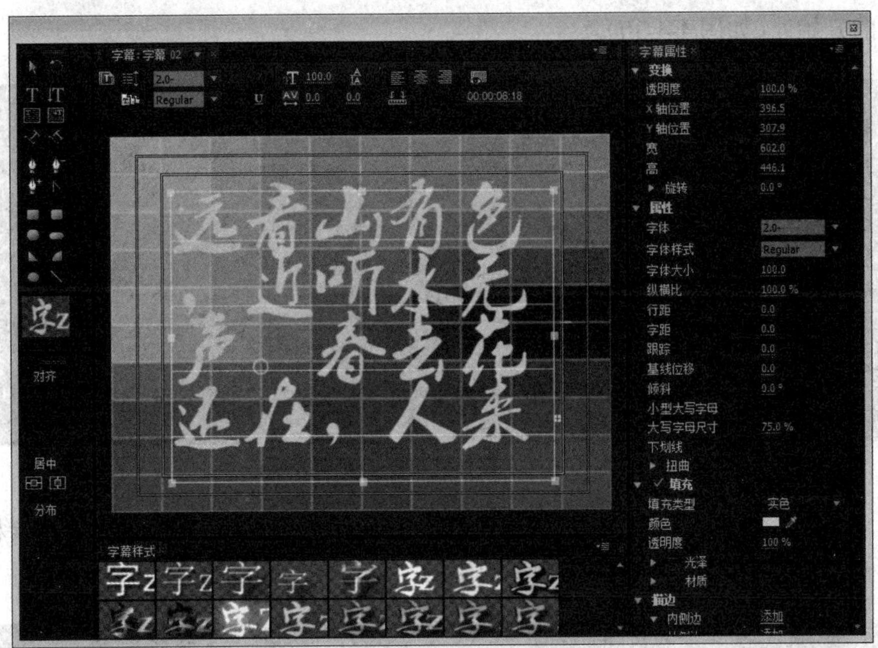

图 4-4-28　输入文字

（15）选择输入的文字，在“字体”下拉列表中选择字体为 hakuyoxingshu7000，并将大小设置为 90，然后单击“居中”按钮，使文字水平居中对齐，接着在“字幕属性”面板中，将文字“颜色”设置为黑色。调整后的文字效果如图 4-4-29。

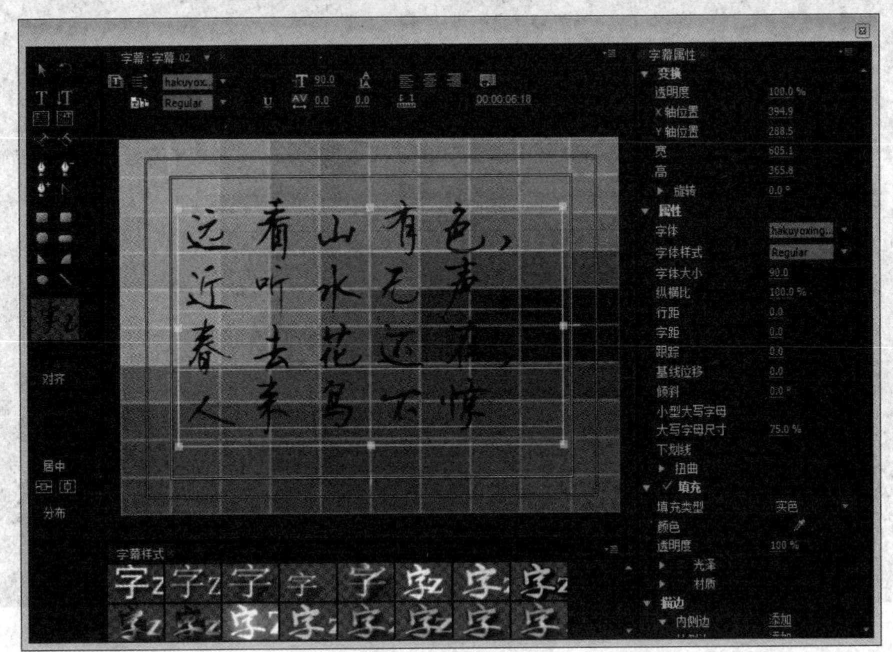

图 4-4-29　调整文字

（16）调整好文本后，关闭字幕设计窗口。在“项目”面板中，将创建的字幕素材拖拽到视频3轨道的开始处（如图4-4-30）。

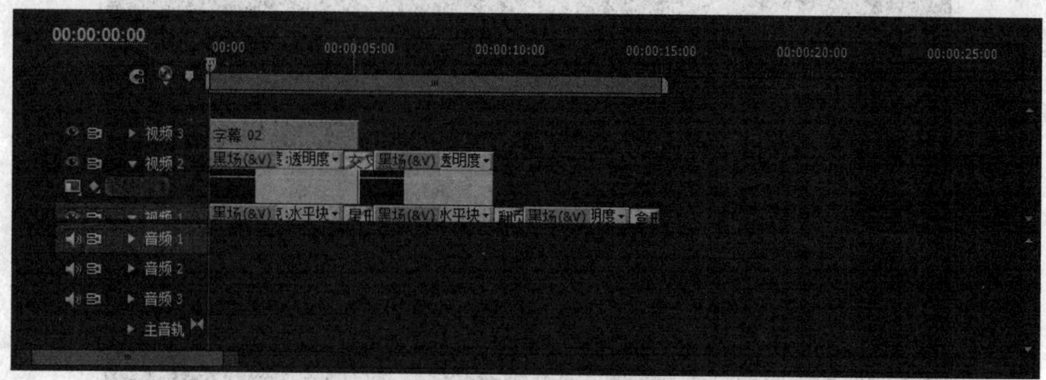


图 4-4-30　字幕素材拖曳到视频 3 轨道

（17）将“斜面 Alpha”、“斜角边”、“投影”和“径向阴影”视频特效应用到字幕素材中。图4-4-31显示了包含应用于字幕素材的视频效果的“特效控制台”面板。

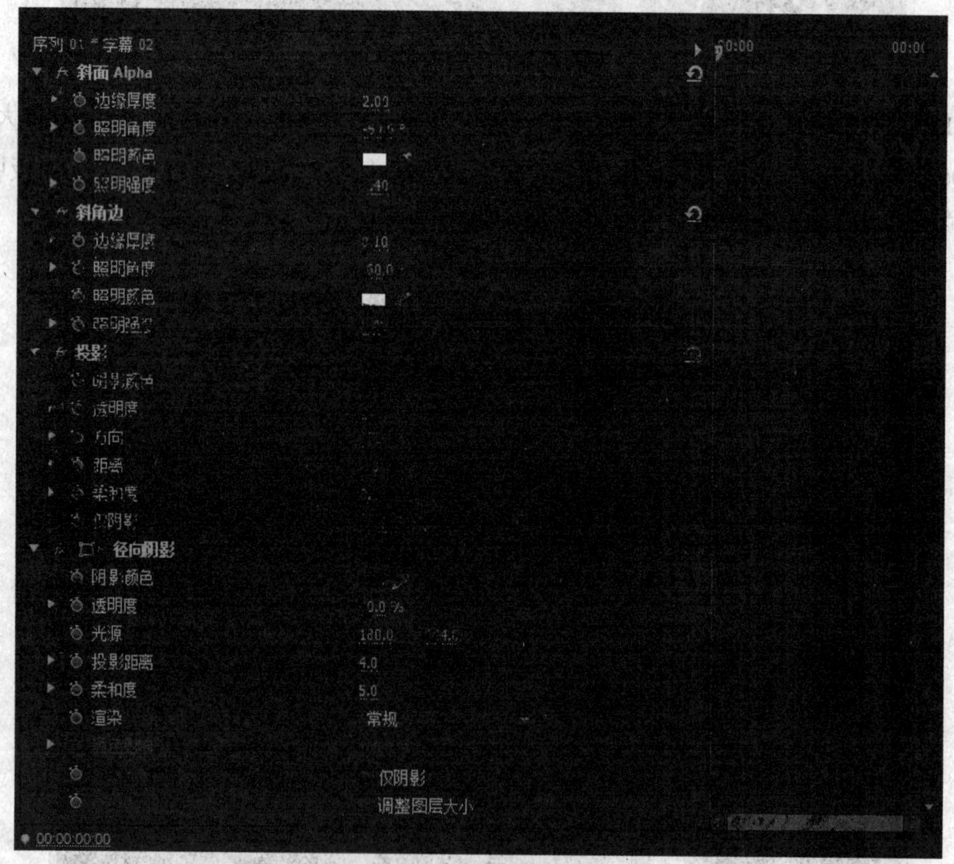


图 4-4-31　特效控制台

（18）在“时间线”面板的视频3轨道中，向右拖拽字幕素材的右边缘，使其与视频1轨道中的素材持续时间相同，这样可以在所有素材中都出现字幕（如图4-4-32）。

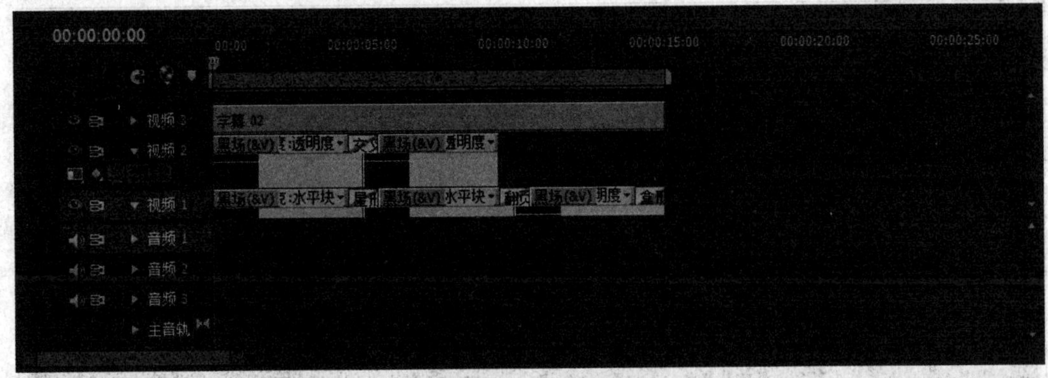


图 4-4-32　延长字幕

（19）单击“节目监视器”中的“播放—停止切换”按钮，预览完成后的背景素材和字幕效果（如图 4-4-33）。

图 4-4-33　播放效果

（20）执行“文件→导出→媒体”菜单命令（如图 4-4-34）。然后在弹出的“导出设置”对话框中选择将要导出的视频格式“AVI”，接着单击“导出”按钮（如图 4-4-35）。即可导出所编辑的项目。

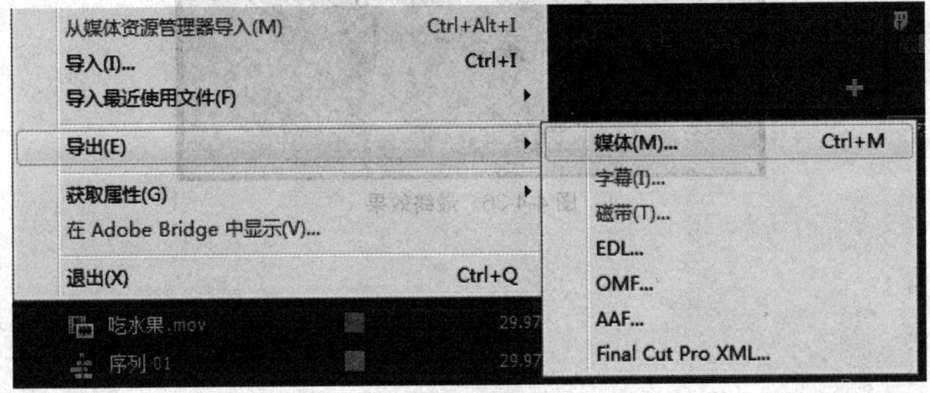


图 4-4-34　导出设置

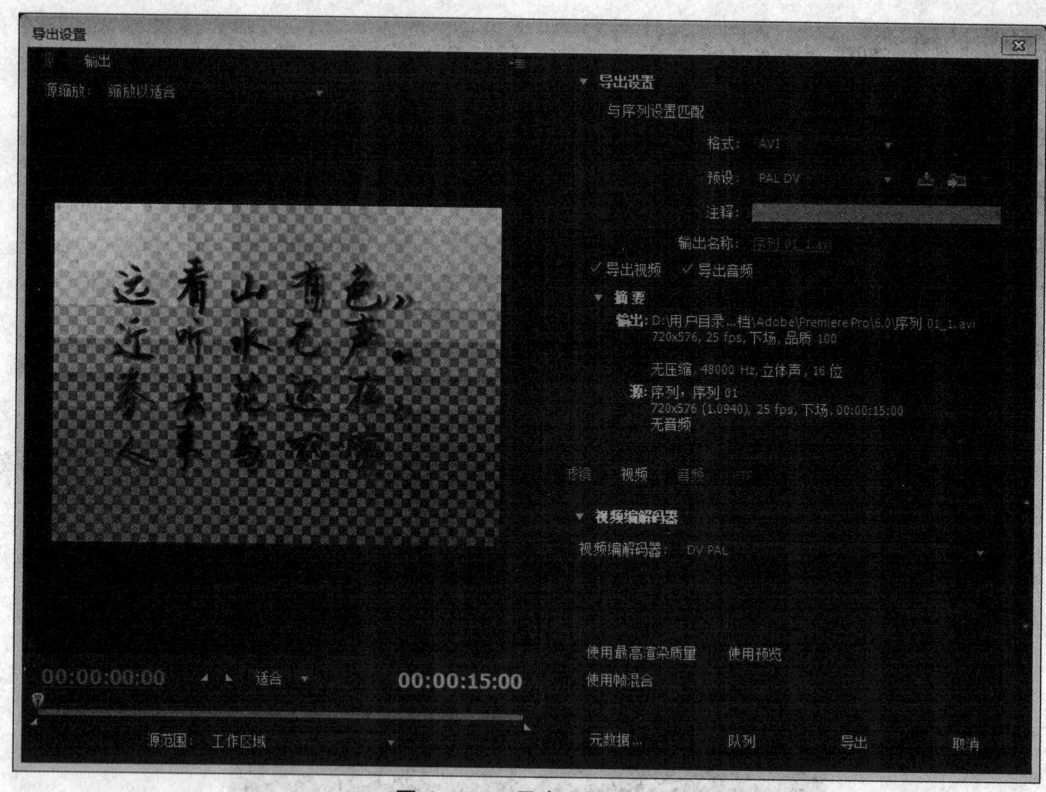


图 4-4-35　导出设置选项

（21）导出编辑好的视频，可以使用播放器观看作品，若符合要求即可对文件进行保存，完成此次的编辑工作（如图 4-4-36）。

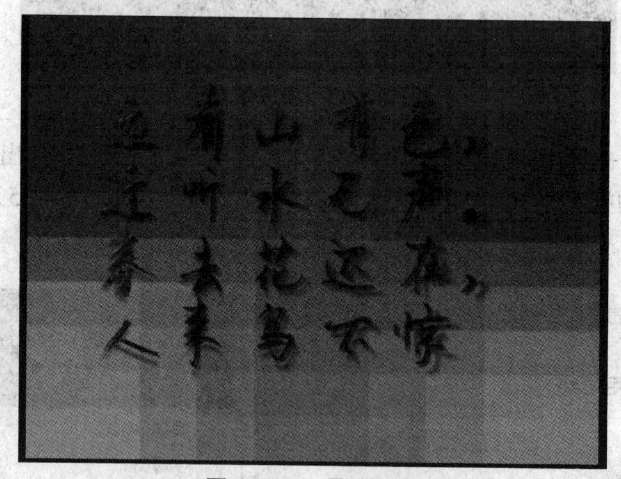

图 4-4-36　最终效果

# 第五章　视频特效的制作与应用

通过学习添加视频效果的工具和选项，了解在调板中设置动画和效果的方法，学习并且掌握关键帧动画的基本原理，能够随心所欲创建特效动画

## 技能点 1　视频特效简介

特效可以使最枯燥乏味的视频作品充满生趣，可以模糊或倾斜图像，为图像添加斜角边、阴影和美术效果等，还可以修正视频，提高视频质量。有的效果会使视频变得更加独特，画面效果更佳绚丽、震撼、与众不同。每一个优秀的效果的背后，都离不开大家的不断地学习探索。希望大家课下努力练习，制作出优秀的视频特效来。

## 技能点 2　了解和应用视频特效

“效果”面板是一个视频效果库。选择“窗口→效果”命令，显示“效果”面板使用这些效果（如图 5-2-1）。

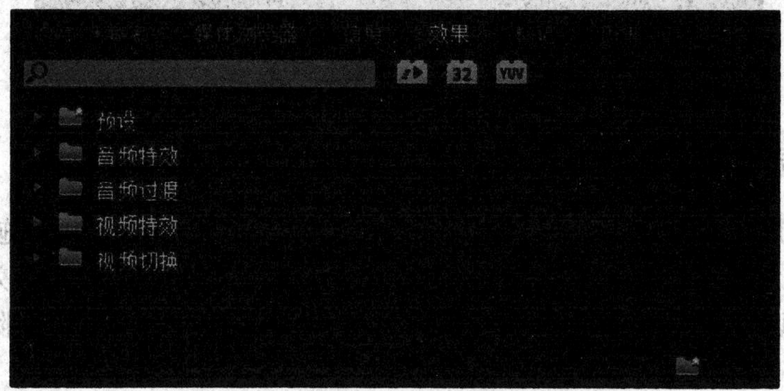


图 5-2-1　视频特效

“效果”面板中包括“视频特效”文件夹，还包括“音频特效”、“音频过渡”和“视频切换”文件夹。展开“视频特效”的文件夹，查看其中的视频特效。展开一个文件夹后，会显示一个效果列表（如图 5-2-2）。（使用方法与视频切换相似，单击一个视频特效并将它拖到时间线面板中的一个素材上，就可以将这个视频特效应用到视频轨道）。在效果面板的底端，单击新建自定义文件夹按钮，可以在面板中新建一个效果文件夹，并可以通过双击将其激活，并进行重命名。可以将常用效果拖放进来，生成一个效果复制的列表，方便调用。当不需要某自定义文件夹时，可以将其选中，并单击效果面板底端的删除自定义项按钮，即可删除。

搜索框下面的三个按钮可以用于过滤三种类型的效果，从左到右依次是：加速效果、32 位效果和 YUV 效果。单击其中一个按钮时，仅显示此类别的效果和转场；而单击多个按钮时，会按照组合条件进行过滤。每个效果旁边会显示标记，以显示效果的属性。

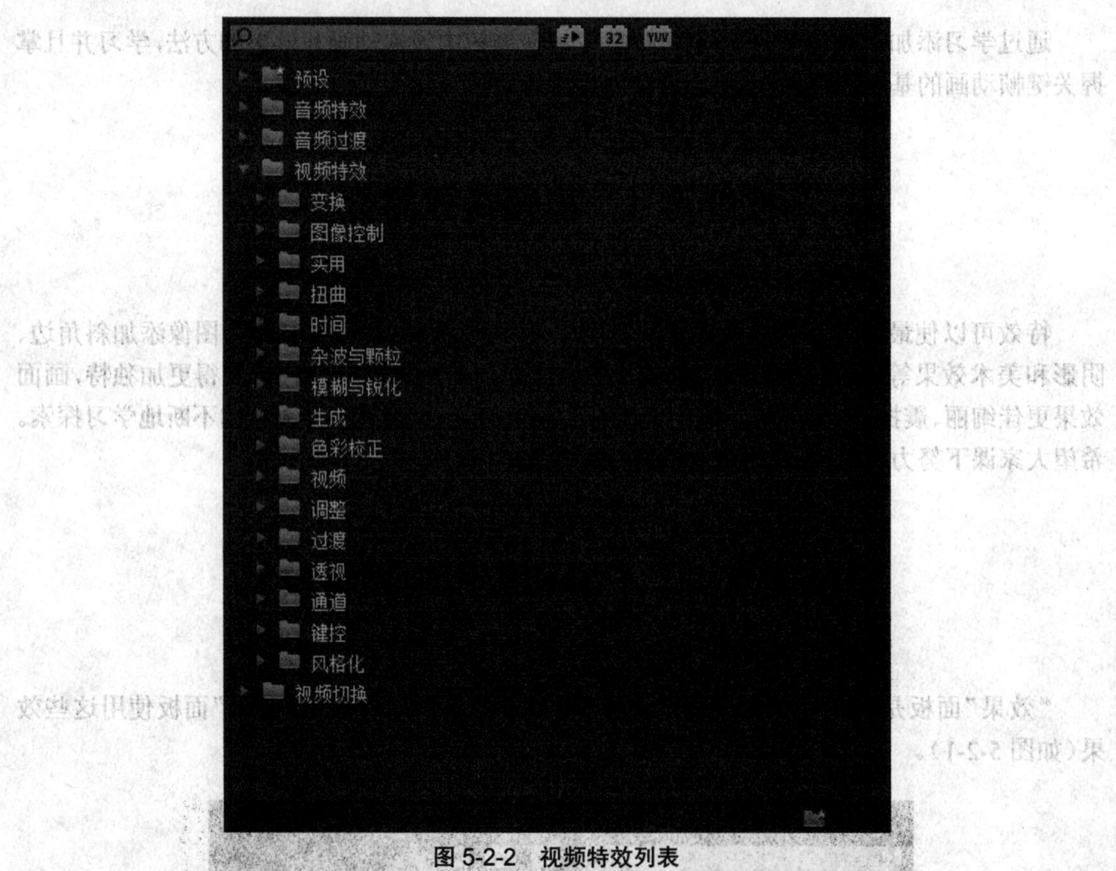


图 5-2-2　视频特效列表

## 1　效果控制调板设置效果

为素材片段施加了效果后，效果控制调板中会显示为当前所选素材片段施加的所有效果。每个素材片段都包含固定效果：动作和不透明度效果在视频效果部分，而音量效果在音频效果部分。此外，可以对选中的效果在素材片段间进行剪切、复制、粘贴及清除的操作（如图 5-2-3）。

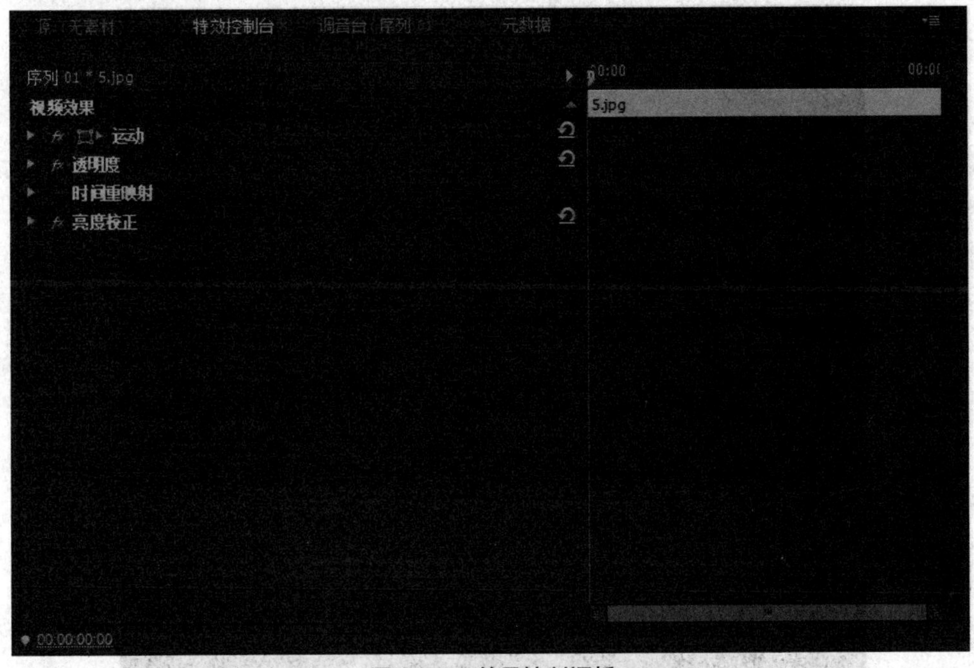


图 5-2-3　效果控制调板

在选中的素材名称下面是固定效果“运动”和“透明度”，固定效果下面是标准效果。如果选中的素材应用了一个视频特效，那么“透明度”选项的下面就会显示一个标准效果。选中素材应用的所有视频特效都显示在“视频效果”标题下面，视频特效按它们应用的先后顺序进行排列，用户可以单击标准视频效果，并进行上下拖拽来改变应用效果的上下顺序。

视频效果名称左边都有一个“切换效果开关”按钮，显示为按钮时，表示此效果是可用的。单击按钮可以禁用此效果。效果名称旁边也有一个小三角，单击三角，会显示与效果名称相对应的控件设置。

## 2　结合关键帧使用视频特效

Premiere 中“时间线”面板和“特效控制台”面板上都有关键帧轨道。要激活关键帧，需单击“特效控制台”面板上其中一个效果设置旁边的“切换动画”图标，也可以单击“时间线”面板上的显示关键帧图标，并从视频素材菜单中选择一个效果设置来打开或关闭关键帧。在关键帧轨道中，圆圈或菱形图标表示在当前时间线帧设有关键帧。单击“转到前一关键帧”图标（右箭头），当前时间指针会从一个关键帧跳到前一个关键帧。单击“转到下一关键帧”图标（左箭头），当前时间指针会从一个关键帧跳到下一个关键帧。

使用值图和速度图可以微调效果的平滑度，增加或减小效果的速度。大多数效果的每个控件都有其对应的值图和速度图。调整效果时，激活“切换动画”图标，可在图上添加关键帧和编辑点（如图 5-2-4、5-2-5）。在对效果控制进行任何调整之前，值图和速度图形是一条直线。在调整效果控件后，既会添加关键帧，又会改变值图和速度图形。

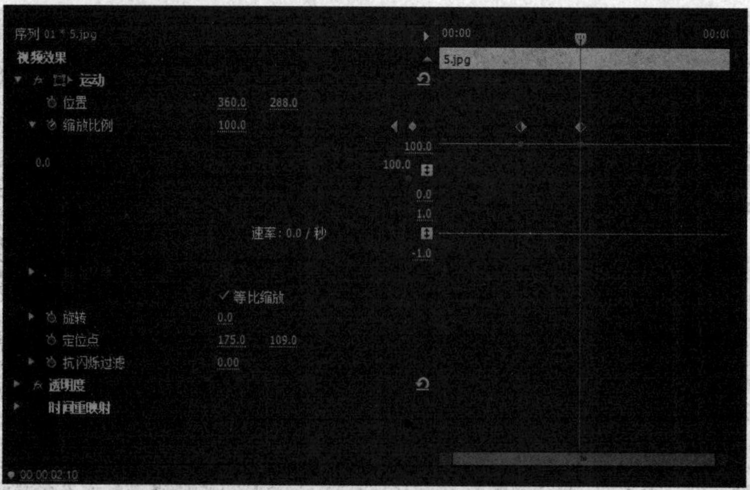

图 5-2-4 添加关键帧

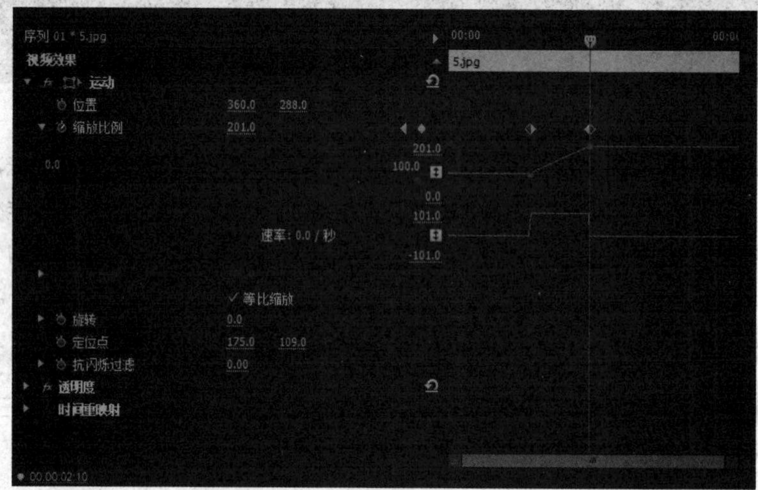


图 5-2-5 改变值图和速度图形

# 技能点 3 视频特效的类别

视频特效分布在 16 个文件夹中，分别是“变换”、“图像控制”、“实用”、“扭曲”、“时间”、“杂波与颗粒”、“模糊和锐化”、“生成”、“色彩校正”、“视频”、“调整”、“过渡”、“透视”、“通道”、“键控”和“风格化”。（由于篇幅所限，不能展示全部效果，其余的效果需要自己多多练习体会。）

（1）变换效果：使用这些特效可以翻转、裁剪及滚动视频素材，也可以更改摄像机视图（如图 5-3-1）。

图 5-3-1　变换效果

**摄像机视图：**该特效能够模拟以不同的摄像角度来查看素材（如图 5-3-2）。

- “纬度”滑块：可以垂直翻转素材。
- “经度”滑块：可以水平翻转素材。
- “垂直滚动”滑块：通过旋转素材来模拟滚动摄像机。
- “焦距”滑块：可以使视野更宽广或更狭小。
- “距离”滑块：可更改假想的摄像机和素材间的距离。
- “缩放”滑块：可以放大或缩小模拟摄像机的镜头。
- “填充颜色”：要创建背景填充色，可以单击颜色样本，在对话框中选择一种颜色。

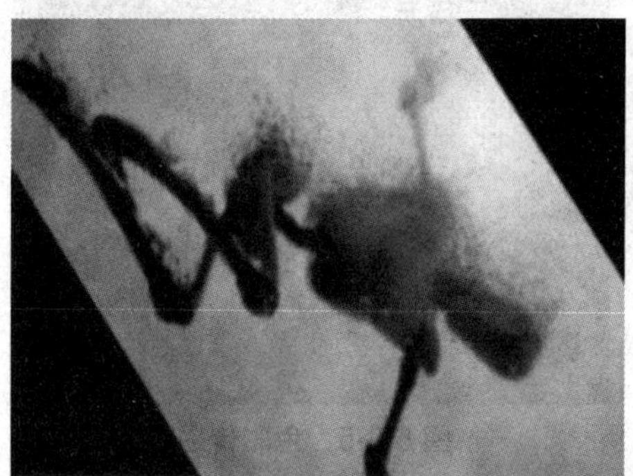

图 5-3-2　摄像机视图

（2）图像控制效果：针对素材颜色进行修改和控制（如图 5-3-3）。

图 5-3-3　图像控制效果

**灰度系数( Gamma )校正**：该特效允许调节素材的中间调颜色级别（如图 5-3-4）。

● “灰度系数（Gamma）校正”滑块：向左拖拽该滑块会使中间调变亮；向右拖拽该滑块会使中间调变暗。

图 5-3-4 灰度系数 (Gamma )

**色彩传递**：该特效能够将素材中一种颜色以外的所有颜色都转换成灰度，或者仅将素材中的一种颜色转换为灰度（如图 5-3-5）。

● “相似性”滑块：使素材中红色以外的区域变为灰度的效果。

● “颜色”滑块：创建颜色，配合“相似性”工作。

图 5-3-5 色彩传递

**颜色平衡( RGB )**：该特效能够添加或减少素材中的红色、绿色或蓝色值（如图 5-3-6）。

● “特效控制台”面板中的红、绿或蓝滑块：可轻松地添加和减少对应的颜色值。向左拖拽滑块，会减少颜色的数量；向右拖拽滑块，会增加颜色的数量。

图 5-3-6 颜色平衡( RGB )

（3）“实用”效果：只提供了 Cineon 转换效果，该效果能够转换 Cineon 文件中的颜色，将运动图片电影转换成数字电影时，经常会使用 Cineon 文件格式（如图 5-3-7、5-3-8）。

图 5-3-7

图 5-3-8 Cineon 转换

（4）“扭曲”效果：通过旋转、收聚或筛选来扭曲一个图像（如图 5-3-9）。

图 5-3-9 扭曲效果

**偏移**：该特效允许在垂直方向和水平方向上移动素材，以创建一个平面效应（如图 5-3-10）。

“将中心转换为”控件可以垂直或水平移动素材。

“与原始图像混合”将偏移特效与原始素材混合使用。

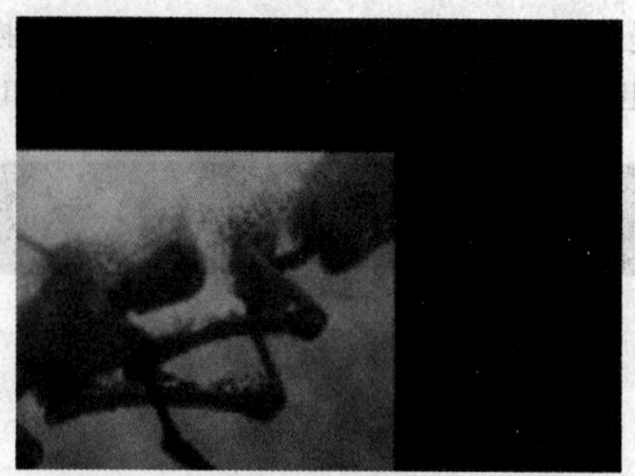

图 5-3-10 偏移

**弯曲**:该特效可以向不同方向弯曲图像(如图 5-3-11)。

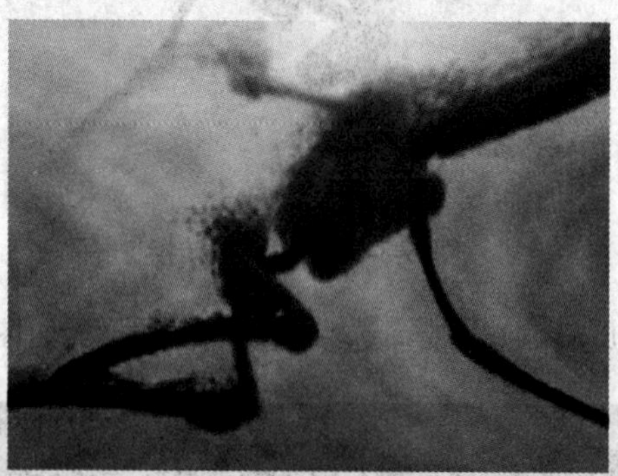

图 5-3-11 弯曲

“强度”、“速率”和“宽度”滑块,可调节水平弯曲和垂直弯曲效果。“强度”指的是波纹的高度,“速率”指的是频率,“宽度”指的是波纹。

**放大**:该特效允许放大素材的某个部分或整个素材(如图 5-3-12)。

图 5-3-12 放大

应用了“放大”特效的字幕素材可以通过应用关键帧来制作动画。将当前时间指示器移到素材的起点,然后单击“居中”和“放大率”选项前的“切换动画”图标,这样一个关键帧就创建好了。

(5)“时间”文件夹中包含的特效都是与选中素材的各个帧息息相关(如图 5-3-13)。

图 5-3-13　时间效果

**抽帧：**该特效控制素材的帧速率设置，并替代在效果控制“帧速率”滑块中指定的帧速率（如图 5-3-14）。

图 5-3-147　抽帧

**重影：**该特效能够创建视觉重影，也就是将选定素材的帧多次重复，但这仅在显示运动的素材中才有效。根据素材不同，“重影”可能会产生重复的视觉特效，也可能产生少许的条纹类型（如图 5-3-15）。

图 5-3-15　重影

- “回显时间”滑块：调节重影间的时间间隔。
- “重影数量”滑块：可指定该特效同时显示的帧数。
- “起始强度”滑块：调节第一帧的强度。设置成 1 将提供最大强度，0.25 将提供 1/4 的强度。
- “衰减”滑块：用于调节重影消散的速度。

“重影运算符”下拉菜单中的选项通过组合重影的像素值来创建特效，下面是下拉菜单选项介绍。

- 添加：添加像素值。
- 最大：使用重影的最大像素值。

- 最小：使用重影的最小像素值。
- 滤色：类似于添加，但不容易产生白色条纹。
- 从后至前组合：使用素材的 Alpha 通道，在后退时开始合成它们。
- 从前至后组合：使用素材的 Alpha 通道，在前进时开始合成它们。

（6）“杂波与颗粒”特效：可以将杂波添加到素材中（如图 5-3-16）。

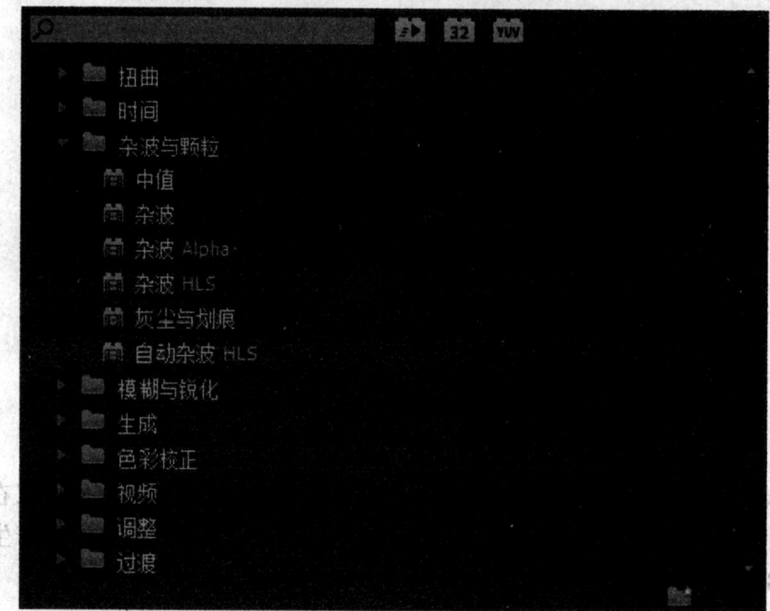


图 5-3-16　杂波与颗粒效果

**中值**：使用该特效可以减少杂波，获取邻近像素中的中间像素值（如图 5-3-17）。

图 5-3-17　中值

“半径”值较大，图像类似是用颜料画效果。

“Alpha”通道上进行选择，将特效应用到图像的 Alpha 通道上。

**杂波**：该特效随机修改视频素材中的颜色，使素材呈现出颗粒状（如图 5-3-18）。

图 5-3-18 杂波

“杂波数量”来指定想要添加到素材中的杂波或颗粒的数量。添加的杂波越多，消失在创建的杂波中的图像越多。

“使用杂波”选项，特效将会随机修改图像中的像素。如果关闭该选项，图像中的红、绿和蓝色通道上将会添加相同数量的杂波。

“剪切结果值”是一个数学上的限制，用于防止产生的杂波多于设定值。当选中“剪切结果值”选项时，杂波值在达到某个点后会以较小的值开始增加。如果关闭该选项，图像会完全消失在杂波中。

（7）“模糊”特效：能够模糊图像，这些特效可以创建运动效果，或者使背景视频轨道变得模糊，从而突出前景素材（如图 5-3-19）。

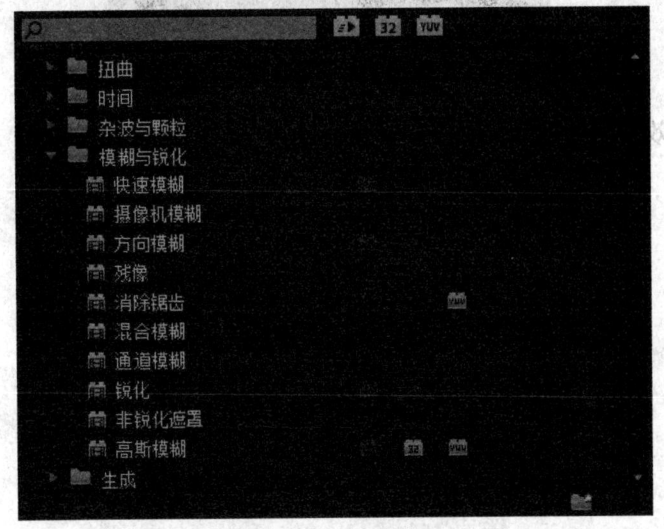


图 5-3-19 模糊效果

**快速模糊**：该效果可以快速模糊素材。

模糊的方向，包括垂直、水平或者两者兼有（如图 5-3-20）。

图 5-3-20 快速模糊

**消除锯齿：**该效果通过混合对比色的图像边缘，而减少图像边缘的锯齿线，从而生成平滑的边缘（如图 5-3-21）。

图 5-3-21 消除锯齿

**高斯模糊：**此效果模糊视频并减少视频信号噪声（如图 5-3-22）。

图 5-3-22 高斯模糊

与“快速模糊”效果类似，该效果可以指定模糊的方向，包括垂直、水平或者二者兼有。因为通过消除对比度来创建模糊效果，并使用高斯曲线。

（8）生成效果：主要是通过对素材画面进行渲染计算，生成一些特殊的效果（如图 5-3-23）。

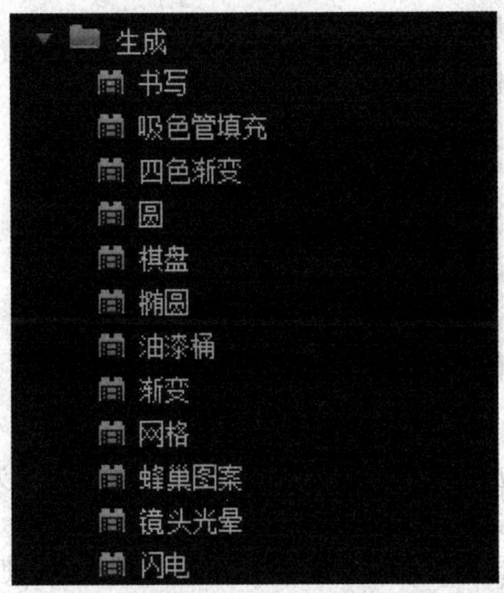


图 5-3-23　生成效果

**网格：**该特效创建的栅格可以用作蒙版，或可以通过混合模式选项来进行叠加（如图 5-3-24）。

图 5-3-24　网格

"从以下位置开始的大小"下拉菜单来调节栅格的宽和高。

单击下拉菜单，选择 3 个控件中的一个："角点"、"宽度滑块"和"宽度和高度滑块"。

"边框"控件来更改栅格线的厚度。

"羽化"值来柔化网格线的边界。

"颜色"控件来更改栅格线的颜色。

"反相网格"复选框来进行反转。

"混合模式"要在受影响的素材上混合栅格，可以单击下拉菜单，并选择一个选项。

"透明度"要使栅格透明，则减小值。

**镜头光晕：**该特效会在图像中创建光影的效果（如图 5-3-25）。

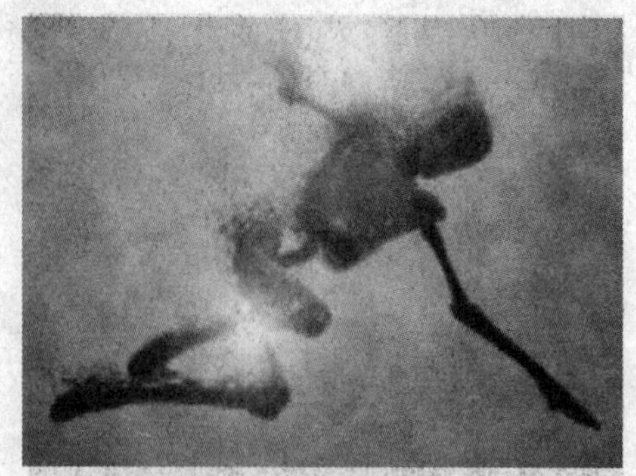

图 5-3-25　镜头光晕

“光晕中心”调节光晕位置，“光晕亮度”调节光晕的强弱，“镜头类型”调节取景范围。

“与原始图像混合”即与原图的融合程度。

（9）色彩校正：对视频画面色彩和亮度等相关信息的调整，使其能够表现某种感觉或意境，或者对画面中的偏色进行校正，以满足制作上的需求（如图 5-3-26）。

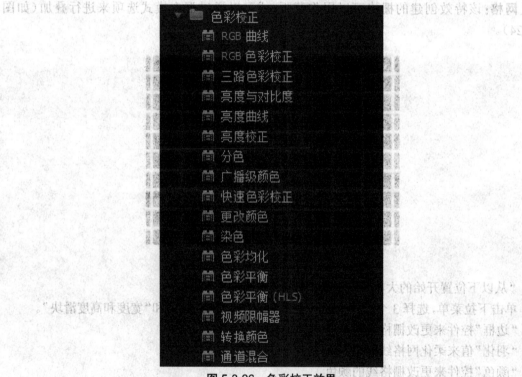

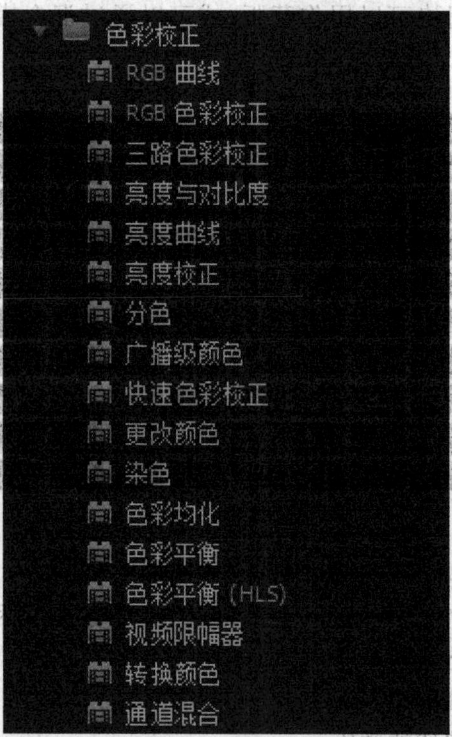

色彩校正
RGB 曲线
RGB 色彩校正
三路色彩校正
亮度与对比度
亮度曲线
亮度校正
分色
广播级颜色
快速色彩校正
更改颜色
染色
色彩均化
色彩平衡
色彩平衡（HLS）
视频限幅器
转换颜色
通道混合

图 5-3-26　色彩校正效果

**亮度与对比度**：调节整个素材片段的明亮程度和灰白比度（如图 5-3-27）。

“亮度”：调节素材明亮程度。

“对比度”：调节素材灰白对比度。

图 5-3-27　亮度与对比度

**亮度曲线**：通过曲线调节对素材的亮度进行变化，与“PS”中的曲线使用方法类似（如图5-3-28）。

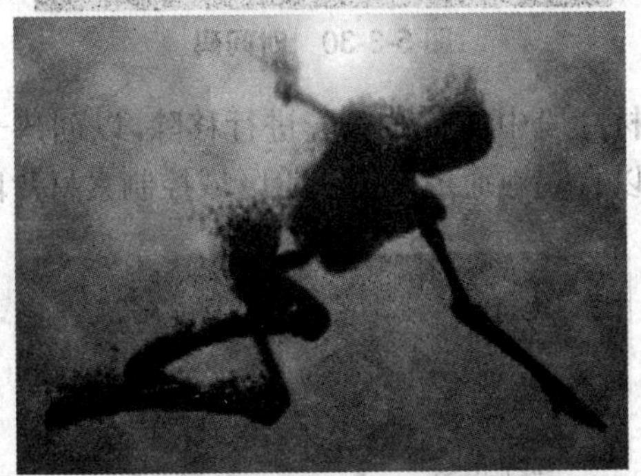

图 5-3-28　亮度曲线

（10）视频效果：主要是通过对素材上添加时间码，显示当前影片播放的时间，只有时间码一种效果（如图 5-3-29）。

图 5-3-29

“时间码”即在素材上显示时间进度。

图 5-3-29　视频效果

（11）调整效果：主要是一些色彩和亮度调节方面的效果，可以通过经常使用的色阶或曲线等方式进行调节（如图 5-3-30）。

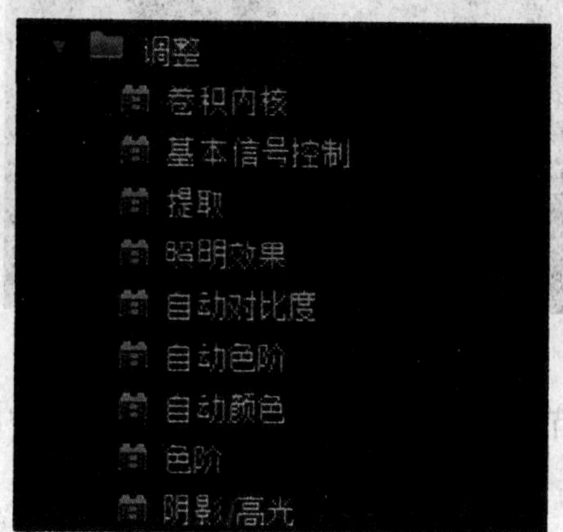


图 5-3-30　时间码

“提取”可以将视频素材片段中的某些色彩进行移除，以创建一个具有质感的灰阶外观。在效果的设置对话框中，可以直观地通过设定灰阶区域控制素材片段的外观（如图 5-3-31）。

图 5-3-31　调整效果

“阴影 / 高光”对图像中的阴影区域进行提亮，并对高光区域进行减暗。这个效果不是对画面的全局进行调整，而是分别调整其阴影和高光区域，使画面更富有层次感（如图 5-3-32）。

图 5-3-32　提取

（12）过渡效果：其特性与“视频切换”的效果类似（如图 5-3-33）。

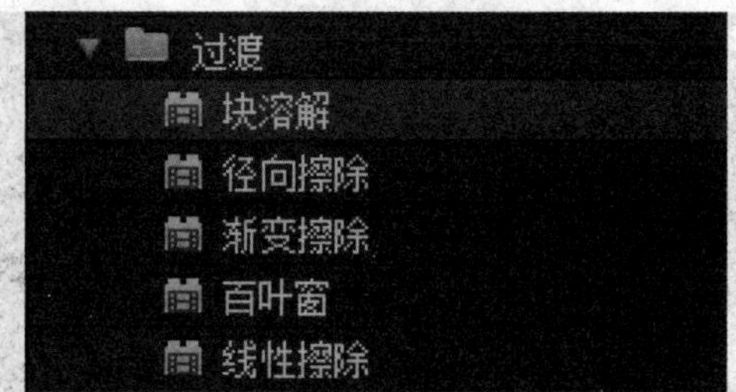


图 5-3-33　阴影高光

“块溶解”可以使素材消失在随机的像素块中，“过渡完成”是像素快数量，“块宽度高度”是像素的大小，“羽化”是像素边缘的柔化程度（如图 5-3-34）。

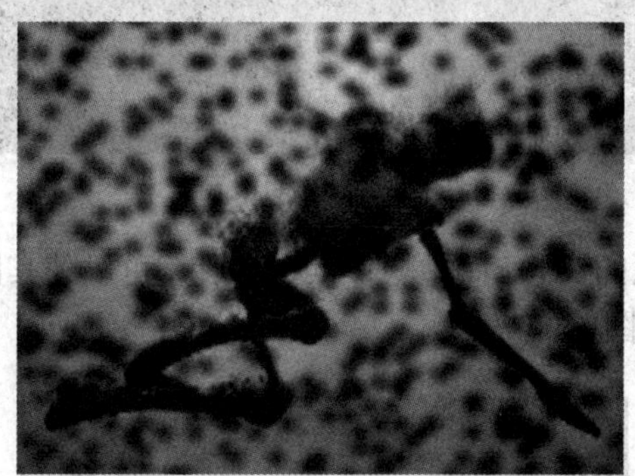

图 5-3-34　过渡效

“百叶窗”可以擦除应用该特效的素材，以条纹形式显示下方素材（如图 5-3-35），使用方法与“块溶解”类似。

图 5-3-35　块溶解

（13）透视效果：主要是通过在三维空间中的运算生成和透视相关的一些效果（如图 5-3-36）。

图 5-3-36　百叶窗

“基本 3D”在一个虚拟的 3D 空间中操作素材片段。可以使其围绕横轴或纵轴进行旋转，还可以将其推远或拉近（如图 5-3-37）。

图 5-3-37　透视效果

“投影”在素材片段的后方添加一个投影（如图 5-3-38）。投影的外形由素材片段的 Alpha 通道决定。

图 5-3-38　基本 3D

（14）通道效果：主要是通过对各个通道中的信息分别进行处理，或通过设置来改变原通道结构，从而完成一些效果（如图 5-3-39）。

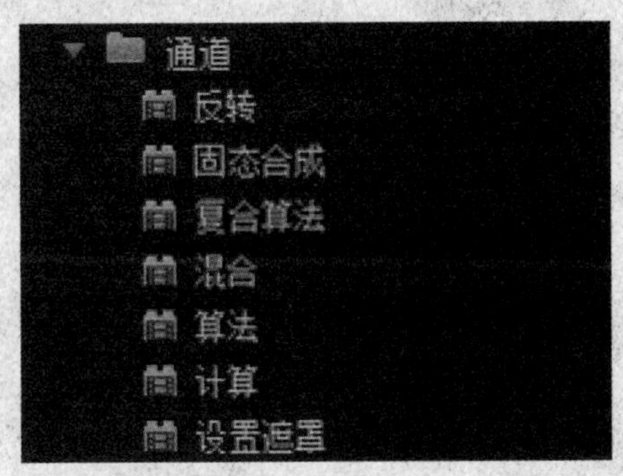


图 5-3-39　投影

“计算”可以通过使用素材通道和各种混合模式将不同轨道的视频素材结合到一起。包括：合成通道；红色、绿色、蓝色通道或是灰色通道（如图 5-3-40）。

图 5-3-40　通道效果

“设置遮罩”将一个素材片段中的 Alpha 通道替换为另一个视频轨道中的视频素材片段的一个通道，可以创建运动蒙版效果（如图 5-3-40）。

图 5-3-40　通道效果

（15）键控效果：可以创建各种有趣的叠加效果（如图 5-3-41）。

键控
16 点无用信号遮罩
4 点无用信号遮罩
8 点无用信号遮罩
Alpha 调整
RGB 差异键
亮度键
图像遮罩键
差异遮罩
极致键
移除遮罩
色度键
蓝屏键
轨道遮罩键
非红色键
颜色键

图 5-3-41 计算

“颜色键”主要用作颜色的概括与区分（如图 5-3-42）。

图 5-3-42 设置遮罩

（16）风格化效果：主要是通过对素材画面进行处理，生成具有某些风格化的特殊效果（如图 5-3-42）。

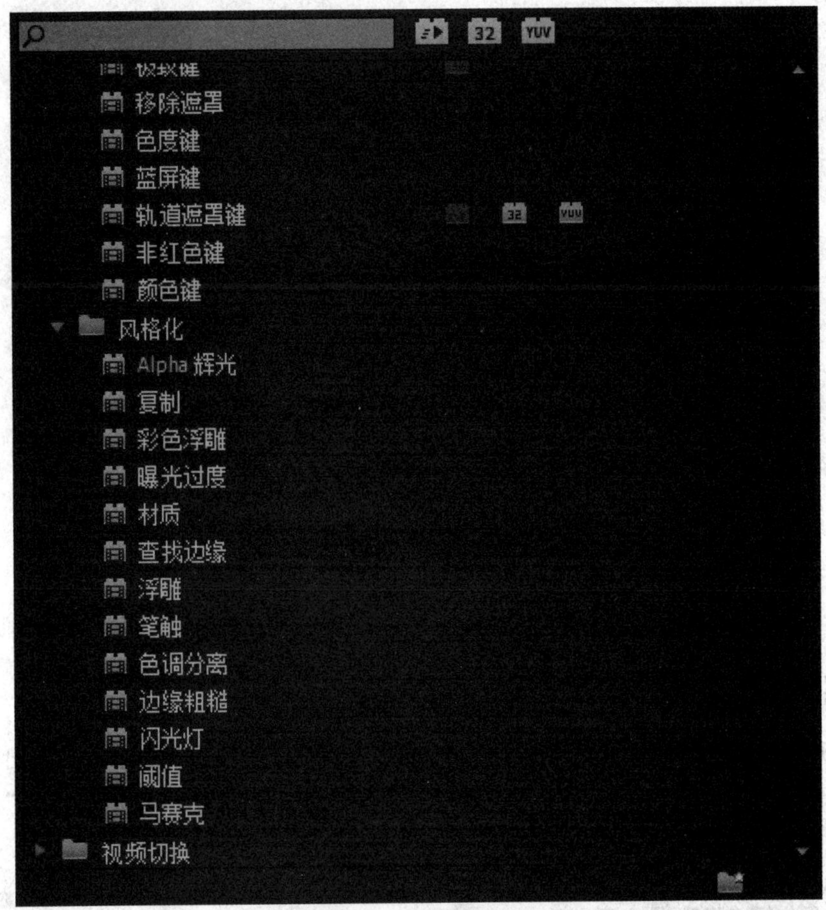


图 5-3-42　设置遮罩

“彩色浮雕”对素材画面中物体的边缘进行锐化，但并不抑制画面的原始色彩（如图 5-3-43）。

图 5-3-43　键控效果

“马赛克”使用固态色彩的长方形对素材画面进行填充，生成马赛克效果（如图 5-3-44）。

图 5-3-44 颜色键

# 技能点 4 拓展案例

## 1 拓展案例—制作时间漩涡

（1）打开 Premiere 软件，然后在弹出对话框中选择“新建项目”图标。在弹出的“新建序列”对话框中的“DV-PAL”文件夹下拉菜单中，选择标准 48kHz 选项。最后单击“确定”按钮（如图 5-4-1）。

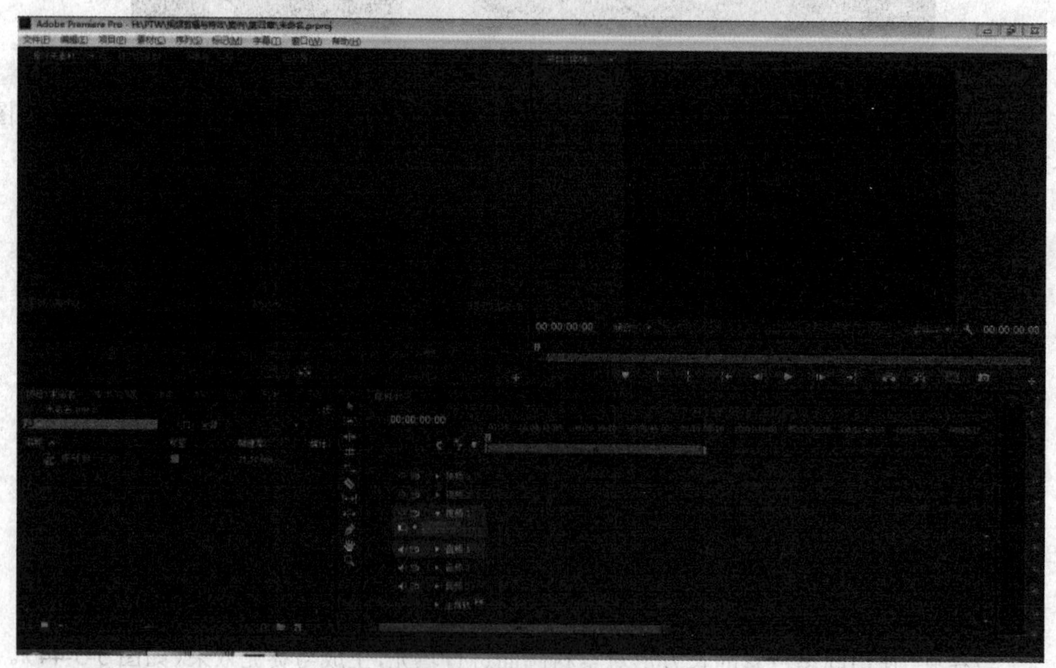

图 5-4-1 工作界面 - 副本

（2）导入一张钟表表盘的素材图片“闹表”，添加到时间线轨道上，并调整其大小，放置到合适的位置（如图 5-4-2）。

图 5-4-2　素材图片

（3）在效果调板中，展开视频特效→扭曲文件夹→旋转扭曲效果拖放到素材片段“闹表”上（如图 5-4-3、5-4-4）。

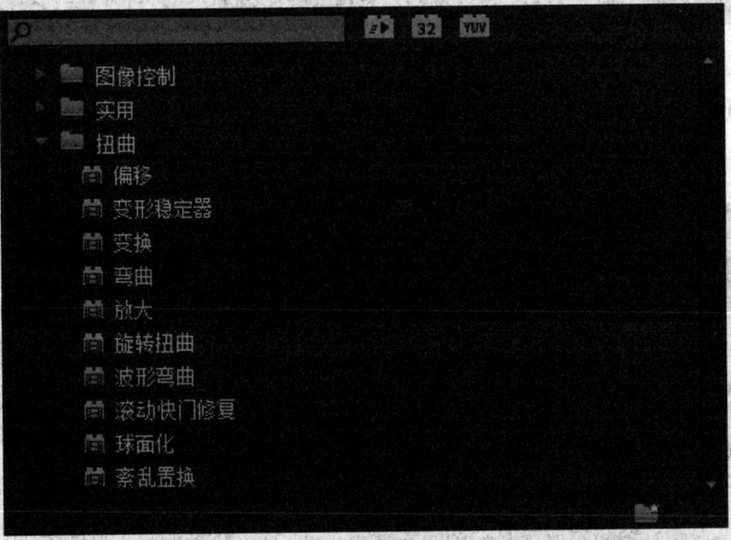

图 5-4-3　旋转扭曲

图 5-4-4　特效拖放到素材

（4）在效果控制调板中展开旋转扭曲效果，单击其角度属性名称左侧的秒表按钮，激活角度属性的关键帧功能，同时记录第一个关键帧（如图 5-4-5）。

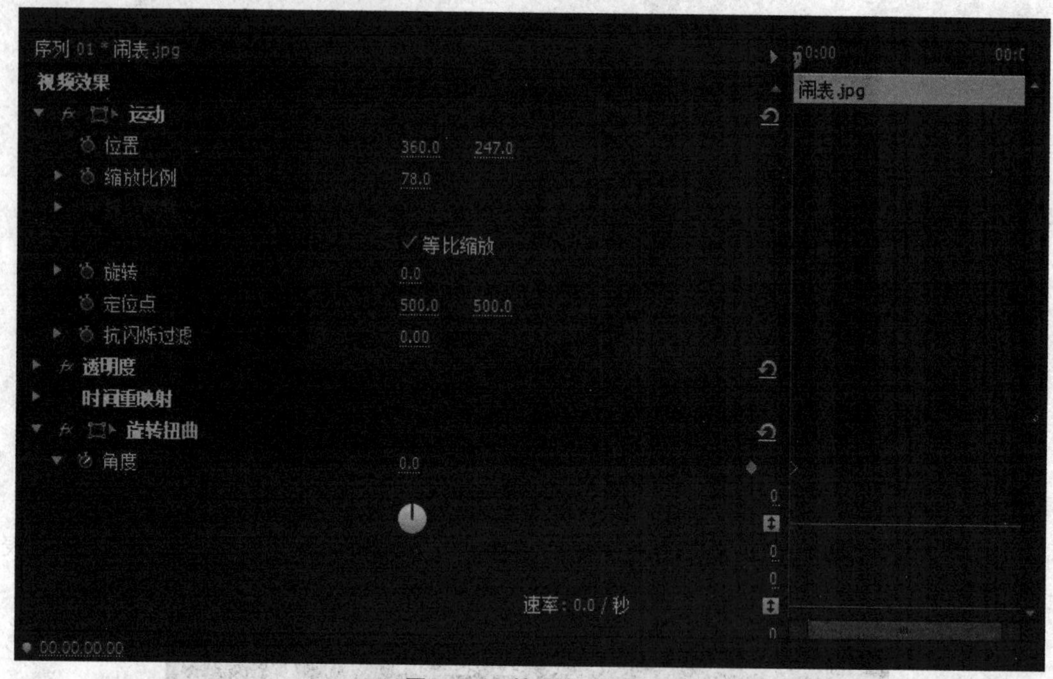


图 5-4-5　第一个关键帧

（5）将时间指针移动到下一个时刻，更改 Angle 属性的数值，自动生成另一个关键帧（如图 5-4-6）。

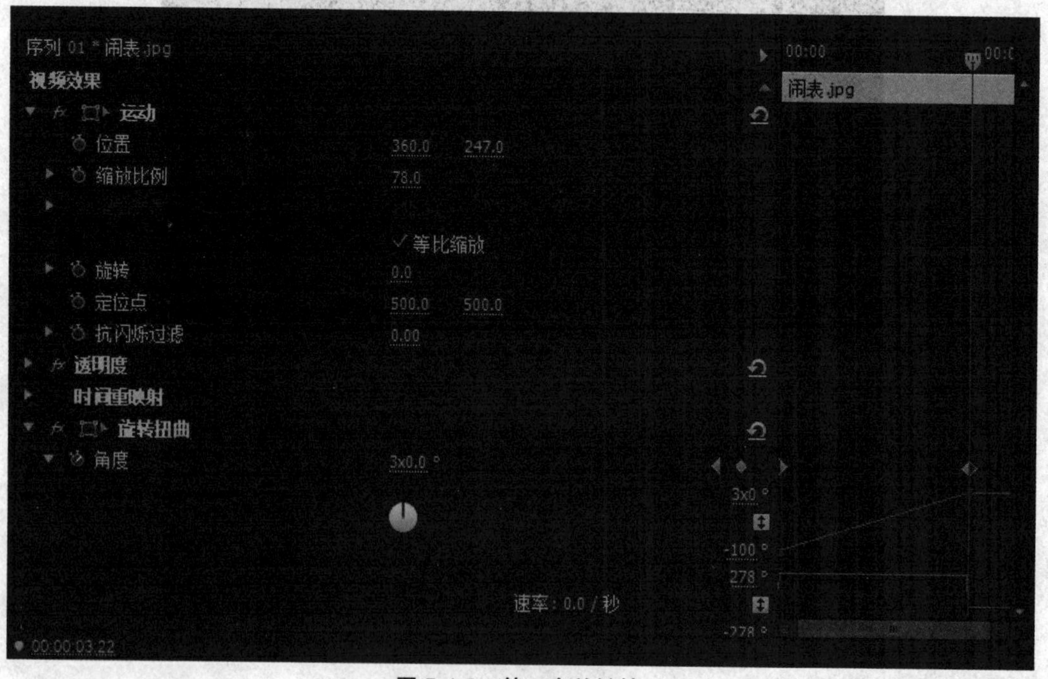


图 5-4-6　第二个关键帧

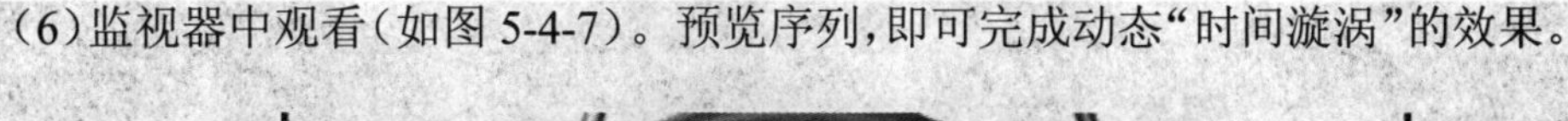

（6）监视器中观看（如图 5-4-7）。预览序列，即可完成动态“时间漩涡”的效果。

图 5-4-7　最终效果

## 2　拓展案例——制作书写效果

（1）创建“项目”与“序列”，打开软件的工作界面（如图 5-4-7）。

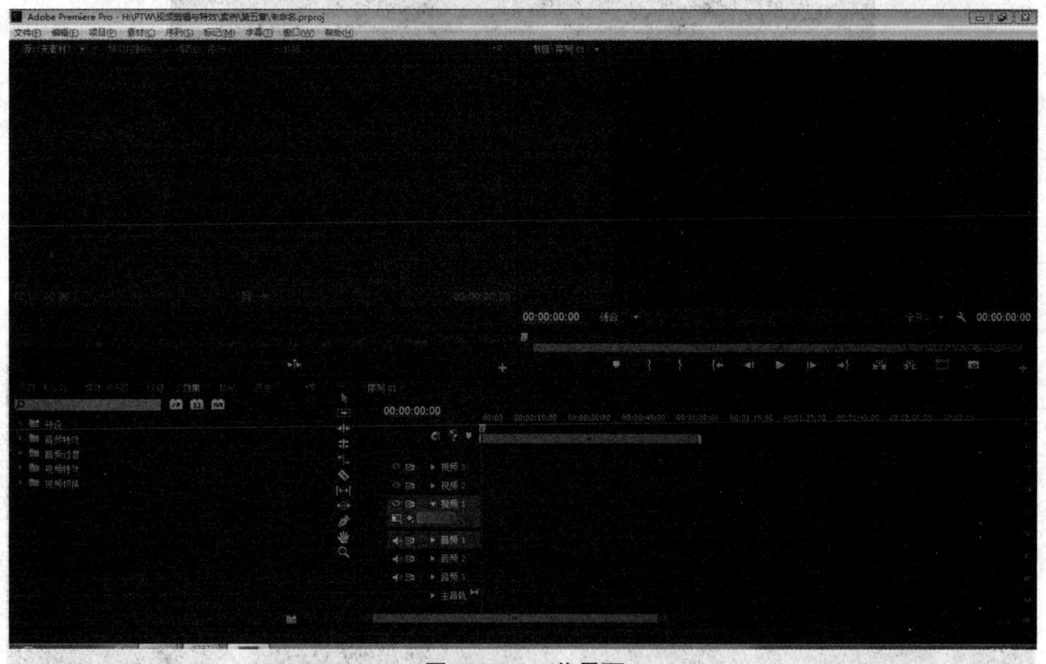

图 5-4-7　工作界面

（2）导入素材“手”与“夜景”，将素材“手”放入轨道 2，素材“夜景”放入轨道 1（如图 5-4-8）。

图 5-4-8 素材放入轨道

(3)将视频特效→生成→书写特效,拖入轨道 2 的素材“手”中(如图 5-4-9、5-4-10)。

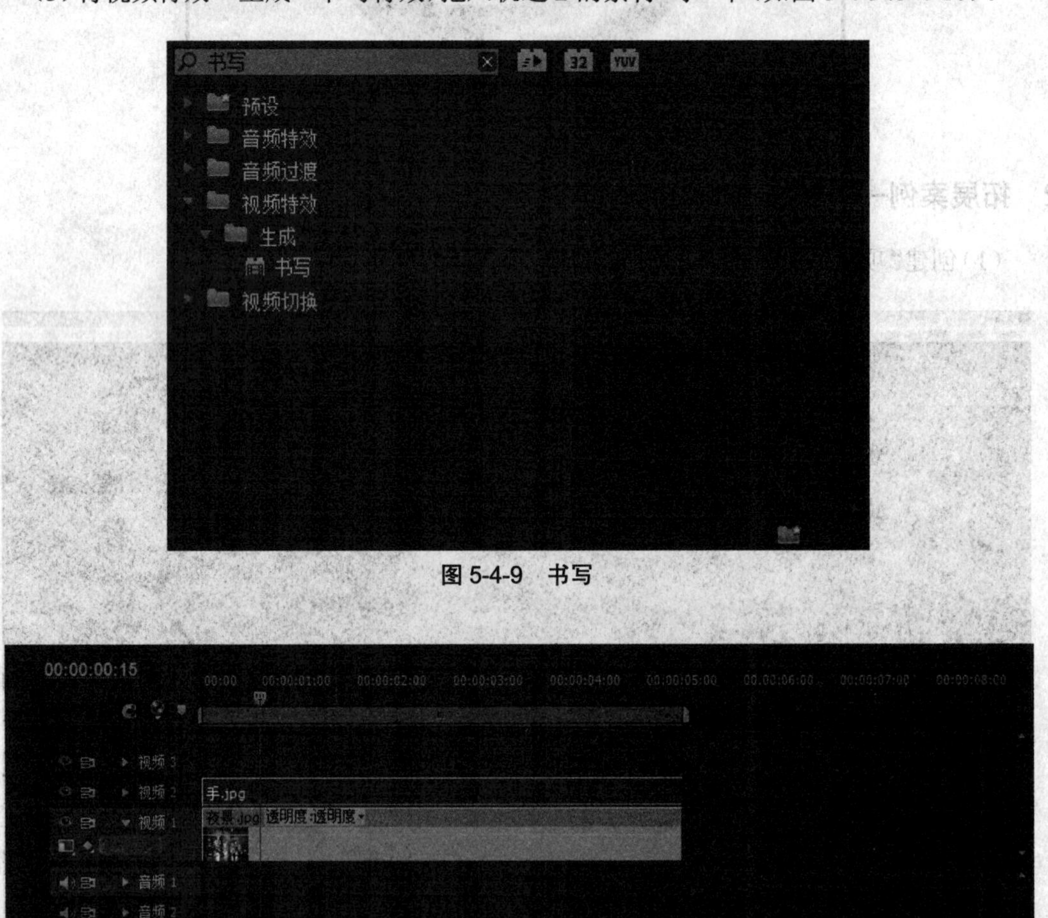


图 5-4-9 书写

图 5-4-10 特效拖入轨道

(4)选择“书写” 书写 在“特效控制台”面板使用“画笔位置”控键或写字,并且移动出现在

“特效控制台”面板的笔触图标（如图 5-4-11）。

图 5-4-11　笔触图标

（5）根据素材颜色改变画笔的颜色，将两者颜色区分开（如图 5-4-12）。

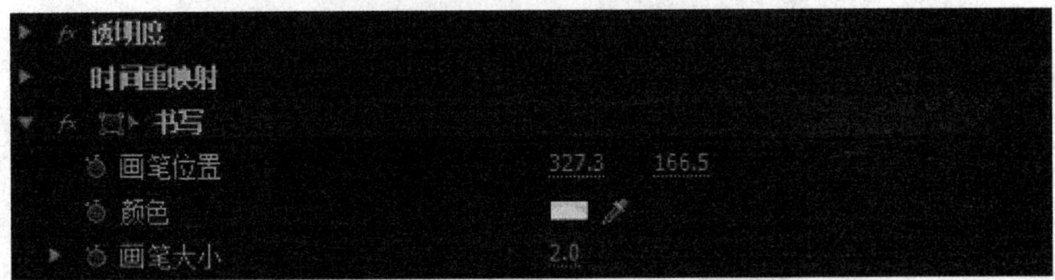


图 5-4-12　画笔的颜色

（6）为画笔制作动画，将时间移到素材的起点，点击“画笔位置”前方的秒表创建关键帧，然后继续移动创建关键帧（如图 5-4-13）。

图 5-4-13　制作动画

（7）调节“画笔大小”选项，“节目监视器”画板中的画笔大小会随之变化（如图 5-4-14、5-4-15）。

图 5-4-14　调节画笔大小

图 5-4-15　绘制画笔

（8）点击“节目监视器”中的“播放—停止”预览书写特效的效果（如图 5-4-16）。

图 5-4-16　特效效果

（9）使用“上色样式”下拉菜单，选择“在透明区域”画笔颜色会显示在轨道 2 的素材上；选择“显示原始图像”依然显示在轨道 2 的素材上，而且画笔的颜色提取素材“手”的图片颜色（如图 5-4-17、5-4-18、5-4-19、5-4-20）。

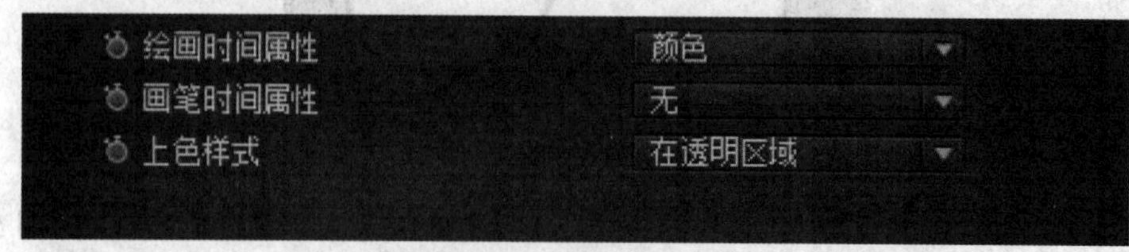


图 5-4-17　选择上色样式

图 5-4-18　效果图片

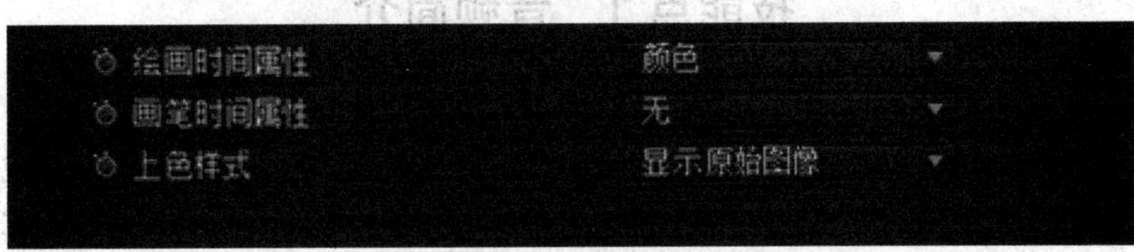


图 5-4-19　选择上色样式

图 5-4-20　效果图片

# 第六章　音频的编辑与特效

通过学习使用音频设置、音频轨道等知识，了解在“时间线”面板中应用音频的方法，学习并且掌握音频编辑与音频特效，为视频添加音响效果。

## 技能点 1　音频简介

好听的声音可以吸引听众的注意力，适当的背景音乐可以给听众带来喜悦、诡异或神秘的感受。声音效果既能增加真实性，也能给呈现的视觉元素增添色彩。毫无疑问，众多优秀视频作品和电影的成功都与好的音频元素密不可分。

## 技能点 2　音频编辑的基本流程

Premiere 不是一个复杂的音频编辑程序，因此可以在“时间线”面板中进行一些简单的音频编辑。可以解除音频与视频的链接，以便附加音频的不同部分。通常按照以下步骤编辑音频。

（1）单击“折叠—展开轨道”按钮（音频轨道名称前面的三角形），展开音频轨道（如图 6-2-1）。

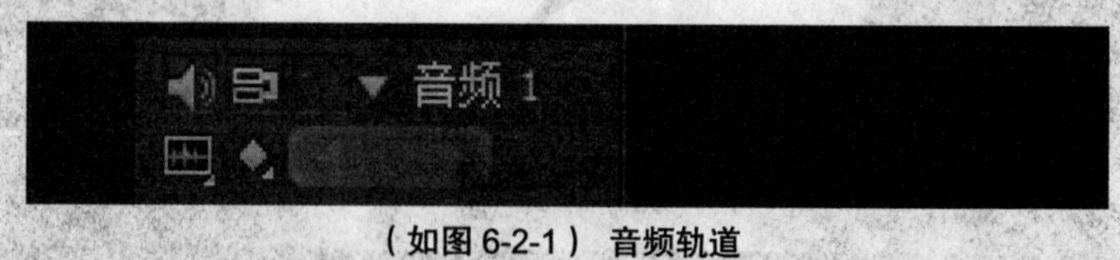


（如图 6-2-1）　音频轨道

（2）单击时间线中的“设置显示样式”图标，然后从弹出的菜单中选择“显示波形”命令（如图 6-2-2）。

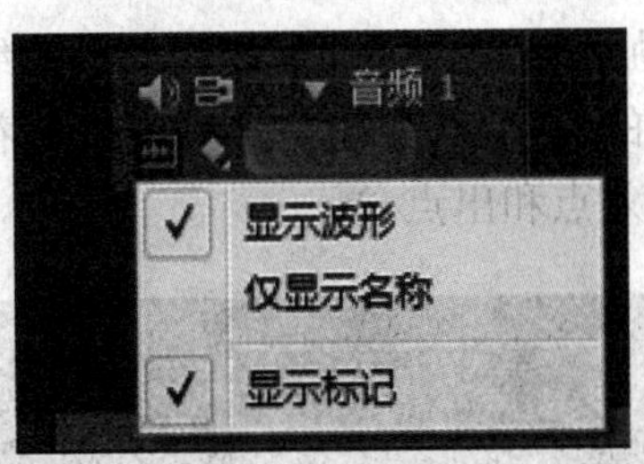


图 6-2-2 音频显示

(3)执行“时间线”面板菜单中的“显示音频时间单位”命令(如图 6-2-3),将单位更改为音频样本。这会将时间线的音频单位的标尺显示变为音频样本或毫秒(如图 6-2-4)。

默认设置是音频样本,但是可以通过执行“项目→项目设置→常规”菜单命令,然后从对话框中的音频“显示格式”下拉列表中选择“毫秒”来更改此设置(如图 6-2-5)。

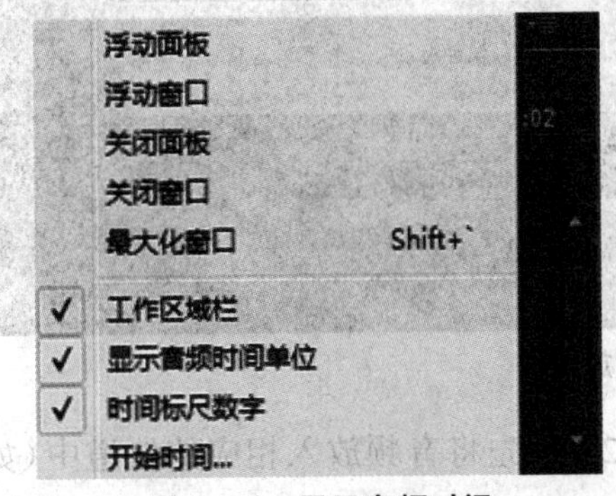


图 6-2-3 显示音频时间

图 6-2-4 音频时间单位

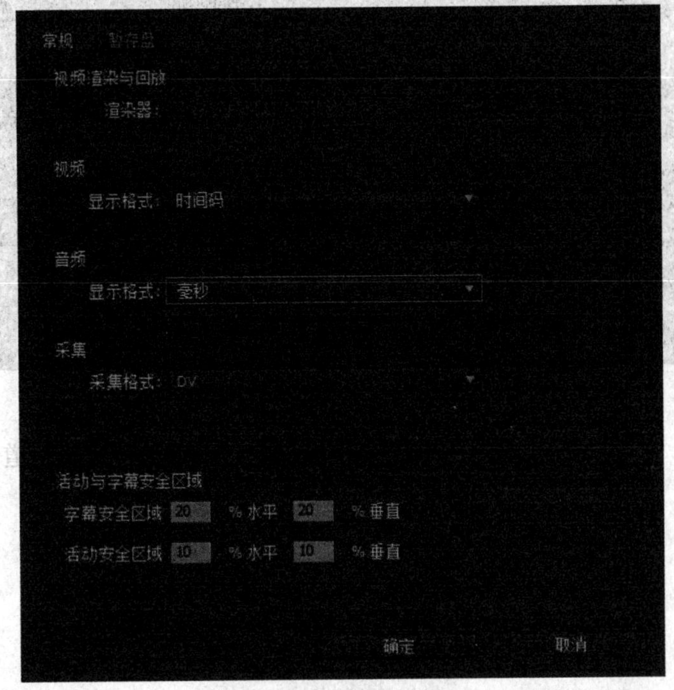


图 6-2-5 项目设置

（4）将音频素材导入音频轨道 1，单击并向左拖曳时间线缩放滑块来放大标尺（如图 6-2-6）。视图中带有音频时间单位的标尺。（如果是视频中包含着音频，先解除音频和视频的链接，然后才可以单独编辑音频的入点和出点。）

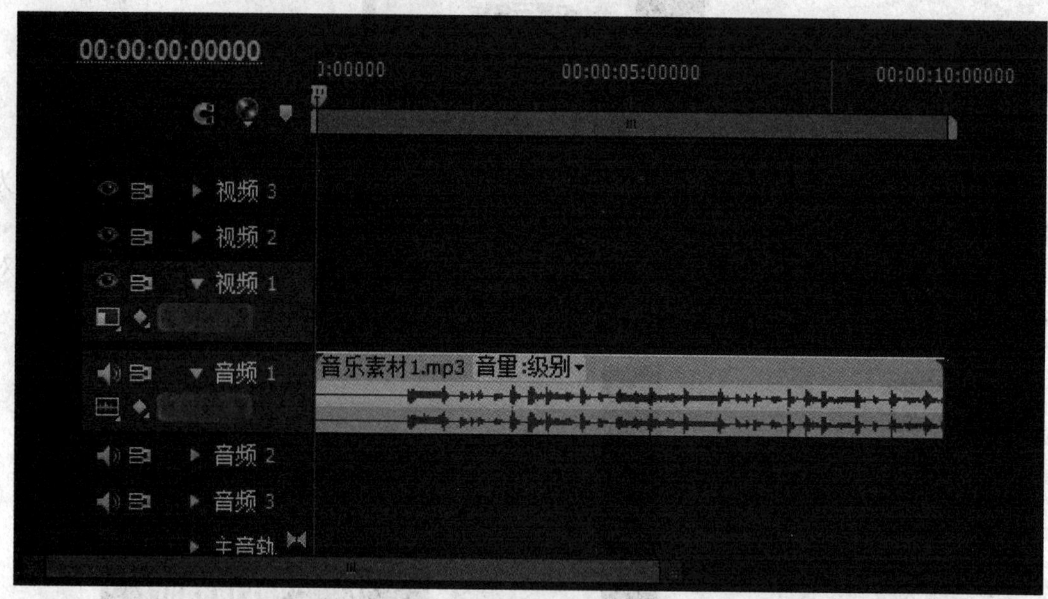


图 6-2-6 时间线缩放滑块

（5）如果需要将多个音频链接在一起（如图 6-2-7），先将音频放入相应的轨道中（如图 6-2-7）。

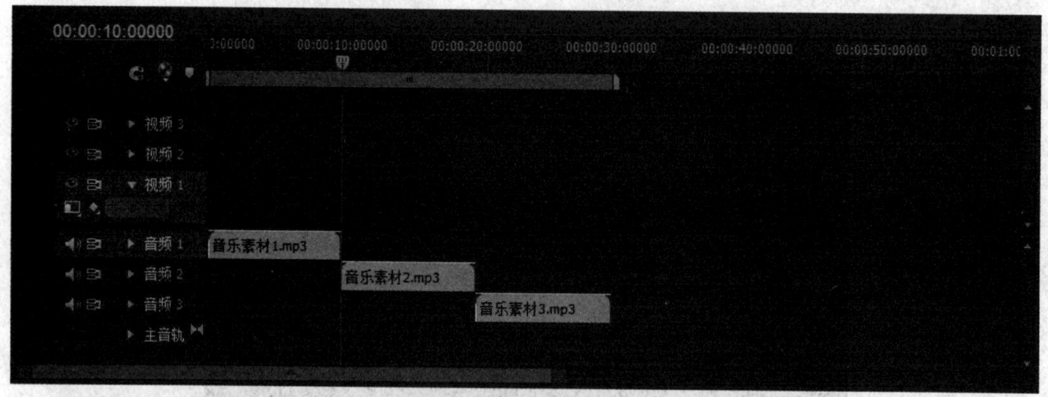


图 6-2-7 音频放入轨道

（6）按住 Shift 键选择要链接的音频，不能链接立体声轨道与单声道轨道（如图 6-2-8）。

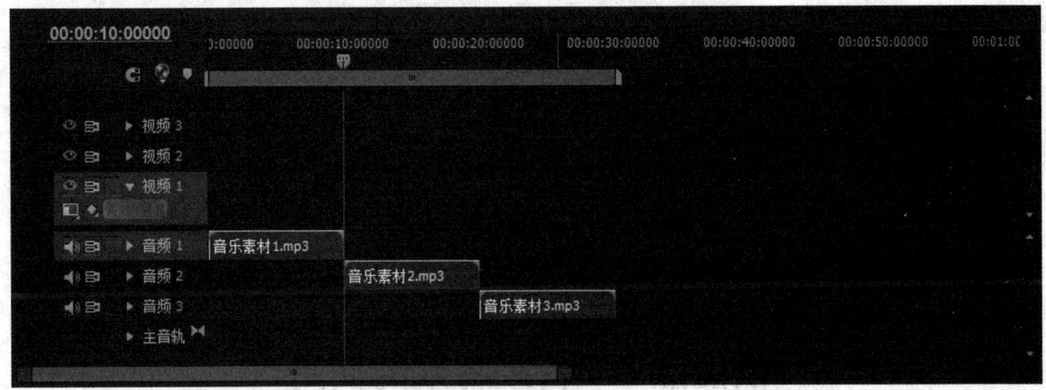


图 6-2-8 选择音频

（7）执行“素材→链接视频和音频”菜单命令，即可将选中的音频链接在一起，链接后的音频名称下方将出现下划线（如图 6-2-9、6-2-10）。

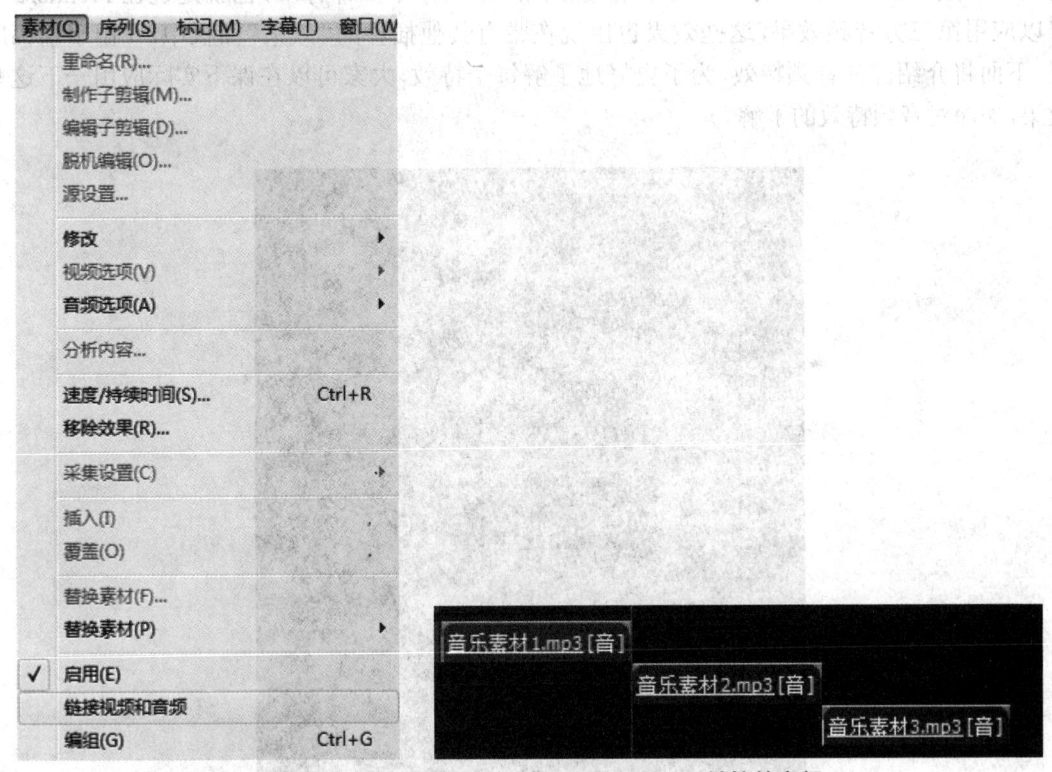


图 6-2-9 链接视频和音频　　　　图 6-2-10 链接的音频

（8）如果需要解除轨道的链接，可以选择已链接的轨道之一，然后执行“素材→解除视音频链接”菜单命令即可（如图 6-2-11）。

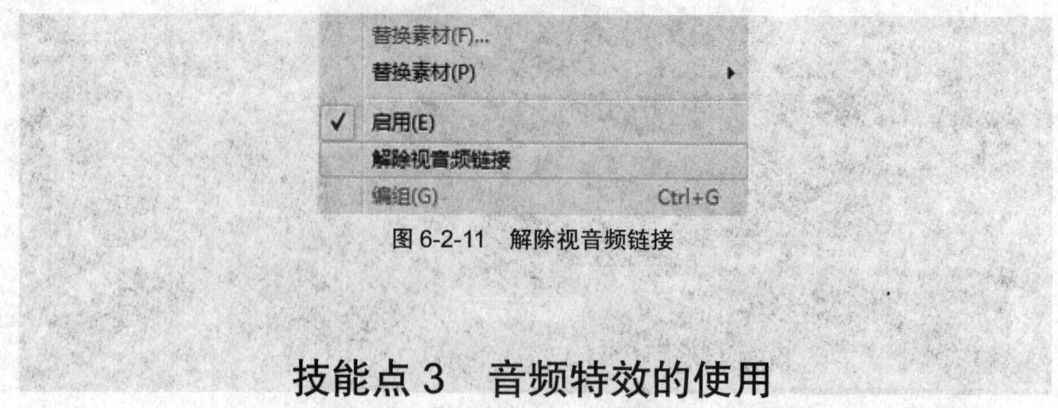


图 6-2-11 解除视音频链接

# 技能点 3 音频特效的使用

Premiere 中的音频特效有不同的效果分类（如图 6-3-1），以帮助提高声音质量或创建不常用的声音效果。Premiere 的音频特效遵循虚拟演播室技术插件标准，也就是说在 Premiere 中可以应用第三方音频效果，这些效果也出现在带有其他插件的“效果”面板中。（由于篇幅所限，下面将介绍部分音频特效，为了更好地了解每个特效，大家可以在课下实际应用一下这些效果，加深对音频特效的了解。）

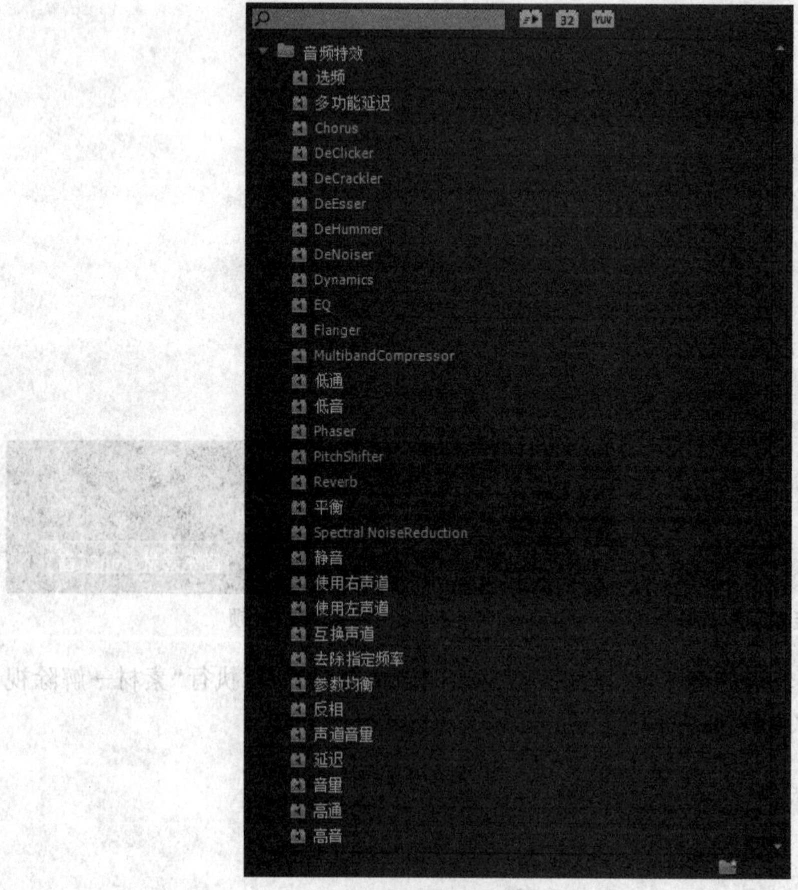


图 6-3-1 音频特效

（1）选频：此音频特效用于移除嗡嗡声和其他外来噪声，可使用“中置”控件设置排除不需要的频率，还可以使用 Q 设置控制频率的带宽（如图 6-3-2）。

图 6-3-2　选频

（2）多功能延迟：它允许使用 4 个延迟或分接头来控制整个延迟效果，还可以使用贯穿延迟 4 控件的延迟 1 来设置延迟时间。要创建多个延迟效果，可使用“反馈 1”到“反馈 4”这几个控件，反馈控制增加了延迟信号返回延迟的百分比。使用“混合”字段可控制延迟到非延迟回声的百分比（如图 6-3-3）。

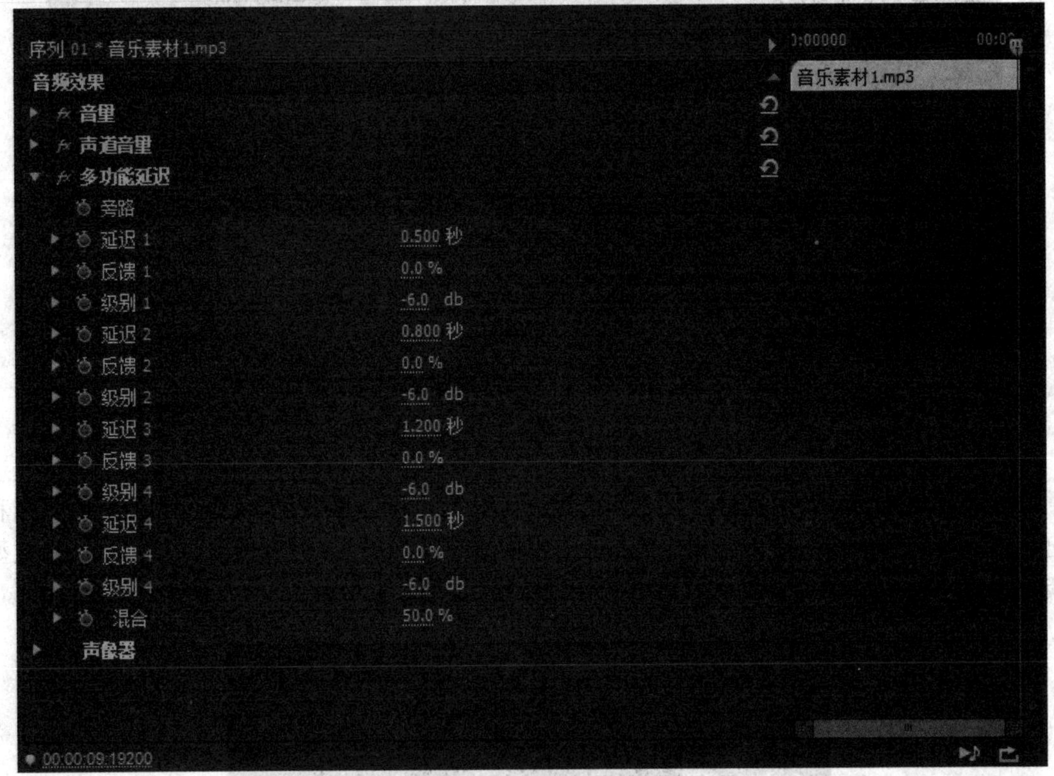


图 6-3-3　多功能延迟

（3）Chorus：该音频特效可以创造和声效果，它将一个原始声音复制，并将复制的声音做降调处理，或者将其频率稍加偏移，以形成一个效果声，然后将效果声与原始声音混合后播放。运用 Chorus 音频特效可以使一些单一的声音产生较好的视听效果（如图 6-3-4）。

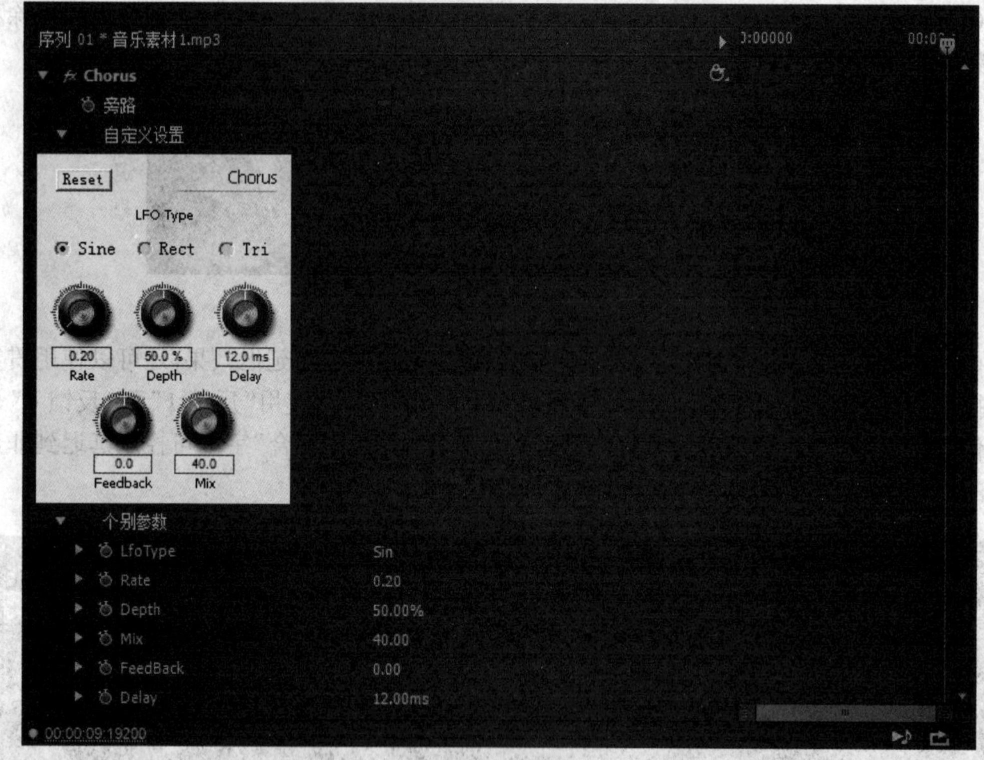


图 6-3-4　Chorus

# 技能点 4　音频转场概述

使用音频转场可以在素材片段之间的过渡部分为音频施加叠化，或为音频素材的入点和出点位置分别施加淡入淡出效果。Premiere 中内置了音频转场：恒量增益、持续声量、指数型淡入淡出，其中持续声量为默认状态下的音频转场（如图 6-4-1）。

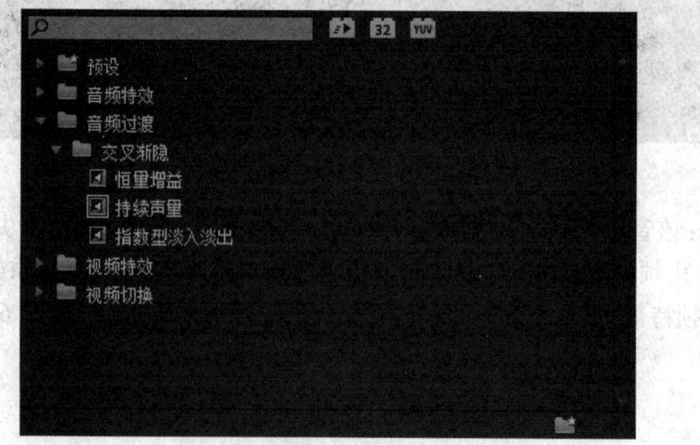


图 6-4-1　音频过渡

- 恒量增益：在转场时，以持续速率改变音频。这种转场有时听起来可能有些突然。
- 持续声量：创建一个平滑渐变的转场，和视频的溶解转场有些类似。
- 指数型淡入淡出：以对数曲线平滑淡出前一段素材片段，并相应地淡入后一段素材片段。

# 技能点 5 拓展案例

## 1 拓展案例——创建混合音频

（1）将两个“音频素材”放置在“时间线”面板的当前序列的两个轨道（音频 1 轨道和音频 2 轨道）中（如图 6-5-1），然后选择每个音频“显示关键帧”弹出的快捷菜单中的“显示轨道关键帧”命令（如图 6-5-2）。

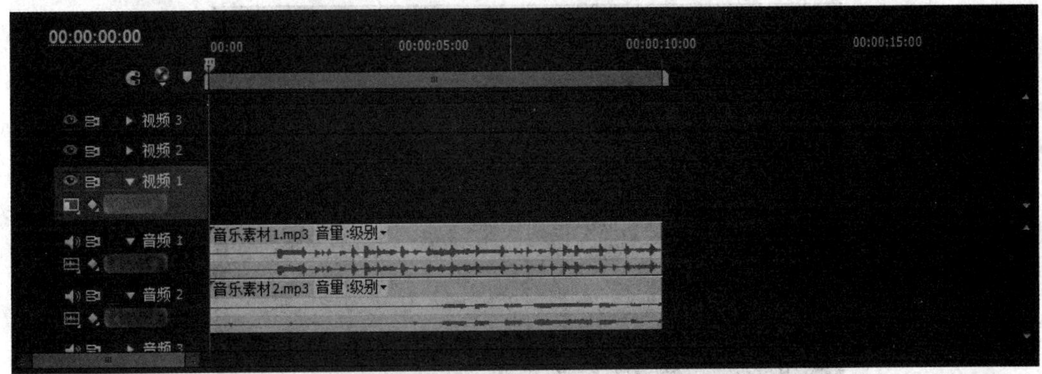


图 6-5-1 音频素材放入时间线

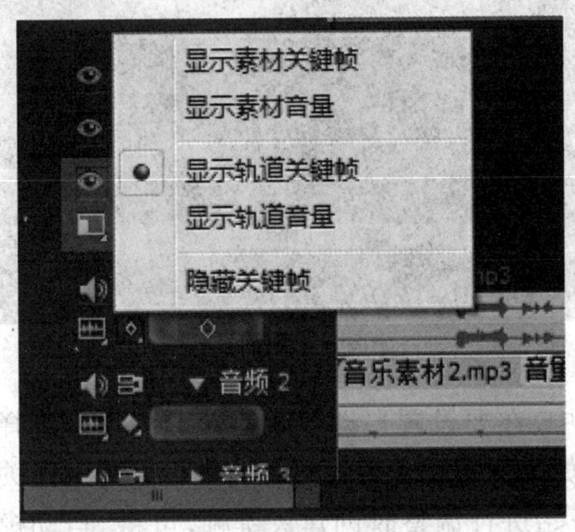


图 6-5-2 显示轨道关键帧

（2）在“调音台”面板或“时间线”面板中，将当前“时间指针”移动到要开始混合的位置上

（如图 6-5-3）。

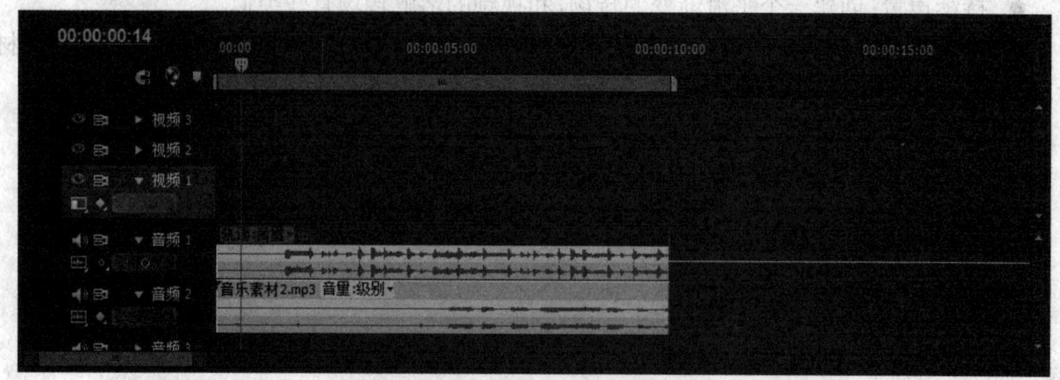


图 6-5-3　时间指针放入相应位置

（3）在“自动模式”设置为“只读”的情况下，单击“播放—停止切换”按钮▶预览音频。在播放音频时，可能需要查看“音量”控件对音频级别的影响（如图 6-5-4）。

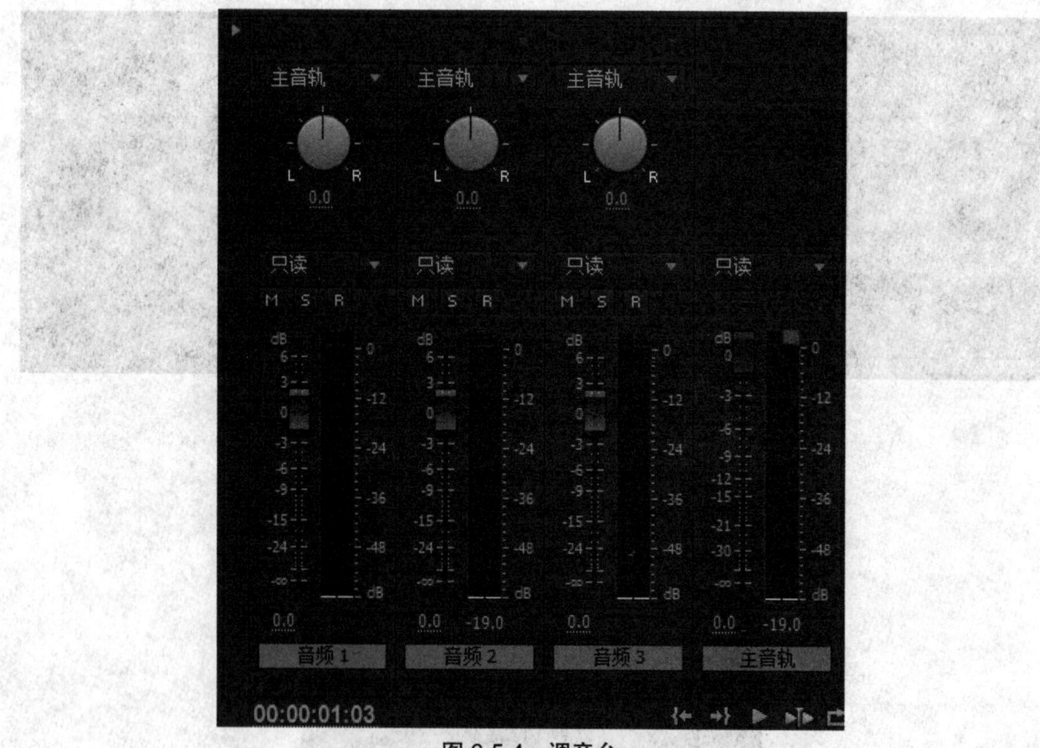


图 6-5-4　调音台

（4）在“调音台”面板中，在要设置自动模式的轨道的顶部选择“自动模式”设置（如“锁存”、“触动”或“写入”）。如果想根据更改设置之前的设置来创建关键帧，可将“自动模式”设置为“写入”。如果想在开始进行调整时创建关键帧，可将“自动模式”设置为“锁存”或“触动”（如图 6-5-5）。

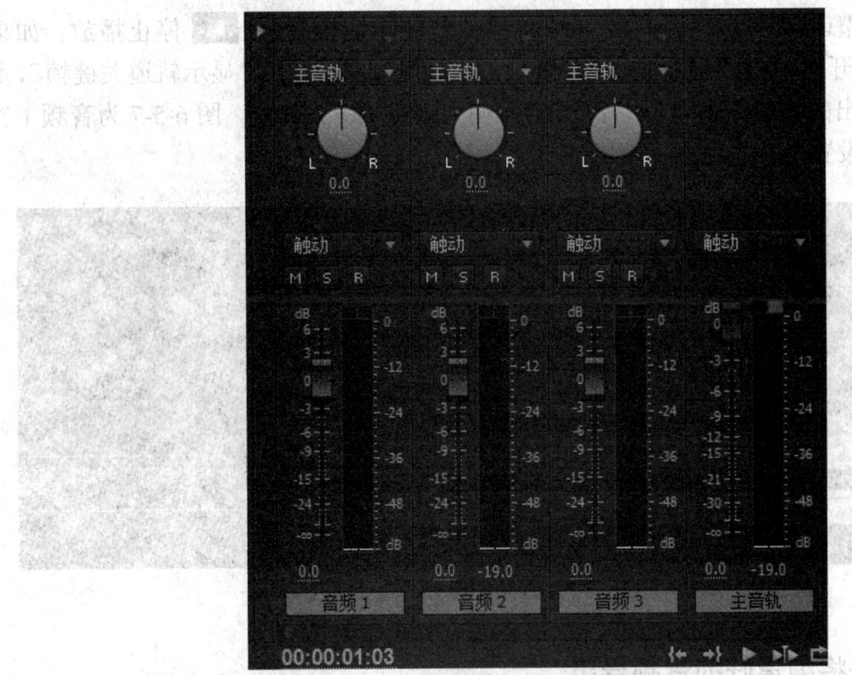


图 6-5-5　调音台选项

（5）单击“调音台”面板中的“播放—停止切换”按钮 。如果想从序列入点播放到序列出点，那么可单击“播放入点到出点”按钮 ，在播放轨道时，对“调音台”中的控件进行调整。如果使用“音量”控件，那么可以在不同轨道的电平表中看到这些更改（如图 6-5-6）。

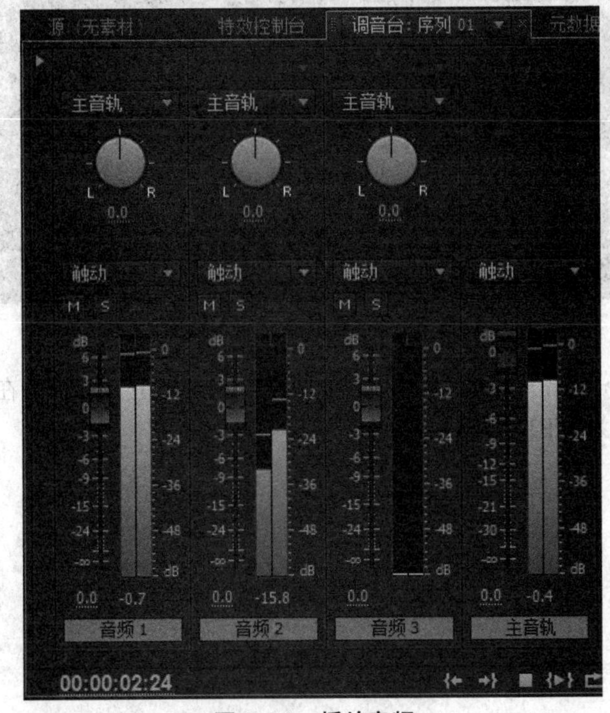


图 6-5-6　播放音频

（6）在结束调整时，可单击“调音台”中的“播放—停止切换”按钮 停止播放。如果“时间线”面板是打开的，并且“显示关键帧”弹出的快捷菜单被设置为“显示轨道关键帧”，那么可以单击轨道弹出的快捷菜单显示“音量”、“平衡”或“声像”关键帧。图 6-5-7 为音频 1 轨道中的轨道关键帧设置。

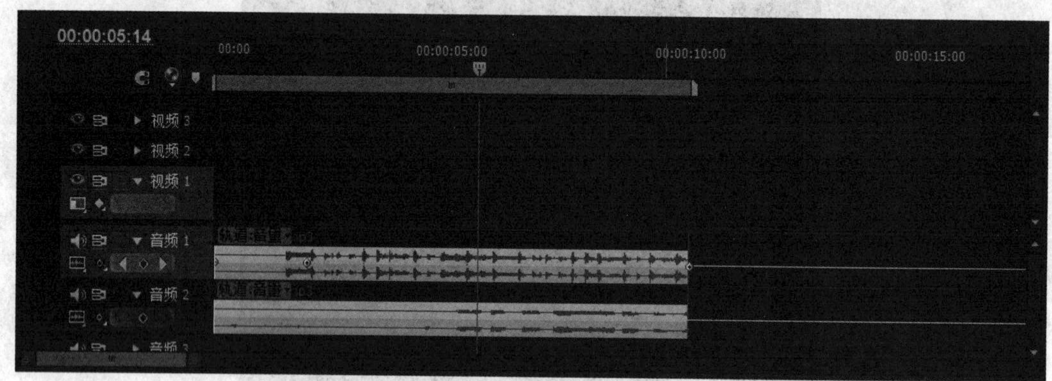


图 6-5-7　音频关键帧

## 2　拓展案例——将编辑好的音频导出

（1）编辑完成一个项目，单击轨道的左边缘，选择包含想要导出的音频素材的音频轨道（如图 6-5-8）。

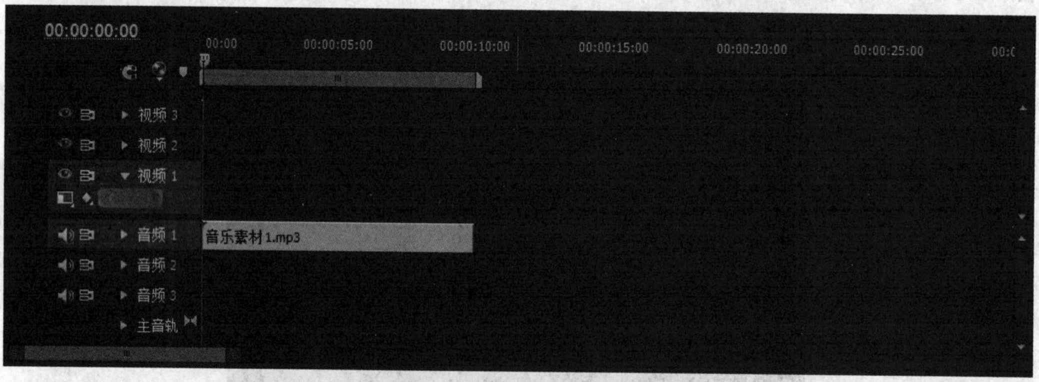

图 6-5-8　音频素材放入轨道

（2）执行“文件→导出→媒体”菜单命令，打开“导出设置”对话框，在“格式”下拉列表中选择输出音频的格式为 MP3（如图 6-5-9）。

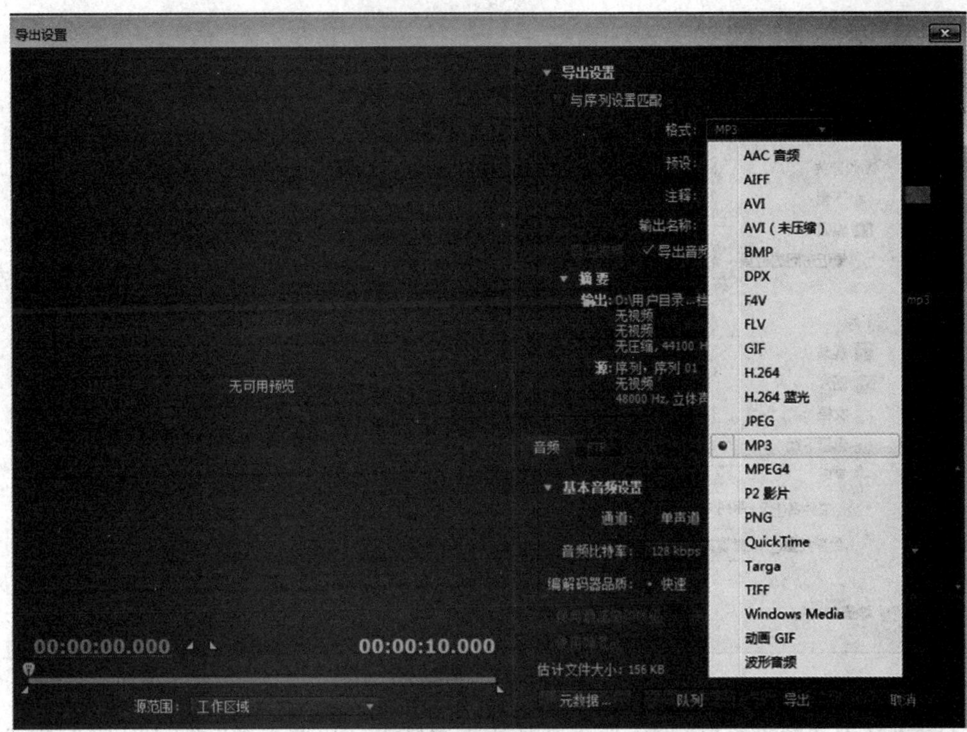


图 6-5-9　导出设置

（3）在该对话框中单击“输出名称”（如图 6-5-10），然后在弹出的“另存为”对话框中指定文件的输出路径和文件名（如图 6-5-11），最后单击“保存”按钮，回到“导出设置”对话框。

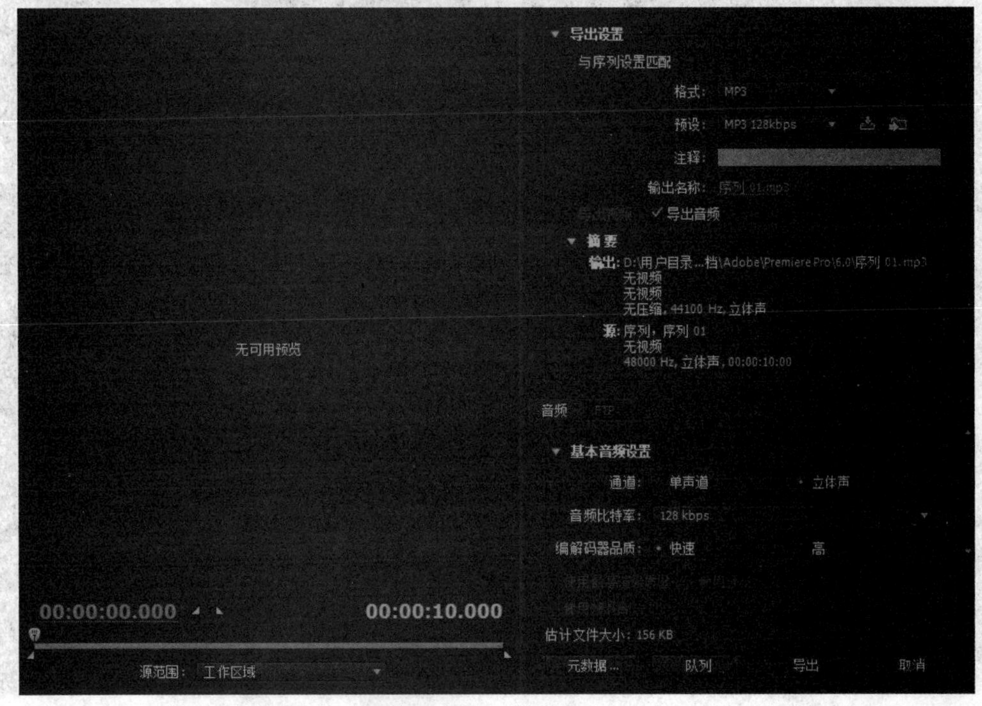


图 6-5-10　输出名称

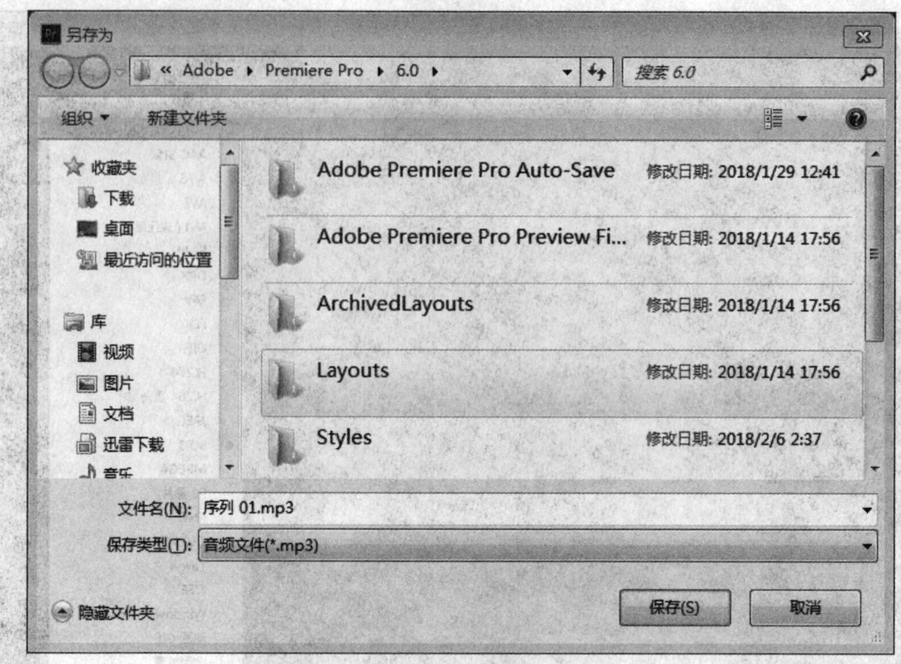


图 6-5-11 另存为

（4）在“基本音频设置”区域中选择音频的声道模式，如“单声道”或“立体声”，完成设置后，单击“导出”按钮关闭对话框，Premiere Pro 即可将音频以指定的格式导出（如图 6-5-12）。

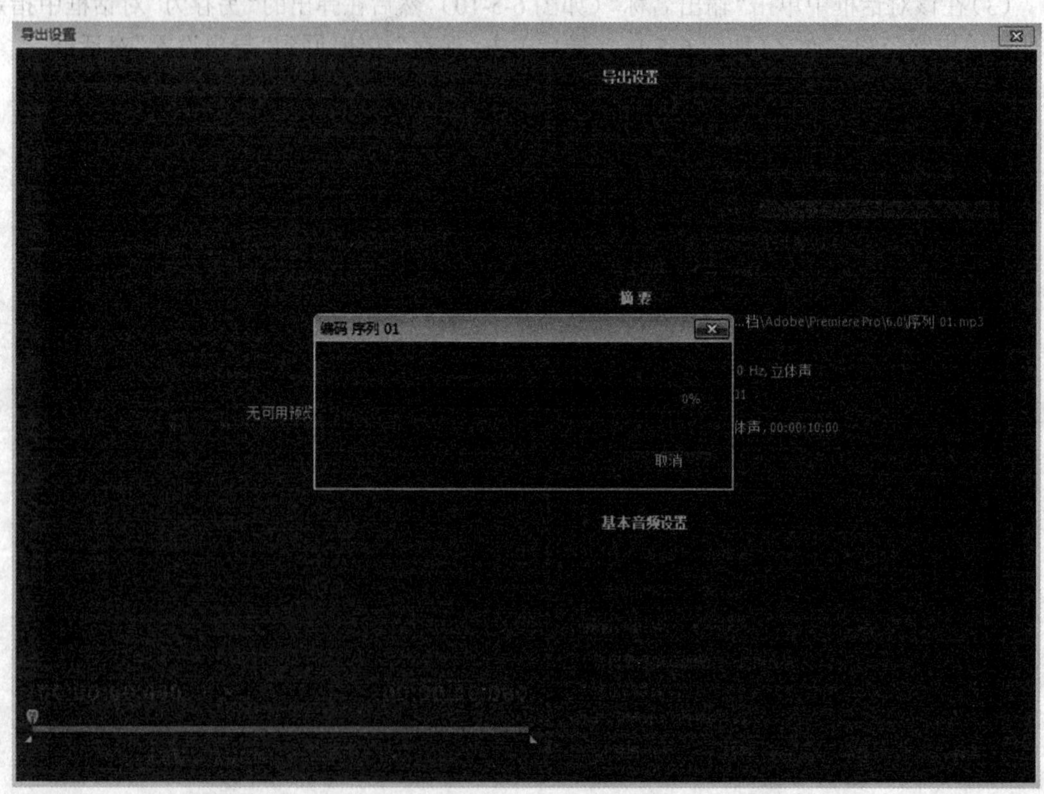


图 6-5-12 导出音频

# 第七章　创建字幕与图形绘制

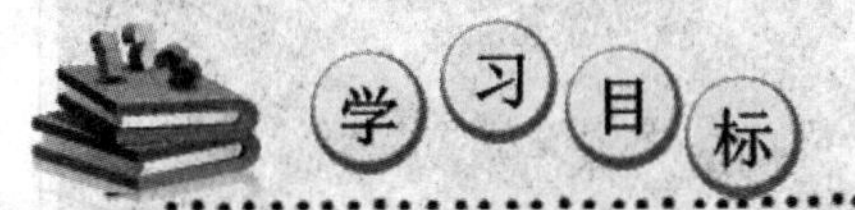


通过学习合理有效地使用字幕，了解在视频中有引入主题和设立基调的作用。学习并且掌握字幕与图形结合使用，可以更好地传达统计信息、地域信息以及其他技术性信息。

## 技能点 1　字幕简介

文字工具提供了创建清晰生动的文字所需要的各种功能。另外，使用“字幕属性”面板中的选项不仅可以修改字幕的大小、字体和色彩，还可以为文字创建阴影和浮雕效果。字幕中的“输入工具”和“垂直文字工具”与其他绘图软件中的文字工具非常相似，因此创建文字、选中并移动文字以及设计字体样式的操作，与大多数其他软件中的文字工具也几乎相同，为大家的学习和使用提供了便捷条件。

## 技能点 2　编辑字幕的基本方法

1. 在字幕设计面板中，把绘制区域显示时间线上素材的某一帧作为创建叠印字幕的参照，以便精确地调整字幕的位置、色彩、不透明度和阴影等属性。单击字幕设计调板上方的显示背景视频按钮，时间指示器所在当前帧的画面便会出现在调板的绘制区域中，作为背景显示。用鼠标拖拽调板上方的时间码，或单击输入新的时间码，调板中显示的画面会随时间码的变化而显示相应帧（如图 7-2-1）。

图 7-2-1 字幕设计面板

在字幕设计面板的绘制区域，内部的白色线框是字幕安全区域，所有的字幕应该尽量放到字幕安全区域以内；外面的白色线框是动作安全区域，视频画面中的其他重要元素应该放在其中。在制作字幕时，可以通过菜单命令（如图 7-2-2）来决定是否显示安全区域（如图 7-2-3）。

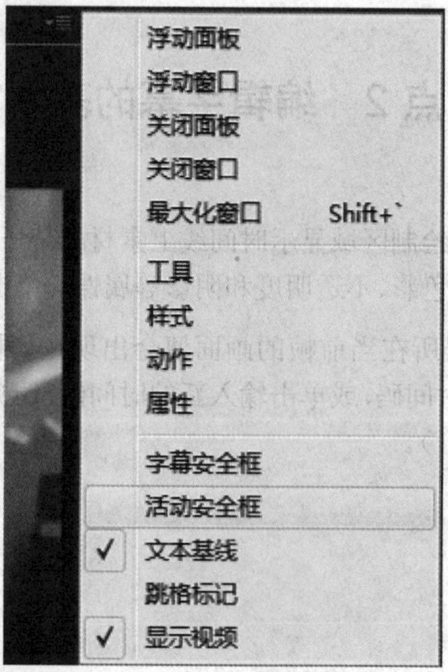

浮动面板
浮动窗口
关闭面板
关闭窗口
最大化窗口 Shift+`
工具
样式
动作
属性
字幕安全框
活动安全框
✓ 文本基线
跳格标记
✓ 显示视频

图 7-2-2 字幕菜单

图 7-2-3　安全区域

2. 输入文本

字幕设计面板内置了 6 种文本工具，包括文本工具、垂直文本工具、区域文本工具、垂直区域文本工具、路径文本工具、垂直路径文本工具。

（1）输入无框架文本：选择字幕工具栏中的文本工具或垂直文本工具，在绘制区域单击欲输入文字的开始点，出现一个闪动光标，随即输入文字。输入完毕，使用选择工具单击文本框外任意一点，结束输入。

（2）输入区域文本：选择字幕工具栏中的区域文本工具或垂直区域文本工具，在文本框的开始位置出现一个闪动光标，随即输入文字，文字到达文本框边界时自动换行。输入完毕，使用选择工具单击文本框外任意一点，结束输入。

（3）输入路径文本：选择字幕工具栏中的路径文本工具或垂直路径文本工具，在绘制区域像使用钢笔工具绘制贝塞尔曲线一样，绘制一条路径，按住 Ctrl 键，切换为选择工具，选中曲线路径，在路径的始位置，出现一个闪动光标，松开 Ctrl 键，随即输入文字使用选择工具单击文本框外任意一点，结束输入。

3. 字幕设计的文本处理功能十分强大，可以随意编辑文本，并对文本的字体、字体风格、文本对齐模式以及其他图形风格进行设置。

（1）使用选择工具双击文本中欲进行编辑的点，选择工具自动转换为相应的文本工具，插入点出现光标。用鼠标单击字符的间隙或使用左右箭头键，可以移动插入点位置。从插入点拖拽鼠标，可以选择单个或连续的字符，被选中的字符会以高亮显示，可以在插入点继续输入文本，或使用 Delete 键删除选中的文本，还可以使用各种手段对选中的文本进行设置。

(2)变换字体，任何时候都可以对文本中使用的字体进行变换。通过内置的字体列表，可以对比多种字体并进行变换。选中欲更改字体的文本，右键在弹出的字体列表中选择所需的字体，还可以单击字幕设计面板顶部的字体下拉列表和字体风格下拉列表，或单击字幕属性调板中字体属性和字体风格属性后面的两个下拉列表，在其中对比选择所需的字体及其风格(如图 7-2-4)。

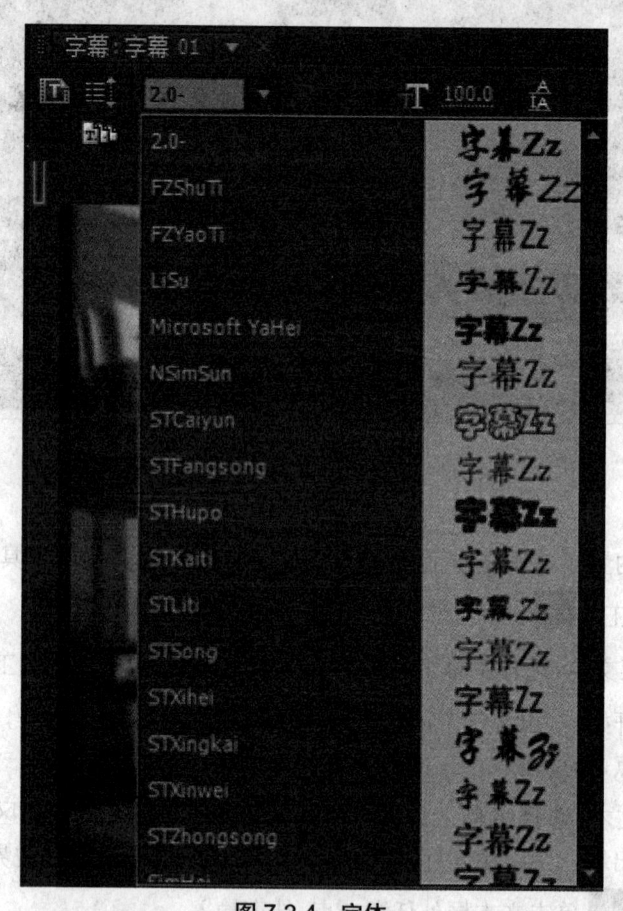

**图 7-2-4 字体**

4. 在字幕中选择任何对象，对象的属性(填充色、投影等)会在字幕属性调板中列出。在调板中调整数值，可以相应地改变对象的属性。文本对象除了具有与其他对象相同的属性外，还拥有一系列独特的属性，如行距和字间距等(如图 7-2-5)。

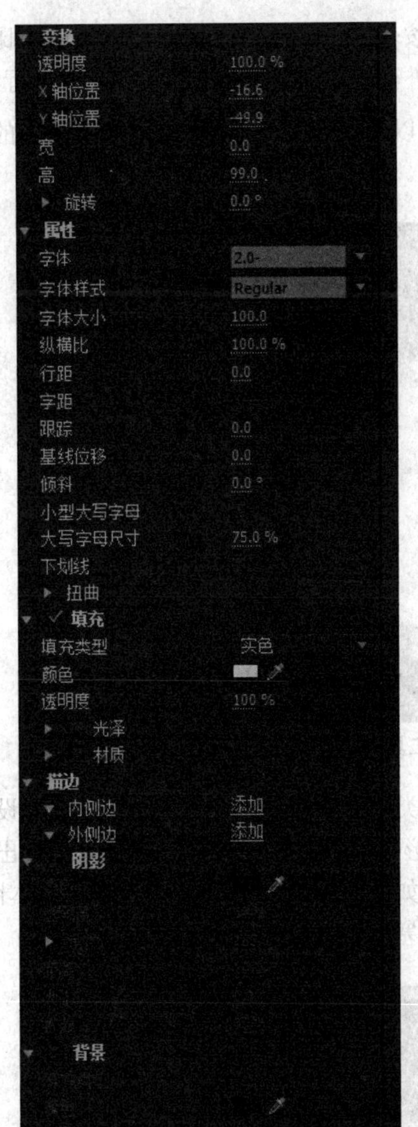


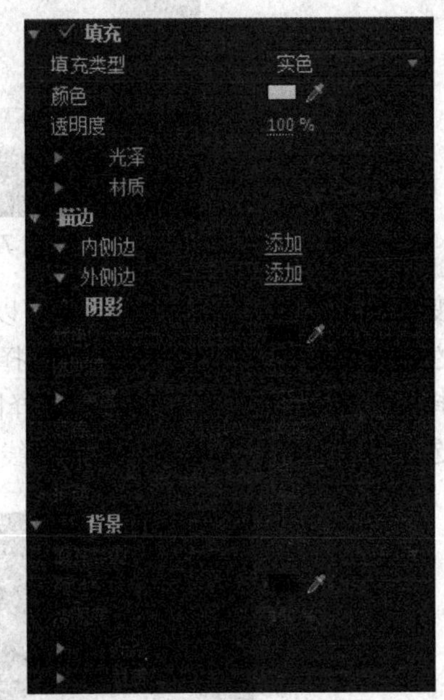


图 7-2-5　字幕属性调板

# 技能点 3　绘制基本图形

字幕设计内置了 8 种基本图形工具，包括矩形工具、圆角矩形工具、切角矩形工具、圆矩形工具、楔形工具、弧形工具、椭圆形工具和直线工具。此外，还可以使用钢笔工具自由地创建曲线。

1. 绘制基本图形：在工具调板中选择一种基本图形工具，在绘制区域中用鼠标进行拖拽，可以在拖拽的区域产生相应的图形（如图 7-3-1）。按住 Shift 键进行绘制，可以生成等比例图形；按住 Alt 键进行绘制，可以以绘制的起点为中心进行绘制；按住 Shift 键和 Alt 键进行绘制，可以以绘制的起点为中心，绘制出等比例图形；也可以使用选择工具 通过拖拽图形的控制点对图形进行缩放。按住 Shift 键可以进行等比缩放。

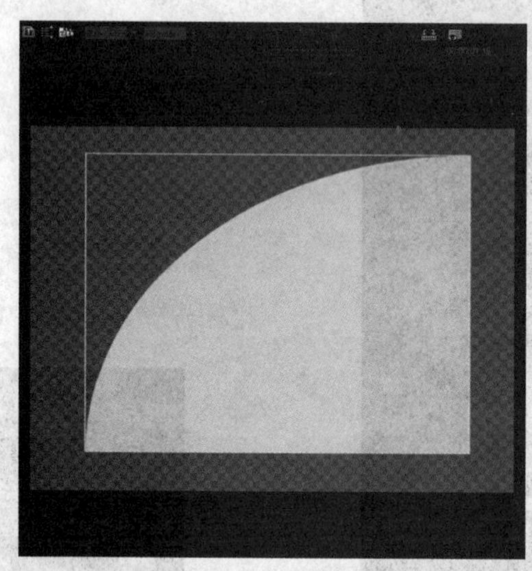

图 7-3-1 弧形工具

2. 变换图形类型：绘制完图形，还可以对图形的类型进行变换。选中图形，在字幕设计面板中属性部分的图形类别下拉列表中选择所需的图形类型；还可以右键单击图形，在弹出式菜单中选择图形类别，并在其子菜单中选择图形类型（如图 7-3-2）。除了转换为其他基本图形，还可以选择将图形转换为放的贝塞尔曲线、闭合的贝塞尔曲线和填充的贝塞尔曲线。

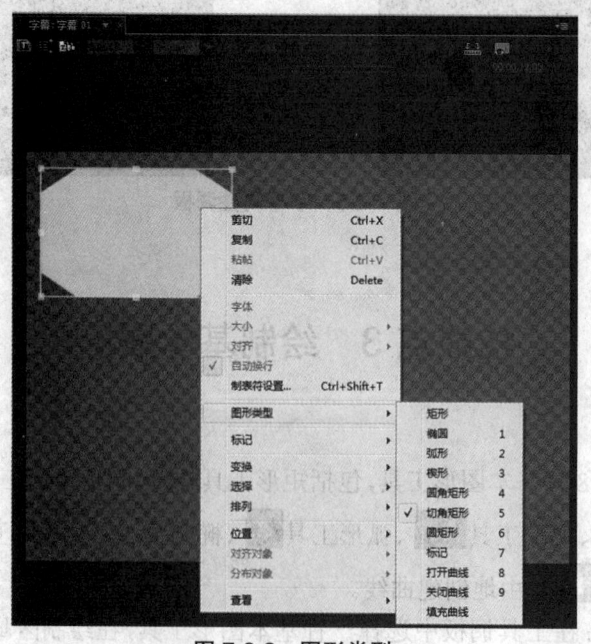


图 7-3-2 图形类型

3. 使用钢笔工具 在绘制区域连续单击，可以生成连续的直线段。单击的位置生成控制点，称为锚点，由直线段相连。在工具调板中选择钢笔工具 。在绘制区域中，将鼠标指针移到起始点的位置，单击鼠标，然后将鼠标指针移到新的位置再次单击，将在点之间创建直线段；按住 Shift 键进行单击，可以沿 45° 角绘制线段；继续单击，将生成连续的直线段（如图 7-3-3）。

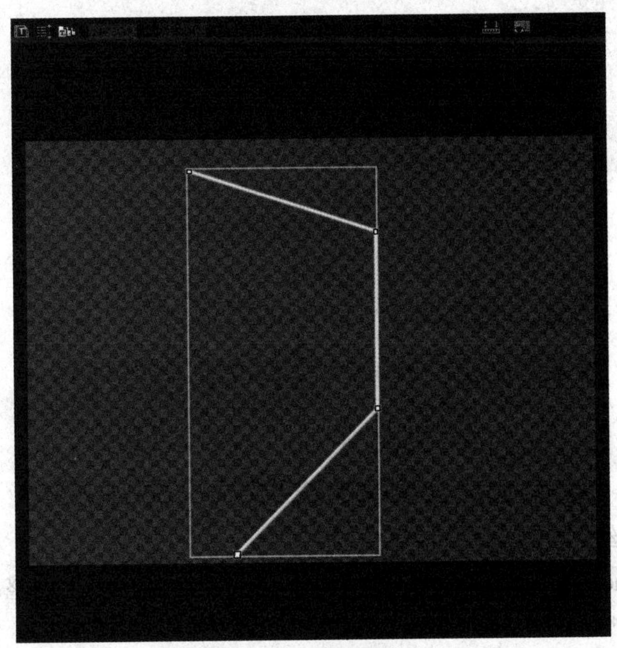

**图 7-3-3 钢笔工具**

4. 使用钢笔工具绘制曲线

使用钢笔工具在绘制区域单击鼠标，同时拖拽鼠标，可以生成曲线。单击的位置生成带有控制线的锚点，控制线的端点称为控制点。控制线与所绘曲线相切，其角度和长度决定了曲线的方向和曲度，控制线越长，曲线曲度越大。

在工具调板中选择钢笔工具。在绘制区域中，将鼠标指针移到起始点的位置，单击并拖拽鼠标，沿着鼠标拖拽的方向会生成一条以锚点为中心，以两个控制点为终点的控制线。以控制线来控制曲线的方向和曲度。按住 Shift 键拖拽控制线，可以以 45° 的倍数对控制线的角度进行设置。释放鼠标，并将鼠标指针移动到新的位置，再次单击并拖拽，同样以控制线来控制曲线的方向和曲度，就会在两点之间创建曲线。不同的拖拽方向可以生成不同形状的曲线：如果拖拽方向与创建上一个锚点时的拖拽方向相反，则可以生成 C 形曲线（如图 7-3-4）；如果拖拽方向与创建上一个锚点时的拖拽方向相同，则可以生成 S 形曲线（如图 7-3-5）。继续单击，则会生成连续的曲线段。

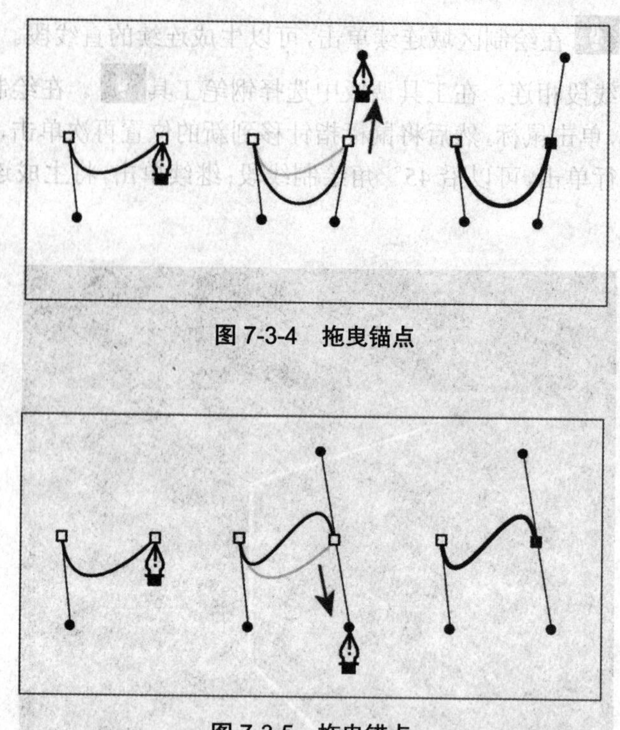

图 7-3-4　拖曳锚点

图 7-3-5　拖曳锚点

5. 调整锚点和曲线

使用 Title Designer 内置的调整锚点工具可以对现有的路径进行调整。可以为路径添加、删除锚点，或移动控制点，以操纵控制线，来调节曲线的形状。

选择路径，使用添加锚点工具 在曲线上的目标位置进行单击，可以在此位置添加一个锚点。如果在单击鼠标的同时拖拽鼠标，可以将新增的锚点移动到所需的位置。

选择包含锚点的路径，使用删除锚点工具 在曲线上的目标锚点位置进行单击，即可删除该锚点。

选择包含控制点的路径，使用钢笔工具 ，将其放在目标锚点上，当鼠标变成带有方块的箭头形状时，单击并拖拽鼠标，可以将锚点移动到所需的位置，以此对路径的形状进行调节。

选择欲进行编辑的路径，使用转换锚点工具 ，将其放置在目标锚点上。如果此锚点不具有控制线，单击锚点并进行拖拽，可以沿拖拽的方向生成控制线，从而将带有角点的折线转化为平滑曲线；如果此锚点具有控制线，单击锚点，可以将控制线删除，从而将平滑曲线转化为带有角点的折线。

## 技能点 4　拓展案例——创建斜面立体文字

（1）根据需要选择预置来新建一个项目，然后导入一个素材到“项目”面板中（如图 7-4-1）。

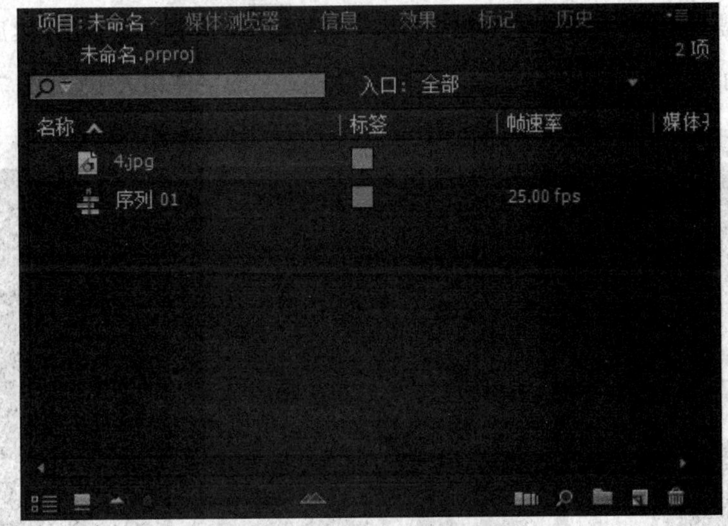


图 7-4-1　素材放到项目面板

（2）将素材从“项目”面板拖到“时间线”面板的视频轨道上（如图 7-4-2）。

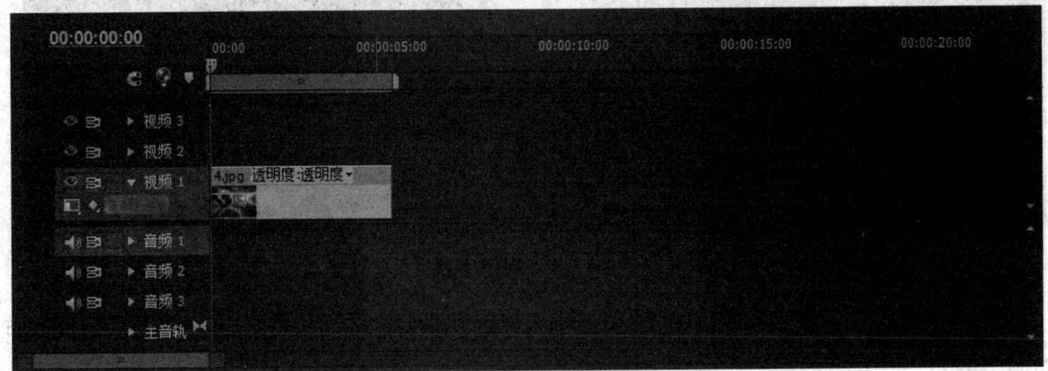


图 7-4-2　素材拖到时间线

（3）选择“字幕→新建字幕→默认静态字幕”命令，打开“新建字幕”对话框，然后单击“确定”按钮（如图 7-4-3）。

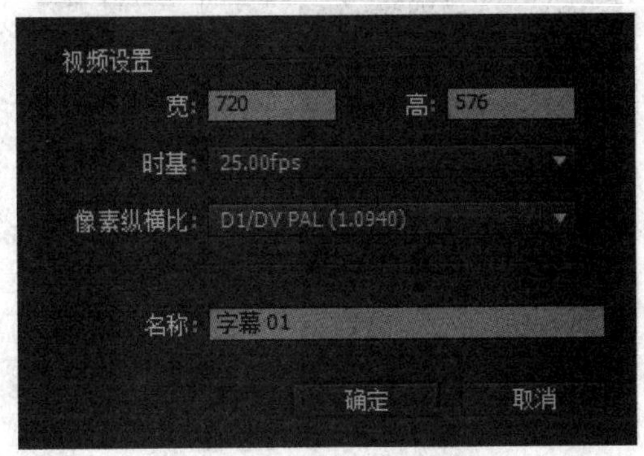


图 7-4-3　默认静态字幕

（4）在“字幕”面板中单击“显示背景视频”图标 ，显示背景素材，然后使用“字幕工具”面板中的“输入工具” 创建文字“腾”，并设置文字的字体和大小（如图 7-4-4）。

图 7-4-4　制作字幕

（5）使用“选择工具”选择文字，然后选中“填充”复选框，并展开该区域选项，选择“斜面”（如图 7-4-5）。

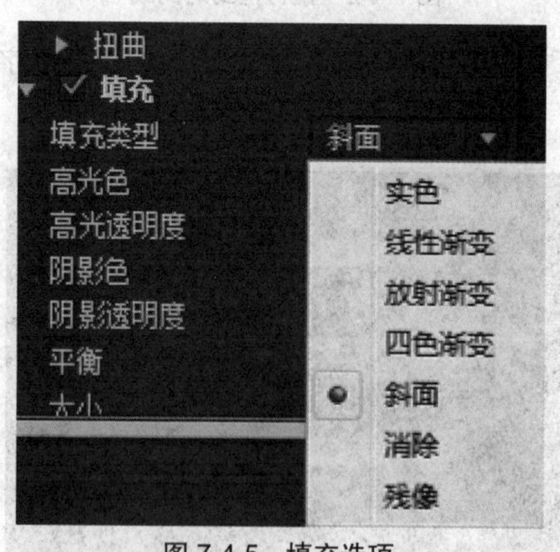


图 7-4-5　填充选项

（6）单击“高光色”颜色样本或者使用吸管工具拾取高光颜色，然后单击“阴影色”颜色样本,或者使用吸管工具来拾取阴影颜色。这里将高光色设置为褐色、阴影色设置为黑色(如图7-4-6)。

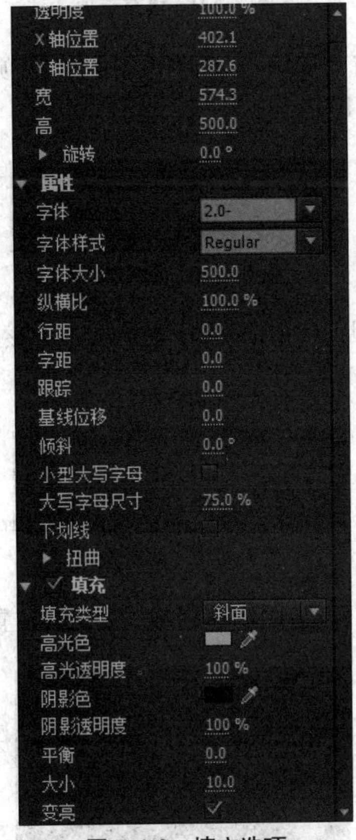


图 7-4-6　填充选项

(7)向右拖拽“大小”滑块,即可增加斜角边尺寸(如图 7-4-7)。

图 7-4-7　填充选项

(8)进一步装饰斜角边,可以选中“管状”复选框,这时一个管状的修饰将出现在高亮和阴影区域之间(如图 7-4-8)。

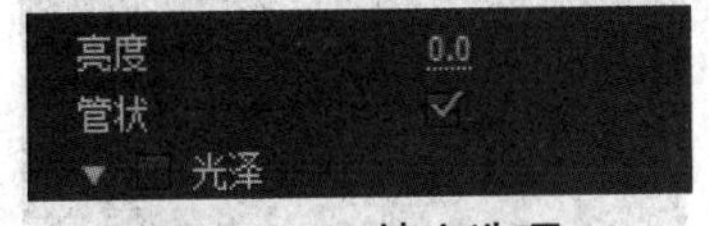


图 7-4-8　填充选项

(9)选中“变亮”复选框,可以增加斜角边效果,并使得物体看起来更具立体感(如图7-4-9)。

图 7-4-9　填充选项

（10）单击“阴影”复选框将其选中，然后单击“阴影”选项旁边的三角图标，使其朝下，以展开该区域中的选项（如图 7-4-10）。

图 7-4-10　阴影选项

（11）拖拽“阴影”区中的“大小”值，设置阴影的大小。该值越大，阴影的范围越大。是增加阴影大小的效果（如图 7-4-11）。

图 7-4-11　阴影选项

（12）拖拽“距离”和“角度”值，将阴影移到希望到达的位置（如图 7-4-12）。

图 7-4-12　阴影选项

（13）拖拽“扩散”值，柔化阴影的边缘（如图 7-4-13）。

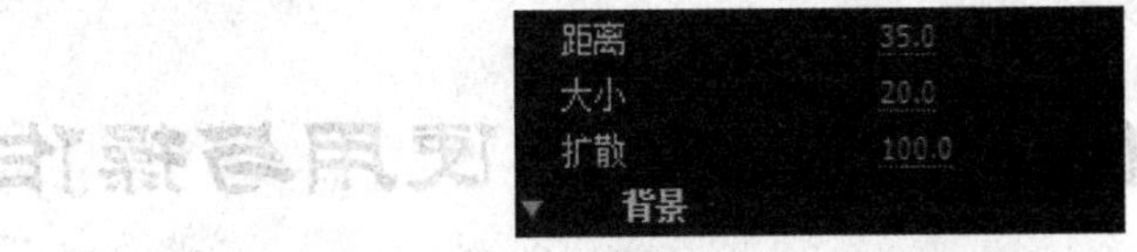

图 7-4-13　阴影选项

（14）需要调整阴影的透明度，可以拖拽“透明度”值。该百分比值越小，阴影越透明，完成后效果（如图 7-4-14）。

图 7-4-14　阴影选项

（15）预览字幕设计最终完成（如图 7-4-15）。

图 7-4-15　最终效果

# 第八章 After Effects 的使用与操作

### 学习目标

通过学习 After Effects（AE）的基础知识，了解 After Effects（AE）的使用方法，学习并且掌握 After Effects（AE）特效原理与特点，与 Premiere 相结合，持之以恒勤加练习，必能在数字影视方面取得成绩。

## 技能点 1　After Effects CS 6 的新增功能

After Effects 也就是人们常说的 AE，是 Adobe 公司的另一个惊艳四座的产品，虽然与 Premiere 有相似的地方，但是功能与定位上还是有所区别。简单来说 Premiere 更注重对于视频素材的剪辑方面；After Effects 更注重视频素材的特效方面。随着技术不断的提高，AE 也通过不断提升的工作体验，提供完整的、创造性的、无与伦比的性能，大大提高了生产力。时至今日已经更新到 After Effects CS 6，这与之前的版本有着本质的提升。

（1）After Effects 一直致力于性能的提升，全面提升性能的缓存系统包括一组技术：全面的 RAM 缓存、持久性的磁盘缓存和新的图形卡加速通道。通过这样的提升，提高对素材的渲染速度，可以在合成时，不断减少渲染的时间，使操作更加顺畅。

（2）新的 3D 摄像机追踪器，效果自动分析出 2D 素材中的动态，计算出真实场景中的摄像机所拍摄到的位置、方向和景深，并在 After Effects 中创建一个匹配的新的 3D 摄像机。与此同时，还在 2D 素材上面叠加了 3D 的追踪点，便于在原始素材上附加新的 3D 层。

（3）After Effects CS6 引入了一个新的射线追踪的 3D 渲染引擎，支持快速地进行完全射线追踪，在 3D 空间创建几何形状和文字层。

（4）利用可变的遮罩羽化，可以精确地创建适当程度的边缘羽化，以创建出更加真实的合成效果。After Effects CS6 是首次包含新的遮罩羽化工具，可以根据画面的需要，为不同的遮罩上的点，设置不同的羽化值。

（5）Adobe Illustrator 一直是创建复杂文本结构、图标和其他图形元素最流行的工具。After Effects CS6 可以将任何 Illustrator 矢量图（AI 和 EPS 文件）转化为 After Effects 的图形层。这样就可以在 After Effects 中对这些矢量图形进行操作。

（6）滚动快门修复带有 CMOS 传感器的数码相机，现如今带有视频功能的单反相机被越来越多地用来拍摄电影、商业广告和电视节目。数码相机都有一个滚动的快门，是通过扫描线的方式捕捉视频的帧。由于不是在同一时刻记录所有的扫描线，滚动快门会导致扭曲，如倾斜建筑物等。After Effects CS6 包含一个高级的滚动快门修复效果，包含了两种不同的算法来修复有问题的画面。

（7）After Effects CS 6 带有 80 个新的和升级的内置效果。最新的版本提供了更多的方法来完善图像的色彩。After Effects CS6 捆绑了最新的 CycoreFX HD，为创建特效提供了更多的选择。

（8）专业导入是 After Effects 在业界领先的专业工作流程，可以通过导入 AAF/ OMF 文件与 Avid Media Composer，通过导入 XML 文件与 Apple Final Cut Pro 7 或更早版本进行整合。

（9）专业的运动追踪工具 mocha AE 继续包含在 After Effects 中，并与 3D 摄像机追踪器、Warp Stabilizer 和传统 2D 点追踪器整合成为一套运动追踪方案，以应对各种素材的情况。After Effects CS6 现在包含一个"Track In mocha AE"菜单命令，可以在 After Effects 中直接启动 mocha AE。

除了上述新增功能外，After Effects CS 6 还在原有的基础之上对很多功能进行了增强。如增强的 OpenGL 渲染，提升的对象边框控制，脚本语言增加和改善，支持 ARRIRAW 素材，以及对于 Adobe Speed Grade 文件的支持。

## 技能点 2　After Effects CS 6 的界面

Adobe 的软件提供了统一的、可自由定义的工作空间，用户可以对各个调板自由地移动或结组。这种工作空间使数字视频的创 作变得更为得心应手。进入 AE 软件界面默认的工作空间，其中显示在编辑工作中常用的各个调板。各调板以独立或结组的方式紧密相邻，风格紧凑。可以通过单击调板右上角的三角形按钮，调出调板的弹出式菜单命令；用鼠标右键单击调板或其中的元素，也可以调出与元素或当前编辑工具相关的菜单命令（如图 8-2-1）。

图 8-2-1　工具箱

（1）工具箱：集合了 After Effects 中所有的编辑工具，在编辑影片的时候要注意选择合适的工具进行操作（如图 8-2-2）。

图 8-2-2 工作界面

（2）项目面板：是 After Effects 中存放素材和合成的调板（如图 8-2-3）。在这里可以方便地查看导入的素材信息，并可对合成与素材进行组织管理工作。

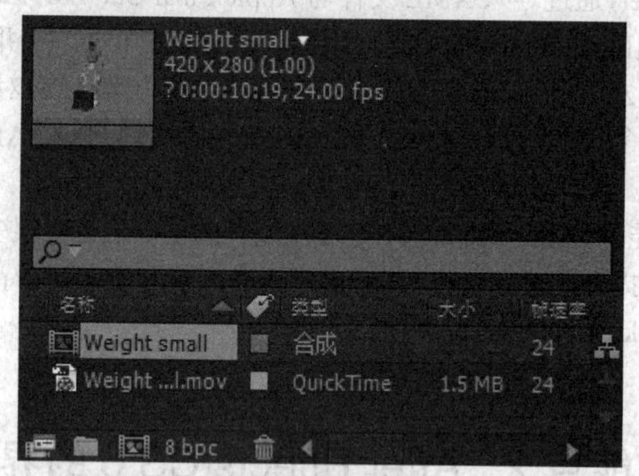


图 8-2-3 项目面板

（3）特效控制面板：After Effect 允许对层直接添加特效。特效控制调板是 After Effects 中修改特效参数的调板（如图 8-2-4）。

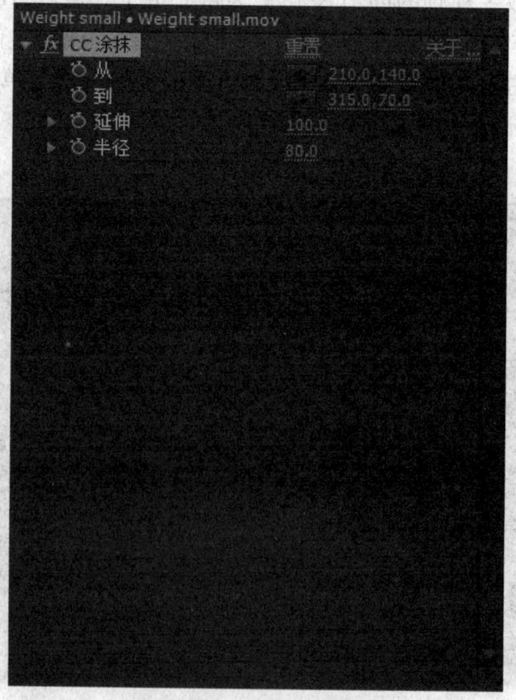


图 8-2-4 特效控制面板

（4）时间线面板：合成影片和设置动画的调板是动画创作的主功能界面。在 After Effects 中，动画设置基本都是在时间线调板中完成的，其主要功能就是可以拖拽时间指示标预览动画，同时可以对动画进行设置和编辑操作（如图 8-2-5）。

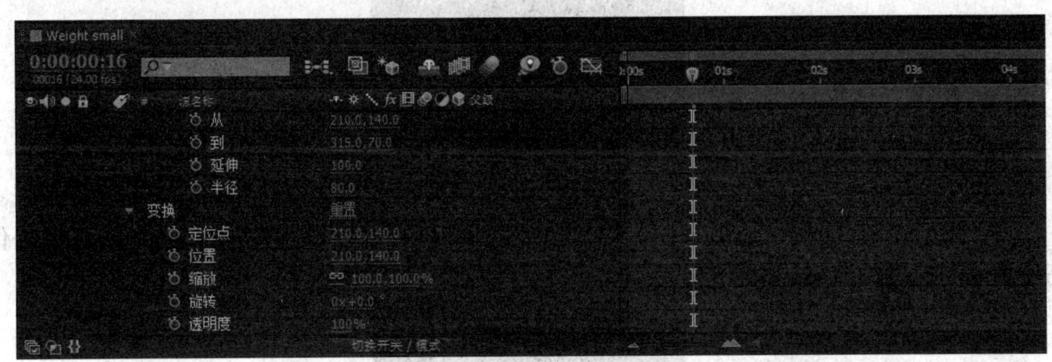


图 8-2-5　时间线面板

（5）合成面板：双击项目面板中的合成可以打开合成面板，合成面板显示的是当前合成的影片，是动画创作的主面板，它和时间线面板的关系非常密切。影片基本是在时间线面板中制作的，并在合成面板中显示出来。也就是说，合成面板显示的是在时间线面板上创作的影片（如图 8-2-6）。

图 8-2-6　合成面板

（6）信息面板：可以显示当前鼠标指针所在位置的色彩及位置信息，并可以设置多种显示方式（如图 8-2-7）。

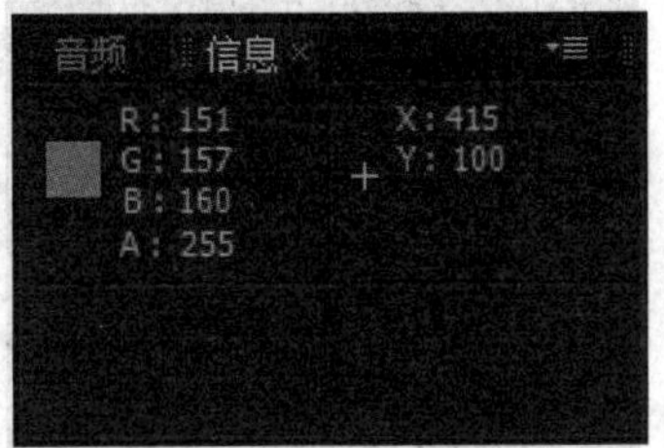


图 8-2-7　信息面板

（7）音频面板：可以显示当前预览的音频的音量信息，并可检测音量是否超标（如图 8-2-8）。

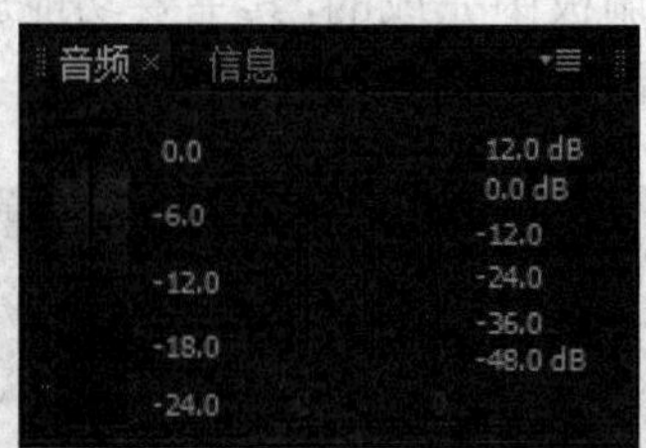


图 8-2-8 音频面板

（8）预览控制台面板：是用来控制影片播放的调板，并可以设置多种预览方式，可以提供高质量或高速度的渲染（如图 8-2-9）。

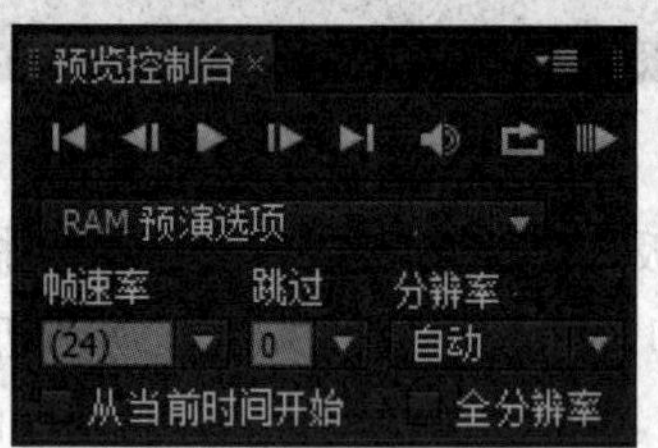


图 8-2-9 预览控制台面板

（9）特效与预置面板

该面板中罗列了 After Effects 的特效与设计师们为 Adobe 设计制作的特效效果，并可以直接调用。同时该面板提供了方便的搜索特效功能，可以快捷地查找特效。在 CS 6 版本中很多特效的预设在特效控制面板中无法载入，必须在特效与预置面板中才能找到它（如图 8-2-10）。

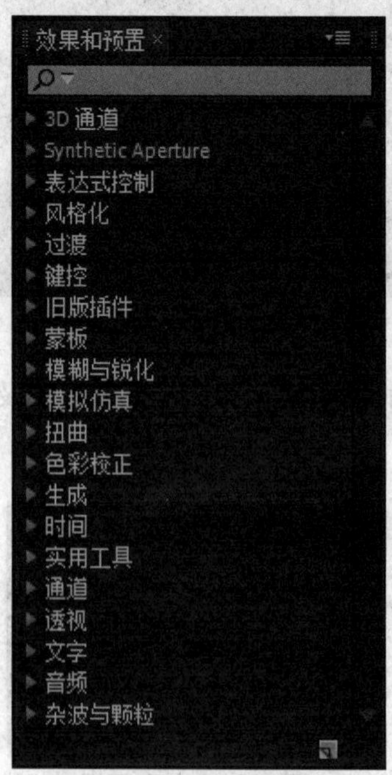


图 8-2-10 特效与预置面板

（10）字符面板：是 After Effects 中设置文字基本属性的调板，可以修改诸如文字的字体、字号、字距、行距、填充、描边等（如图 8-2-11）。

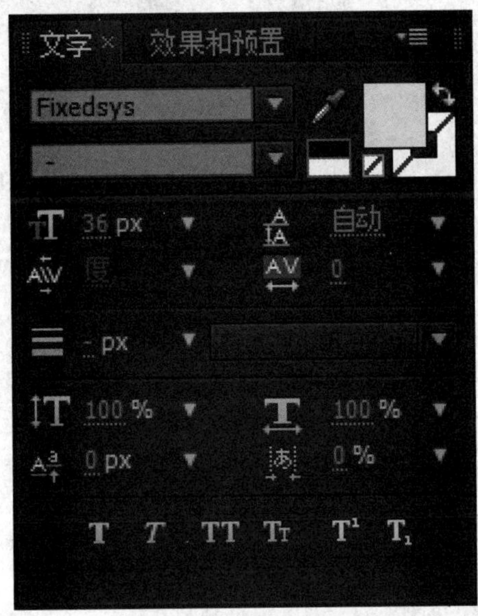


图 8-2-11　字符面板

（11）段落调板是设置文本段落属性的调板，可以修改诸如对齐方式、缩进等（如图 8-2-12）。

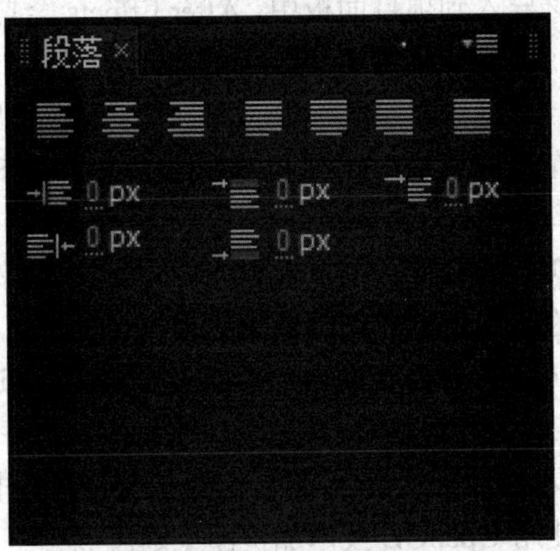


图 8-2-12　段落面板

以上的 11 个面板是 After Effects 的标准工作区在默认情况下开启的所有调板。还有很多 After Effects 的面板没有显示在主界面中，用户可以在窗口菜单下找到这些调板并将其一一开启或关闭（如图 8-2-13）。

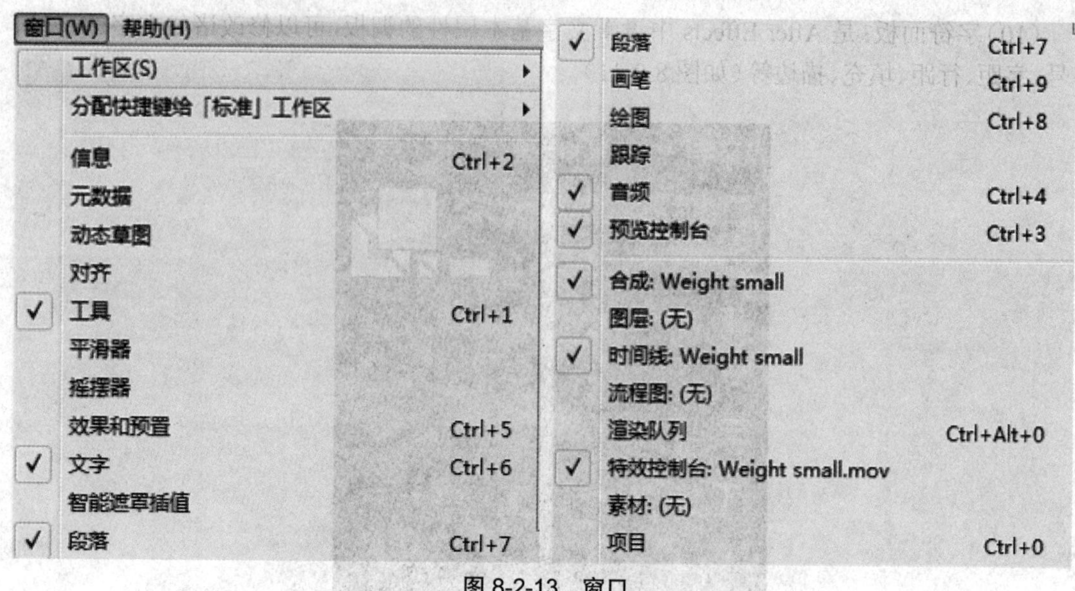


图 8-2-13 窗口

## 技能点 3 After Effects 基本工作流程

导入和组织素材，将素材导入到项目面板中，After Effects 会自动识别常见的媒体格式，但是要自己定义素材的一些属性，诸如像素比、帧速率等。

在合成调板中创建或组织层，可以创建一个或多个合成，任何导入的素材都可以作为层的源素材导入到合成中，可以在合成调板中排列和对齐这些层，或在时间线调板中组织它们的时间排序或设置动画

修改层属性与设置关键帧动画，修改层的属性，比如大小、位移、透明度等。利用关键帧或表达式，在任何时间修改层的属性来完成动画效果

添加特效与修改特效属性，为一个层添加一个或多个特效，通过这些特效创建视觉效果和音频效果。

预览动画，在计算机显示器或外接显示器上预览合成效果是非常快速和高效的。即使是非常复杂的项目，依然可以使用 OpenGL 技术加快渲染速度。

渲染与输出，可以定义影片的合成并通过渲染队列将其输出。

(1)打开 AE，按照需要设置文件规格(如图 8-3-1)。

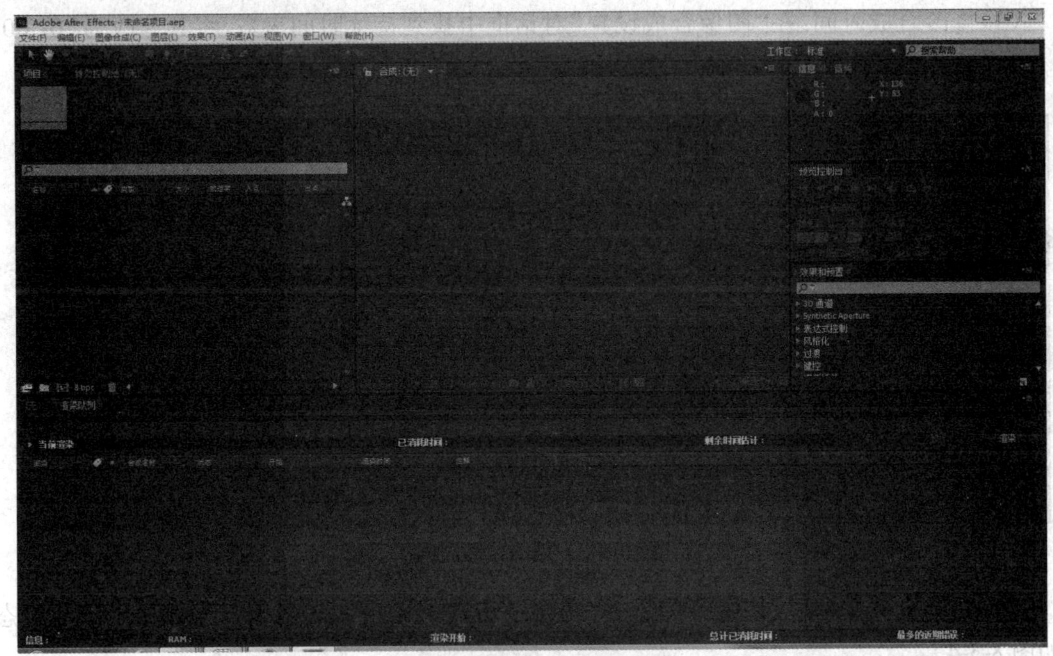

图 8-3-1　工作界面

（2）创建新合成：使用菜单命令“图像合成→新建合成组”，会弹出合成设置对话框（如图 8-3-2）。

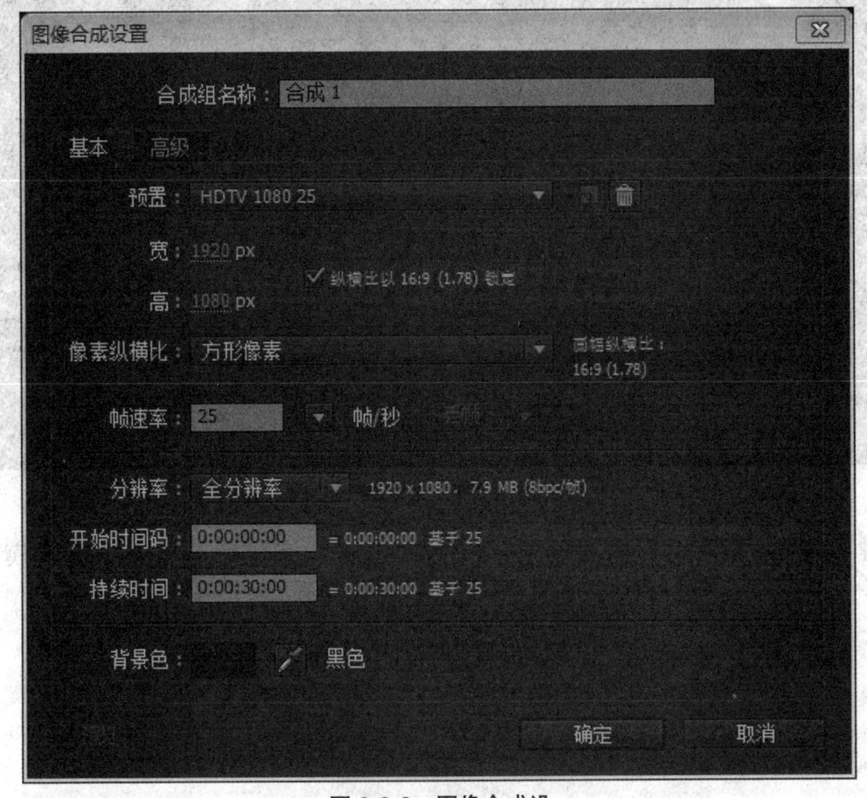


图 8-3-2　图像合成设

（3）修改合成时间：在“图像合成设置”对话框中找到持续时间参数，将其修改为“0：00：05：00”（5s），设置完毕后，按“确定”按钮确定修改（如图 8-3-3）。

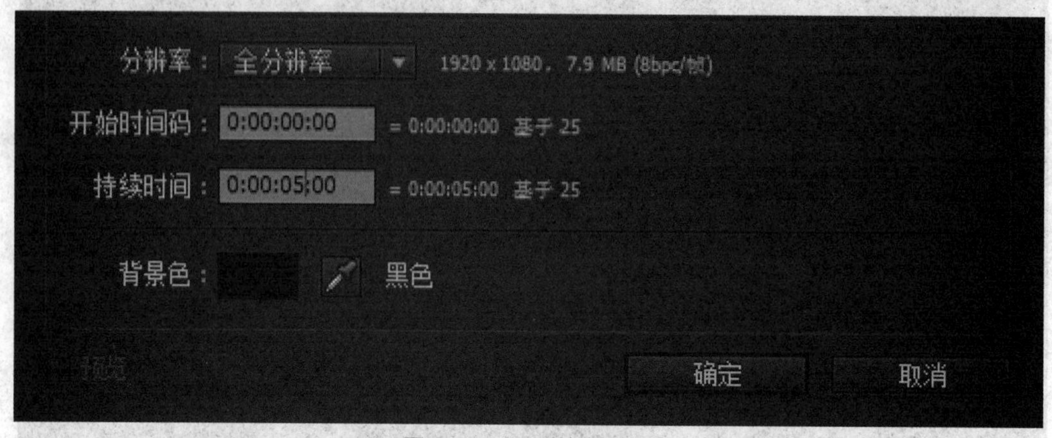


图 8-3-3　更改持续时间

（4）创建一个文本层：使用菜单命令“图层→新建→文字”，这时输入光标处于激活状态（如图 8-3-4）。

图 8-3-4　文本层

（5）键入文字：键入用户需要的文字，比如“迅腾”，完成后退出文字编辑模式（如图 8-3-5）。

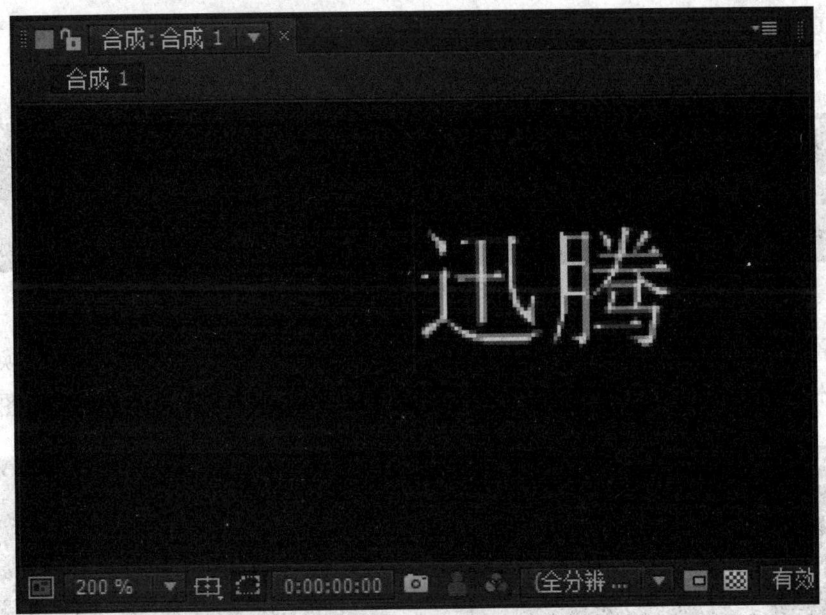


图 8-3-5　输入文字

(6)激活选择工具:单击工具栏上的选择工具按钮 激活选择工具(如图 8-3-6)。

图 8-3-6　工具箱

(7)设置文字初始位置:使用选择工具,将建立的文本层拖曳到合成的左下角位置(如图 8-3-7)。

图 8-3-7　移动文字

（8）设置动画开始的时间位置：将时间线调板上的时间指示标拖曳到合成第一帧的位置（如图 8-3-8）。

图 8-3-8　设置动画

（9）设置初始关键帧：在时间线调板上展开文本层左边的小三角▶，找到变换属性组，再单击变换属性组左边的小三角▶将其展开，这时可以看到层的 5 大基本属性（如图 8-3-9）。

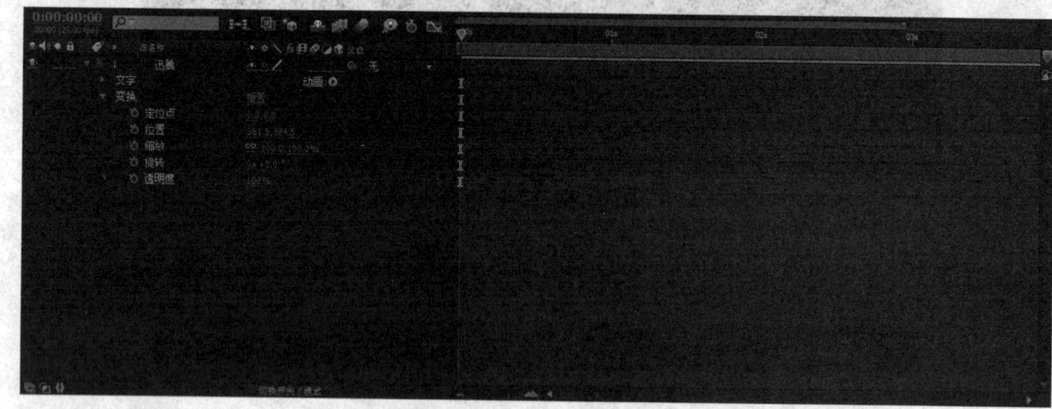

图 8-3-9　展开属性

（10）单击位置属性左边的闹表⏱，设置位置的初始关键帧（如图 8-3-10）。

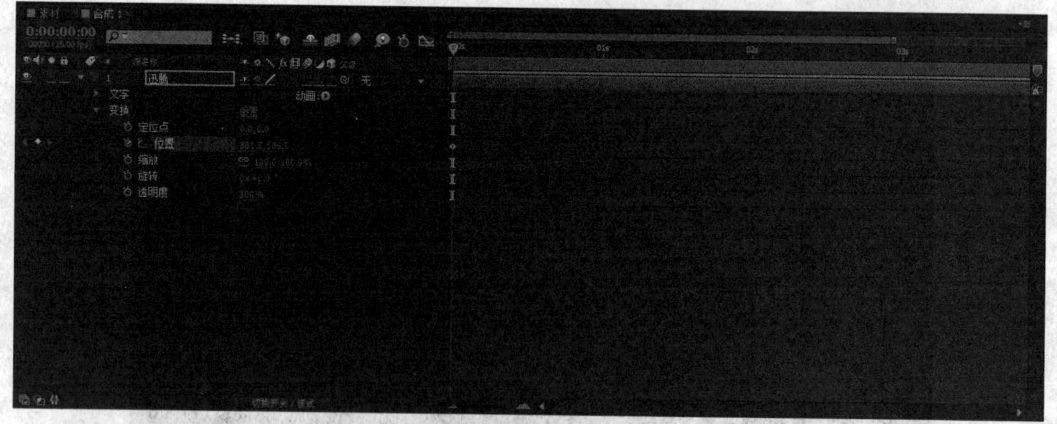

图 8-3-10　记录关键帧

（11）设置动画结束的时间位置，将时间指示标拖曳到合成的最后一帧（如图 8-3-11）。

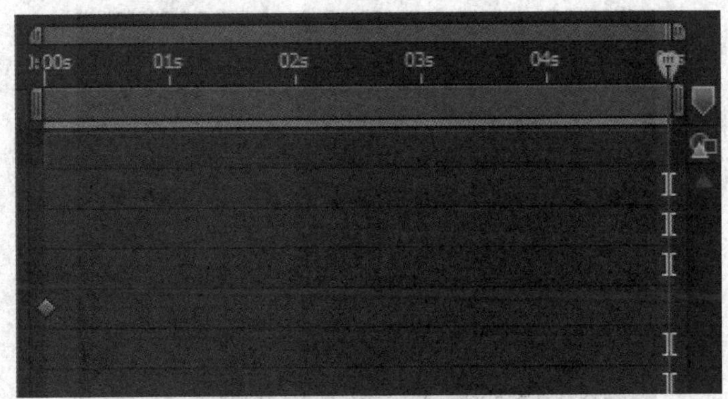


图 8-3-11　摆放关键帧位置

(12)设置结束关键帧，使用选择工具，将文本拖曳到合成的右上角位置(如图 8-3-12)，这时会在当前时间添加一个新的位置关键帧(如图 8-3-13)，动画会在这两个关键帧之间自动差值产生，按空格键可以播放预览动画，可以看到合成面板中已经产生位移动画效果(如图 8-3-14)。

图 8-3-12　拖动文字

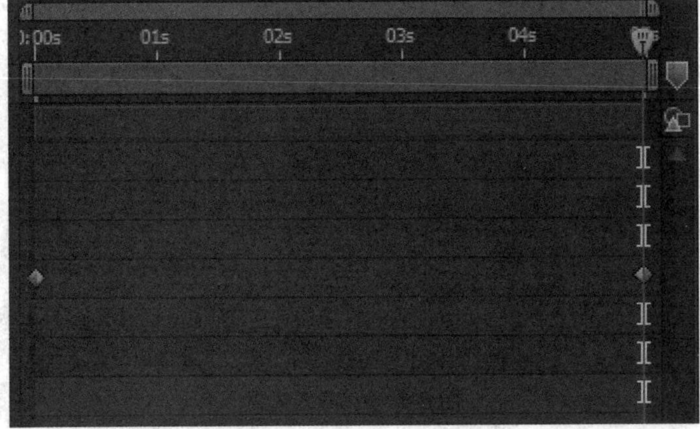


图 8-3-13　再次记录关键帧

图 8-3-14 产生动画

（13）导入天空素材，将天空素材层拖曳到时间线调板中（如图 8-3-15），并放置到文本层的下面（如图 8-3-16），在合成调板中可以看到最终的动画效果（如图 8-3-17）。

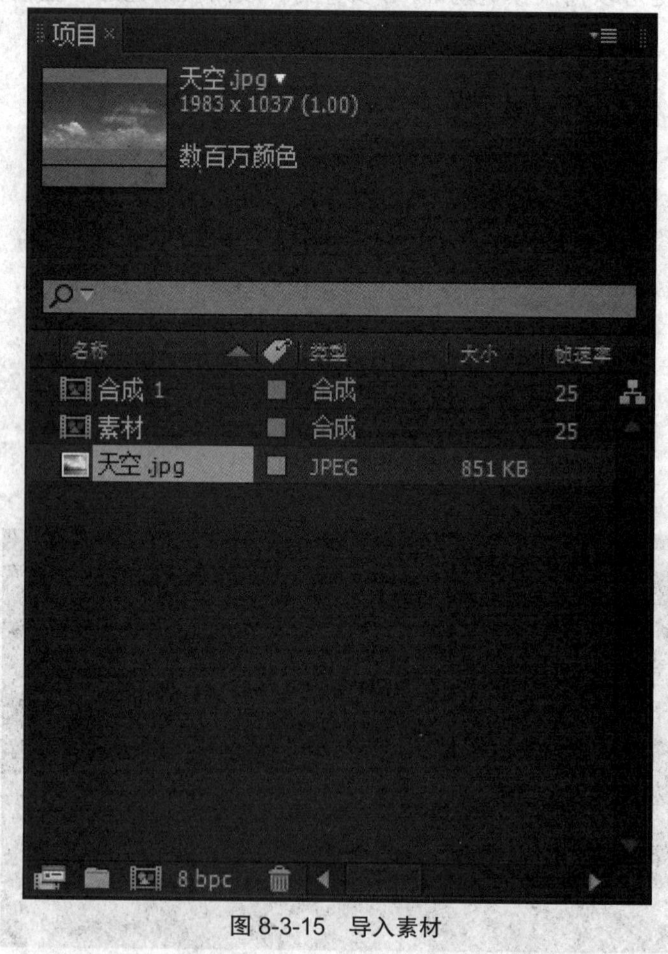


图 8-3-15 导入素材

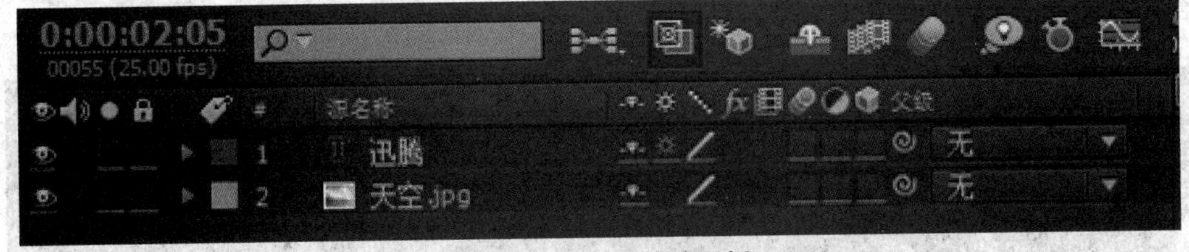


图 8-3-16　放入合成面板

图 8-3-17　效果图片

（14）预览动画：可以单击预览面板中的播放按钮 ▶ 对影片进行播放预览，再次单击该按钮可以停止播放，按空格键也可以得到相同的效果（如图 8-3-18）。

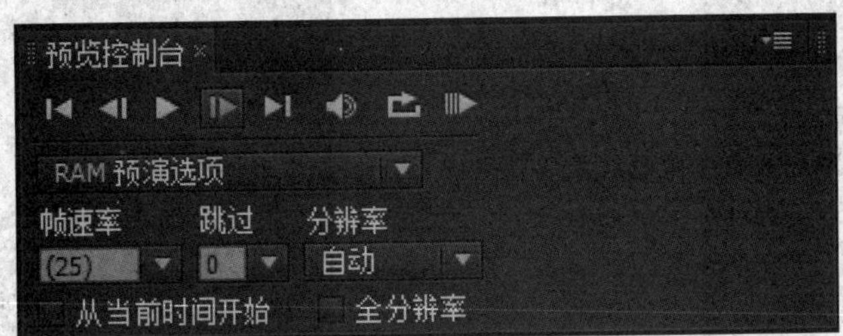


图 8-3-18　预览动画

（15）用选择工具选中文本层，使用菜单命令"效果→风格化→辉光"，点击这个特效的名称可以将特效添加到选择的层上，可以看到文字产生了发光的效果（如图 8-3-19）。

图 8-3-19　添加特效

（16）将制作完成的合成添加到渲染队列，使用菜单命令"图像合成→添加到渲染列队"，将合成添加到渲染队列调板（如图 8-3-20）。

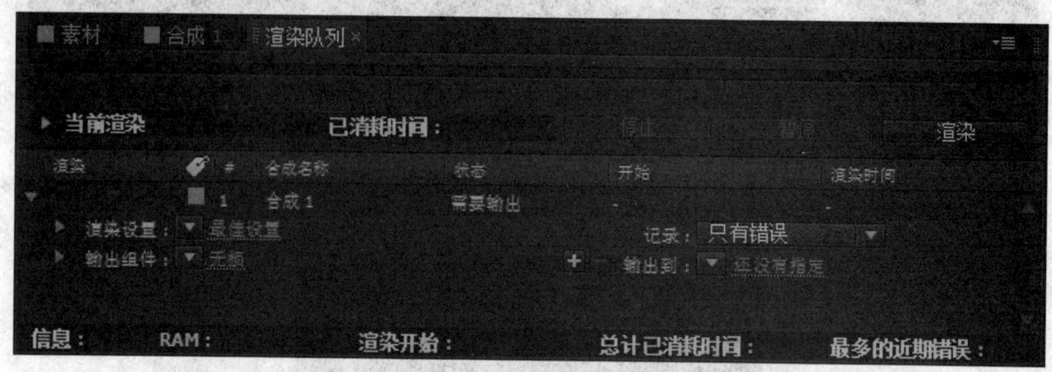


图 8-3-20　添加到渲染列队

（17）点击输出组件的无损，弹出输出组建设置对话框进行调节，格式选择 AVI（默认视频格式），如果有音频，需要进行选择，否则输出视频无音频（如图 8-3-21）完成后点击“确定”。

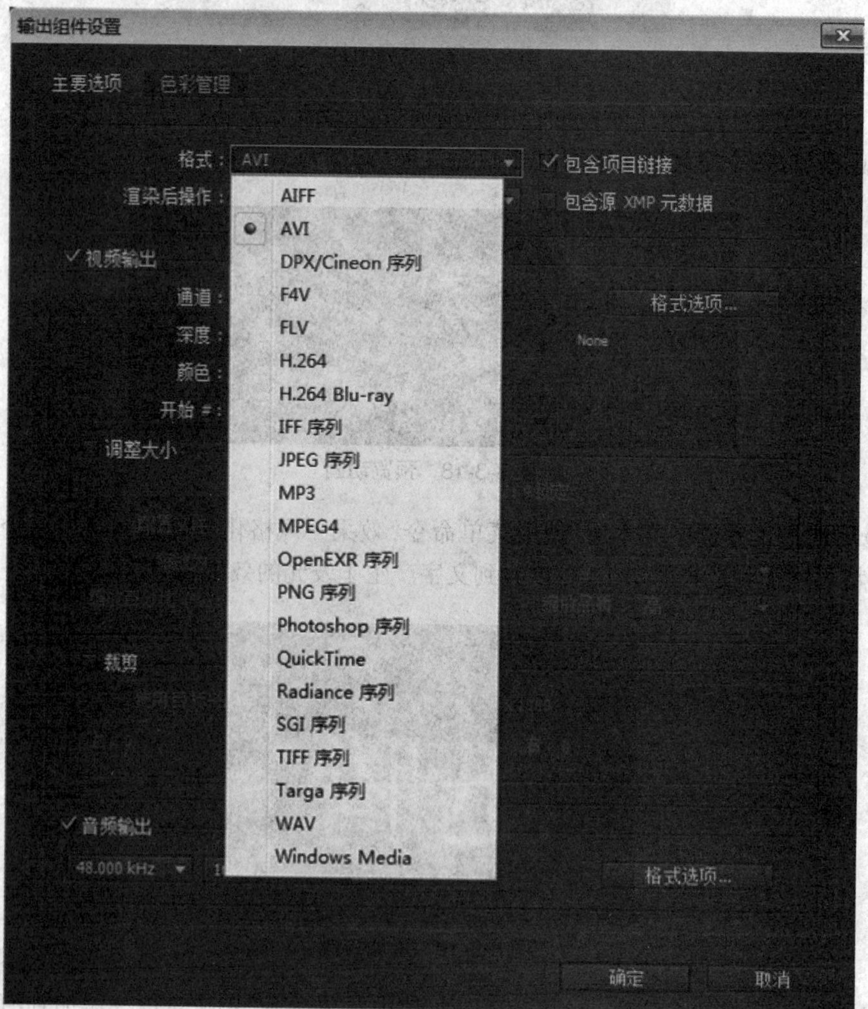

图 8-3-21　输出设置对话框

（18）点击输出到的还没有指定，弹出输出影片为对话框（如图 8-3-22），进行路径选择，完成后点击“保存”。

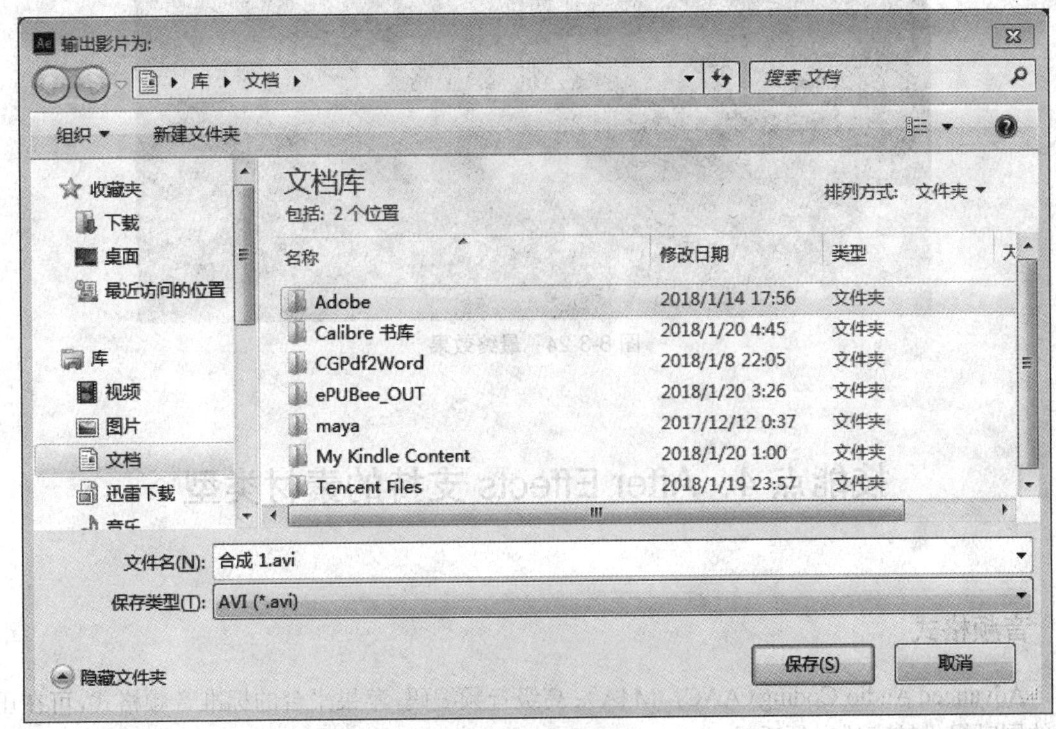

图 8-3-22　路径选择

（19）输出影片，单击渲染按钮，开始进行渲染，渲染队列调板会显示正在渲染或等待渲染的项目（如图 8-3-23）。当渲染完成后，After Effects 会发出声响提醒用户渲染完成。

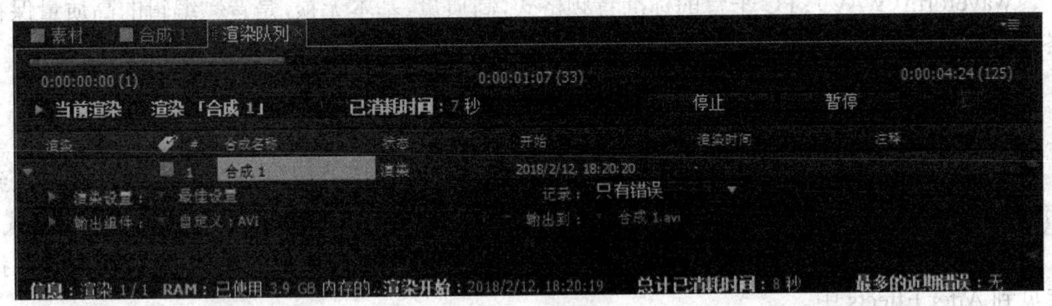

图 8-3-23　渲染视频

（20）渲染成视频格式文件，即可使用播放器进行观看，如符合制作要求，即可保存完成制作（如图 8-3-24）。

图 8-3-24 最终效果

# 技能点 4 After Effects 支持的素材类型

## 1 音频格式

Advanced Audio Coding（AAC，M4A）：高级音频编码，苹果平台的标准音频格式，可在压缩的同时提供较高的音频质量。

Audio Interchange File Format（AIF，AIFF）：苹果平台的标准音频格式，需要安装 Quick Time 播放器才能够被 After Effects 导入。

MP3（MP3，MPEG，MPG，MPA，MPE）：是一种有损音频压缩编码，在高压缩的同时可以保证较高的质量。

Waveform（WAV）：PC 平台的标准音频格式，高质量，基本无损，是音频编辑的高质量保存格式。

## 2 图片格式

Adobe Illustrator（AI）：Adobe Illustrator 创建的文件，支持分层与透明。可以直接导入到 After Effects 中，并可包含矢量信息，可实现无损放大，是 After Effects 最重要的矢量编辑格式。

Adobe PDF（PDF）：Adobe Acrobat 创建的文件，是跨平台高质量的文档格式，可以导入指定页到 After Effects 中。

Adobe Photoshop（PSD）：Adobe Photoshop 创建的文件，与 After Effects 高度兼容，是 After Effects 最重要的像素图像格式，支持分层与透明，并可在 After Effects 中直接编辑图层样式等信息。

Bitmap（BMP，RLE，DIB）：Windows 位图格式，高质量，基本无损。

Camera Raw（TIF，CRW，NEF，RAF，ORF，MRW，DCR，MOS，RAW，PEF，SRF，DNG，X3F，CR2，ERF）：数码相机的原数据文件，可以记录曝光、白平衡等信息，可在数码软件中进行无损

调节。

Cineon（CIN，DPX）：将电影转化为数字格式的一种文件格式，支持 32bpc。

Discreet RLA/RPF（RLA，RPF）：由三维软件产生，是用于三维软件和后期合成软件之间的数据交换格式。可以包含三维软件的 ID 信息、Z Depth 信息、法线信息，甚至摄影机信息。

EPS：是一种封装的 PostScript 描述性语言文件格式，可以同时包含矢量或位图图像，基本被所有的图形图像或排版软件所支持。After Effects 可以直接导入 EPS 文件，并可保留其矢量信息。

GIF：低质量的高压缩图像，支持 256 色，支持动画和透明，由于质量比较差，很少用于视频编辑。

JPEG（JPG，JPE）：静态图像有损压缩格式，可提供很高的压缩比，画面质量有一定损失，应用非常广泛。

Maya Camera Data（MA）：Maya 软件创建的文件格式，包含 Maya 摄影机信息。

Maya IFF（IFF，TDI；16bpc）：Maya 渲染的图像格式，支持 16bpc。

Open EXR（EXR；32bpc）：高动态范围图像，支持 32bpc。

PCX：PC 上第一个成为位图文件存储标准的文件格式。

PICT（PCT）：苹果电脑上常用的图像文件格式之一，同时可以在 Windows 平台下编辑。

Pixar（PXR）：工作站图像格式，支持灰度图像和 RGB 图像。

Portable Network Graphics（PNG；16bpc）：跨平台格式，支持高压缩和透明信息。

Radiance（HDR，RGBE，XYZE；32bpc）：一种高动态范围图像，支持 32bpc。

SGI（SGI，BW，RGB；16bpc）：SGI 平台的图像文件格式。

Softimage（PIC）：三维软件 Softimage 输出的可以包含 3D 信息的文件格式。

Targa（TGA，VDA，ICB，VST）：视频图像存储的标准图像序列格式，高质量、高兼容，支持透明信息。

TIFF（TIF）：高质量文件格式，支持 RGB 或 CMYK，可以直接出图印刷。

## 3 视频格式

Animated GIF：GIF 动画图像格式。

DV：标准电视制式文件，提供标准的画幅大小、场、像素比等设置，可直接输出电视制式匹配画面。

Electric Image：软件产生的动画文件。

Filmstrip（FLM）：Adobe 公司推出的一种胶片格式。该格式以图像序列方式存储，文件较大，高质量。

FLV、F4V：FLV 文件包含视频和音频数据，一般视频使用 On2 VP6 或 SorensonSpark 编码，音频使用 MP3 编码。F4V 格式的视频使用 H.264 编码，音频使用 AAC 编码。

Media eXchange Format（MXF）：是一种视频格式容器，After Effects 仅仅支持某些编码类型的 MXF 文件。

MPEG-1、MPEG-2 和 MPEG-4（MPEG，MPE，MPG，M2V，MPA，MP2，M2A，MPV，M2P，M2T，AC3，MP4，M4V，M4A）：MPEG 压缩标准是针对动态影像设计的，基本算法是在单位时

间内分模块采集某一帧的信息，然后只记录其余帧相对前面记录的帧信息中变化的部分，从而提供高压缩比。

Open Media Framework（OMF）：AVID 数字平台下的标准视频文件格式。

QuickTime（MOV）：苹果平台下的标准视频格式，多个平台支持，是主流的视频编辑输出格式。需要安装 QuickTime 才能识别该格式。

SWF：Flash 创建的标准文件格式，导入到 After Effects 中会包含 Alpha 通道的透明信息，但不能将脚本产生的。交互动画导入到 After Effects 中。

Video for Windows（AVI，WAV）：标准 Windows 平台下的视频与音频格式，提供不同的压缩比，通过选择不同编码可以实现视频的高质量或高压缩。

Windows Media File（WMV，WMA，ASF）：Windows 平台下的视频、音频格式，支持高压缩，一般用于网络传播。

XDCAM HD 和 XDCAM EX：Sony 高清格式，After Effects 支持导入以 MXF 格式存储压缩的文件。

# 第九章　After Effects 综合运用

通过学习 After Effects（AE）的经典案例操作，了解 After Effects（AE）知识的综合使用，学习并且掌握关 After Effects（AE）项目的制作流程与工作特点，合理快捷制作出优秀的项目作品。

## 技能点 1　拓展案例——文字动画的制作

（1）打开 AE 软件，将素材图片导入项目中（如图 9-1-1）。

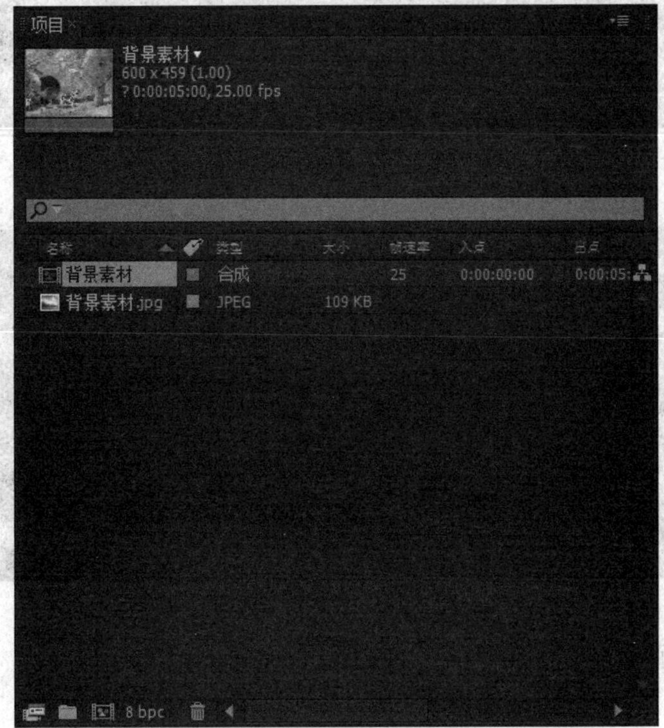


图 9-1-1　素材导入项目

（2）创建新合成，使用菜单命令“图像合成→新建合成组”，会弹出合成设置对话框（如图9-1-2）。

修改合成时间，在“图像合成设置”对话框中找到持续时间参数，将其修改为“0：00：15：00”，设置完毕后，按“确定”按钮确定修改（如图9-1-3）。

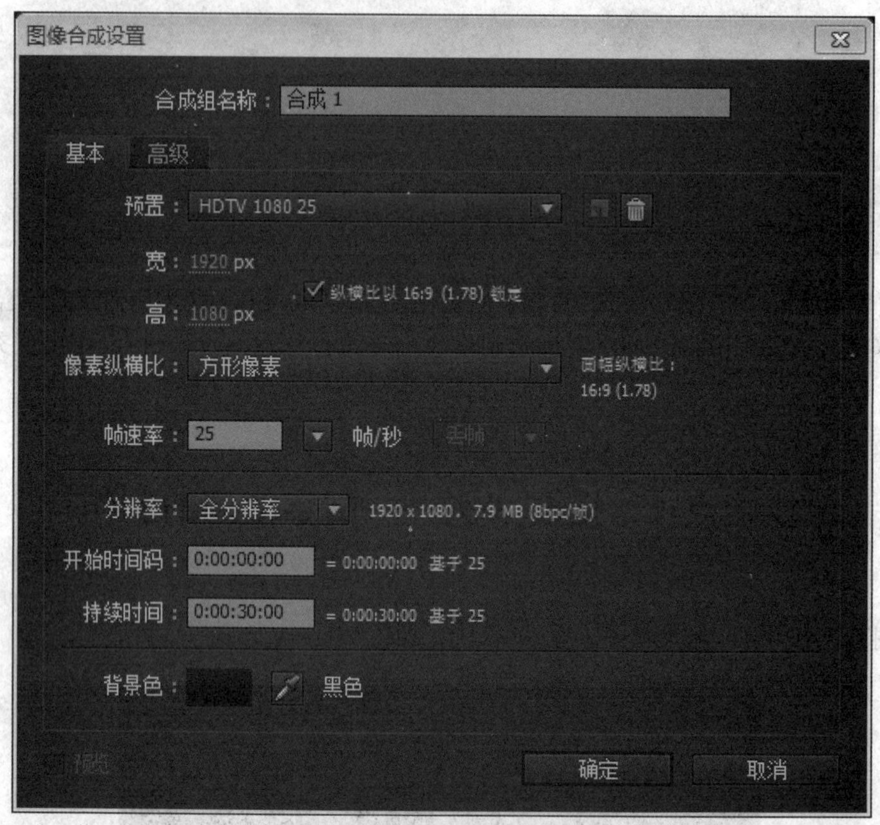


图 9-1-2　图像合成设置

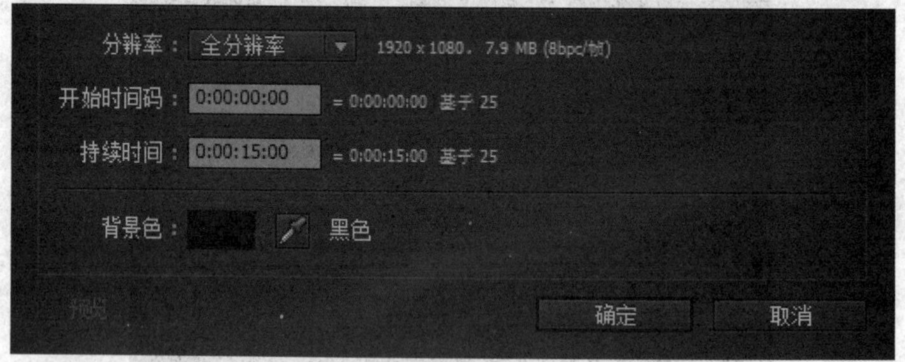


图 9-1-3　更改持续时间

（3）将素材图片拖拽到时间线上（如图9-1-4），调整好图片素材的大小（如图9-1-5）。

图 9-1-4　素材拖拽到时间线

图 9-1-5　调整素材大小

（4）执行菜单“图层→新建→文字”命令，此时合成窗口出现闪动光标（如图 9-1-6）。

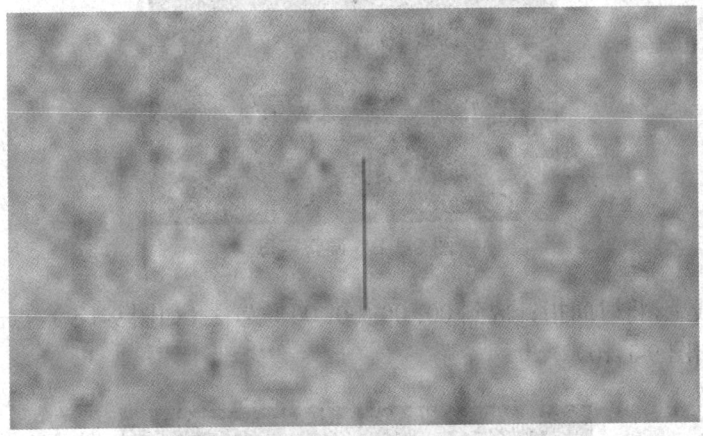

图 9-1-6　文字命令

（5）在闪动光标的位置输入字母 all work and no play makes jack a dullboy（如图 9-1-7），字体设置为 Arial Unicode MS，大小为 120，颜色为黑褐色（如图 9-1-8）。

图 9-1-7 输入字母

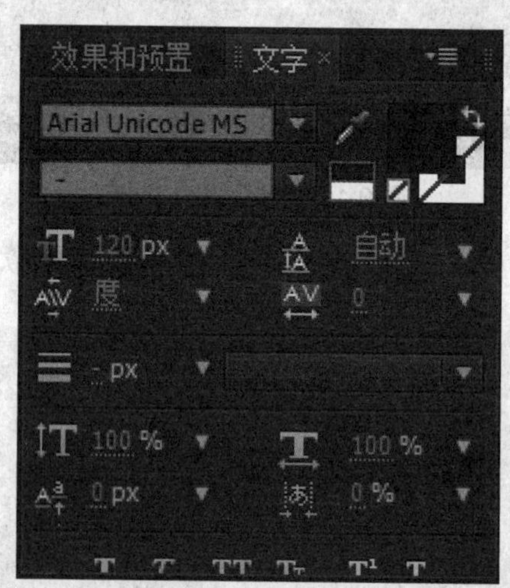


图 9-1-8 调整字母

（6）在时间线上，将时间指针放到 00：00：00：00 位置上（如图 9-1-9），点击文字层右侧展开文字图层（如图 9-1-10）。

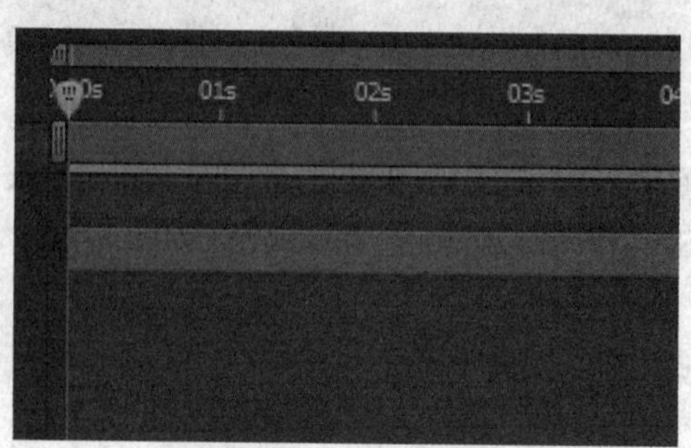


图 9-1-9 调整时间指针

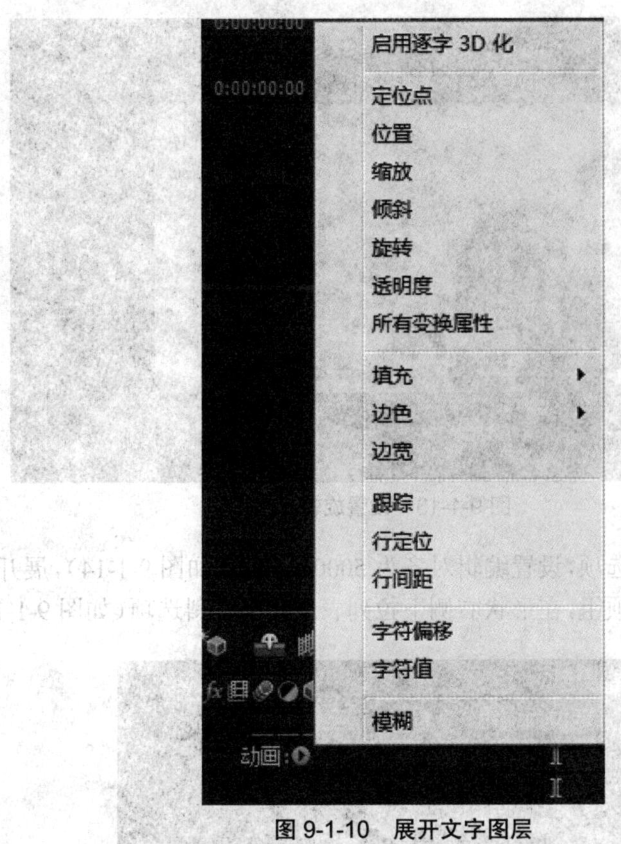


图 9-1-10　展开文字图层

（7）分别选择启用逐字 3D 化和旋转（如图 9-1-11），文字层出现动画 1 选项（如图 9-1-12）。

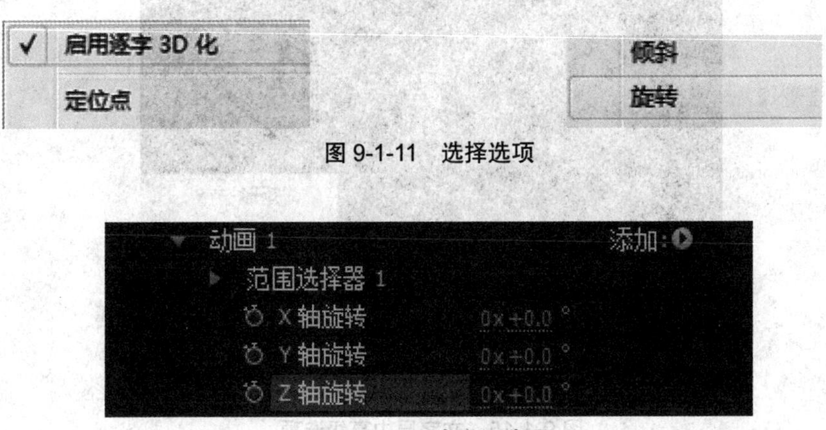


图 9-1-11　选择选项

图 9-1-12　动画 1 选项

（8）分别设置 X 轴旋转为 89、Y 轴旋转 -12、Z 轴旋转 148（如图 9-1-13）。

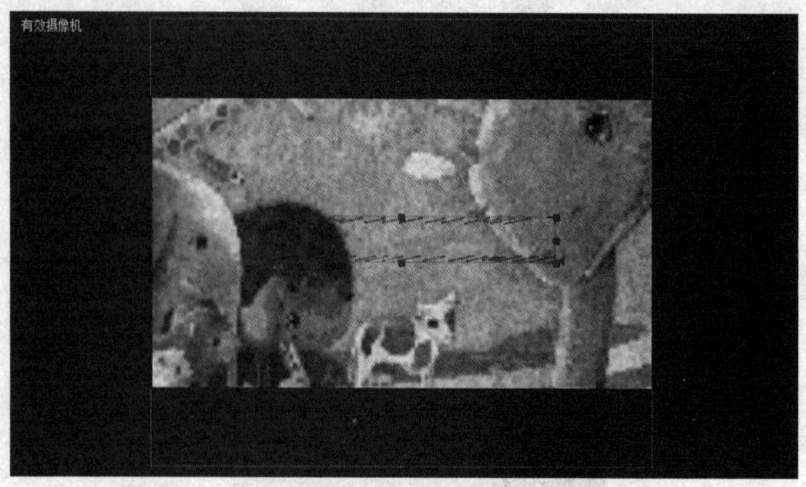


图 9-1-13　设置旋转

（9）展开文字层中高级选项，设置编辑对齐为 5000，-5000（如图 9-1-14），展开文字→动画 1→范围选择器 1→高级选项组，在形状右侧下拉列表选择下倾斜选项（如图 9-1-15）。

图 9-1-14　文字层中高级选项

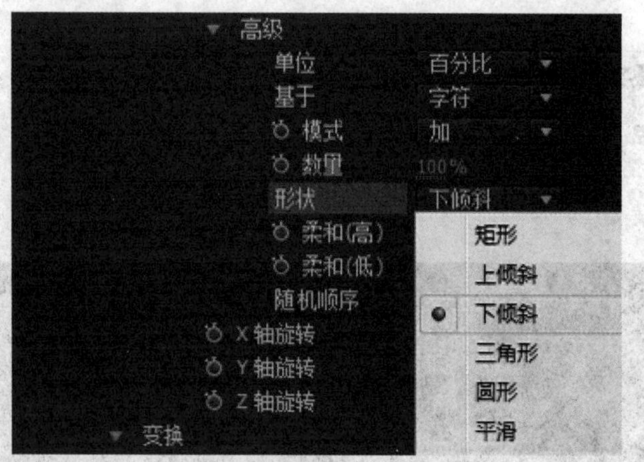


图 9-1-15　文字层中高级选项

（10）展开动画 1→范围选择器 1，设置偏移值为 100，点击偏移左侧闹表，设置关键帧（如图 9-1-16）。

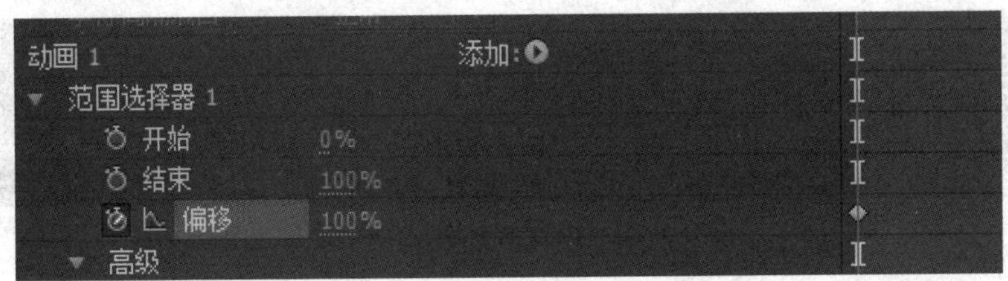


图 9-1-16　偏移第一次记录关键帧

（11）将时间调整到 00：00：04：15 帧的位置，设置偏移值为 -100，系统默认设置关键帧（如图 9-1-17）。

图 9-1-17　偏移第二次记录关键帧

（12）将时间调整到 00：00：05：24 帧的位置，点击偏移值左侧 ，设置延迟关键帧（如图 9-1-18）。

图 9-1-18　偏移第三次记录关键帧

（13）将时间调整到 00：00：12：15 帧的位置，设置偏移值为 100，系统默认设置关键帧（如图 9-1-19）。

图 9-1-19　偏移第四次记录关键帧

（14）将时间调整到 00：00：00：15 帧的位置，设置文字→变换→位置为 75、200、500，点击左侧闹表 ，在此设置关键帧（如图 9-1-20）。

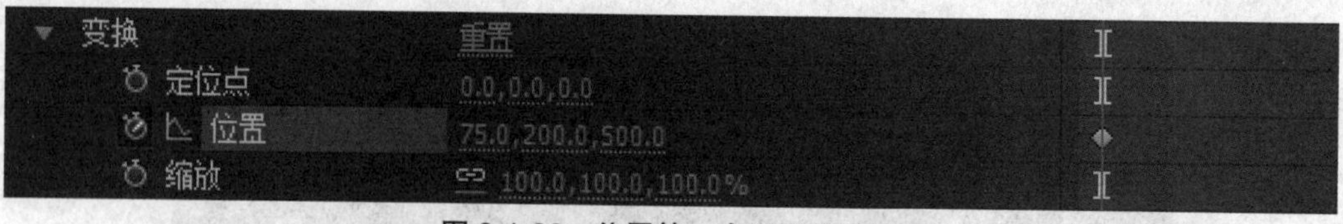

图 9-1-20　位置第一次记录关键帧

（15）将时间调整到 00：00：12：05 帧的位置，设置位置值为 70、170、-90，系统默认设置关键帧（如图 9-1-21）。

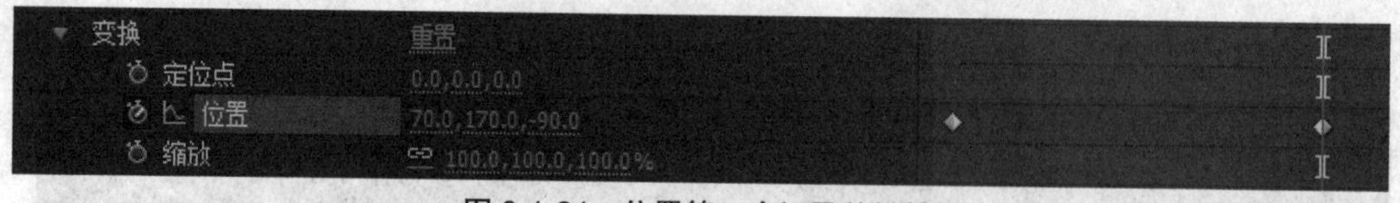


图 9-1-21　位置第二次记录关键帧

（16）点击空格键生成文字动画，动画播放速度参考机器配置，时间线会生成绿色进度条，完全生成即可播放动画（如图 9-1-22）。

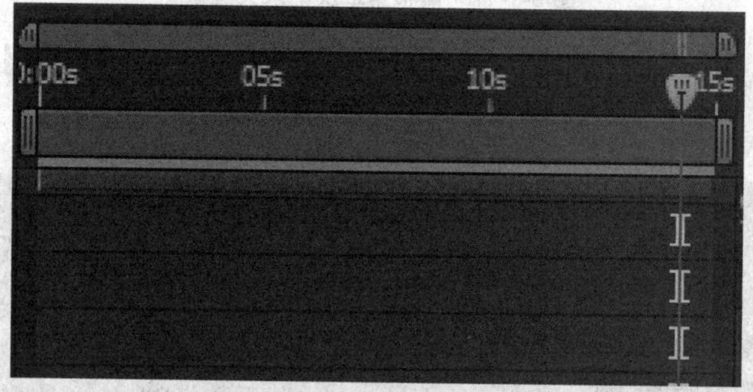


图 9-1-22　生成文字动画

（17）将制作完成的合成添加到渲染队列，使用菜单命令“图像合成→添加到渲染列队”，将合成添加到渲染队列调板（如图 9-1-23）。

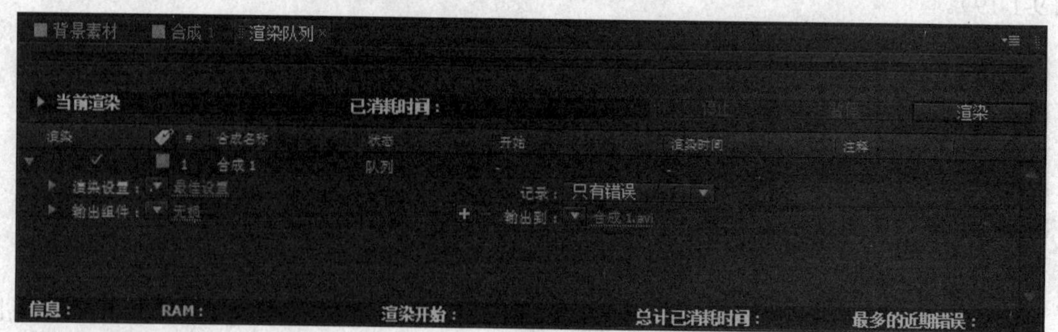


图 9-1-23　添加到渲染列队

（18）点击输出组件的无损，弹出输出组件设置对话框进行调节，格式选择 AVI（默认视频格式），如果有音频，需要进行选择，否则输出视频无音频（如图 9-1-24）完成后点击“确定”。

输出组件设置

主要选项 色彩管理

格式：AVI

渲染后操作：

包含项目链接

包含源 XMP 元数据

视频输出

通道：

深度：

颜色：

开始 #：

调整大小

裁剪

音频输出

48.000 kHz

格式选项...

None

AIFF
AVI
DPX/Cineon 序列
F4V
FLV
H.264
H.264 Blu-ray
IFF 序列
JPEG 序列
MP3
MPEG4
OpenEXR 序列
PNG 序列
Photoshop 序列
QuickTime
Radiance 序列
SGI 序列
TIFF 序列
Targa 序列
WAV
Windows Media

确定 取消

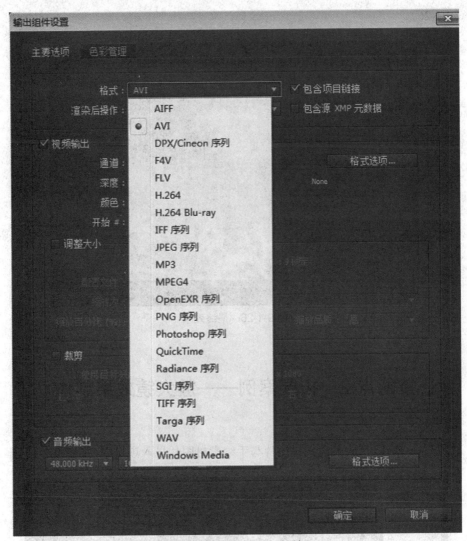

图 9-1-24 输出设置对话框

（19）输出影片，单击 渲染 按钮，开始进行渲染，渲染队列调板会显示正在渲染或等待渲染的项目（如图 9-1-25）。渲染完成后，系统会发出声响提醒用户渲染完成。

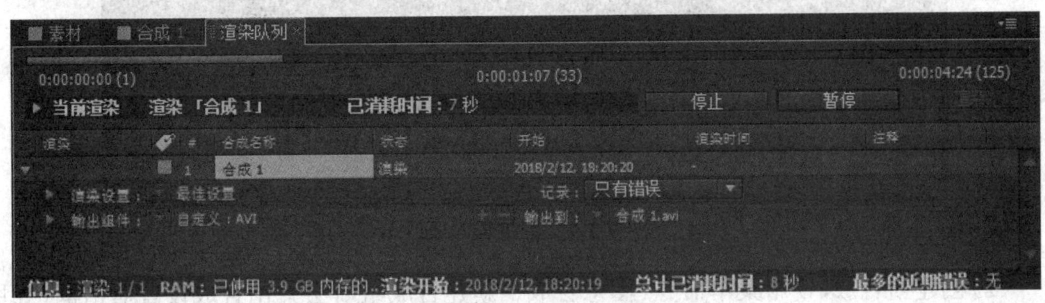


图 9-1-25 渲染视频

（20）渲染成视频格式文件，即可使用播放器进行观看，如符合制作要求，即可保存完成制作（如图 9-1-26）。

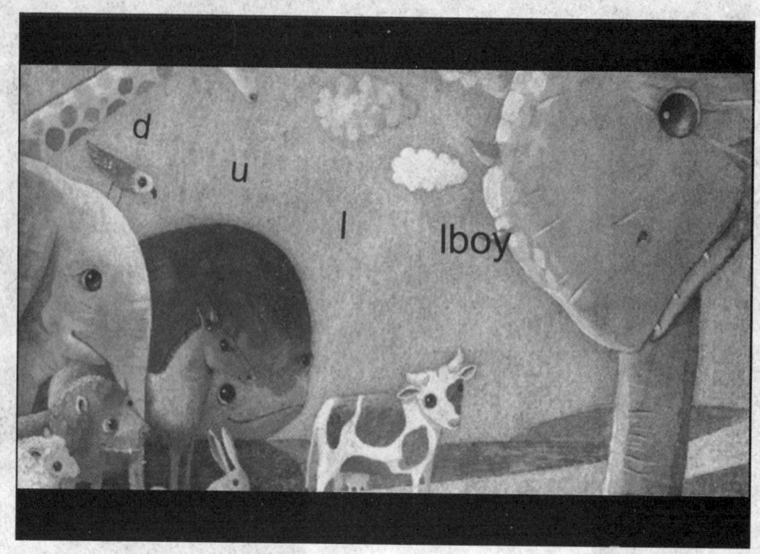


图 9-1-26 最终效果

## 技能点 2 拓展案例——放大镜效果制作

（1）打开 AE 软件，将放大镜素材图片与手绘素材图片导入项目中（如图 9-2-1）。

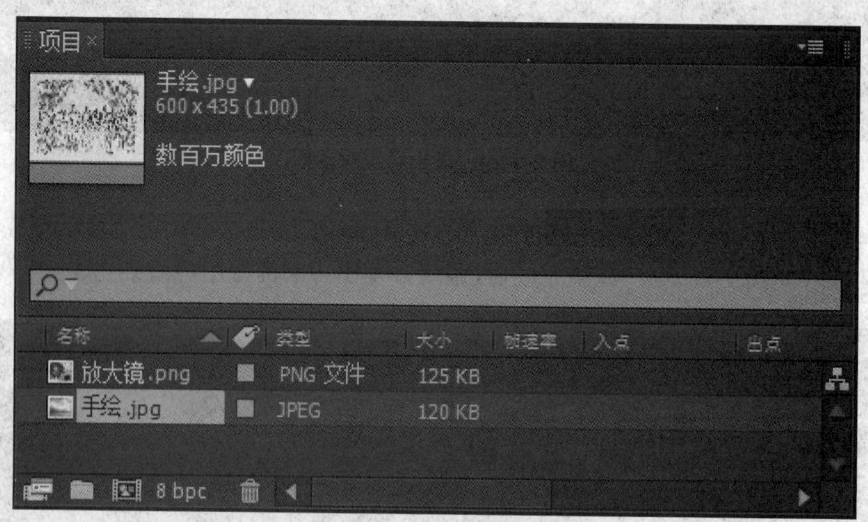


图 9-2-1 素材导入项目

（2）创建新合成，使用菜单命令“图像合成→新建合成组”，会弹出合成设置对话框（如图 9-2-2）。

修改合成时间，在“图像合成设置”对话框中找到持续时间参数，将其修改为“0：00：05：

00”，设置完毕后，按“确定”按钮确定修改（如图 9-2-3）。

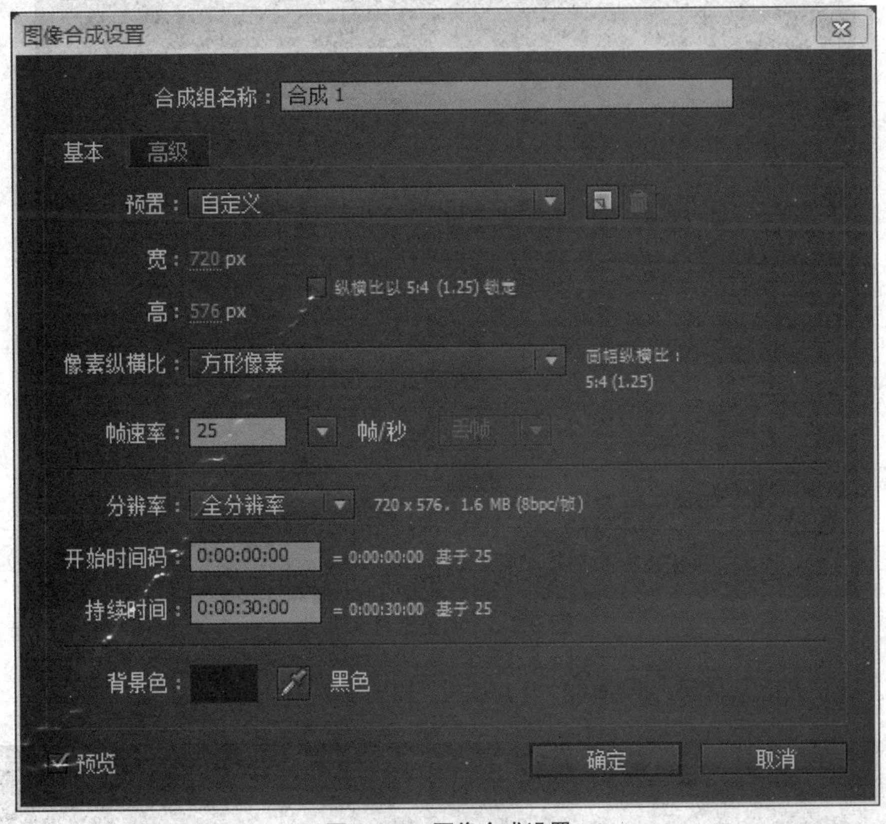


图 9-2-2　图像合成设置

图 9-2-3　更改持续时间

（3）将素材图片拖拽到时间线上（如图 9-2-4），调整好图片素材的大小（如图 9-2-5）。

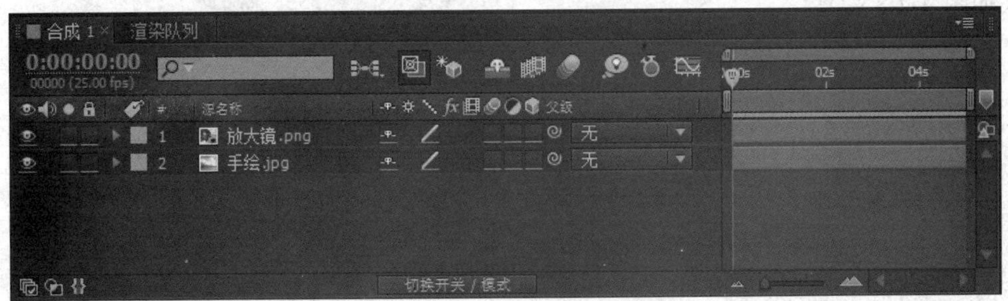


图 9-2-4　素材拖拽到时间线

图 9-2-5 调整素材大小

（4）选择放大镜素材层，点击打开其属性（如图 9-2-6）。

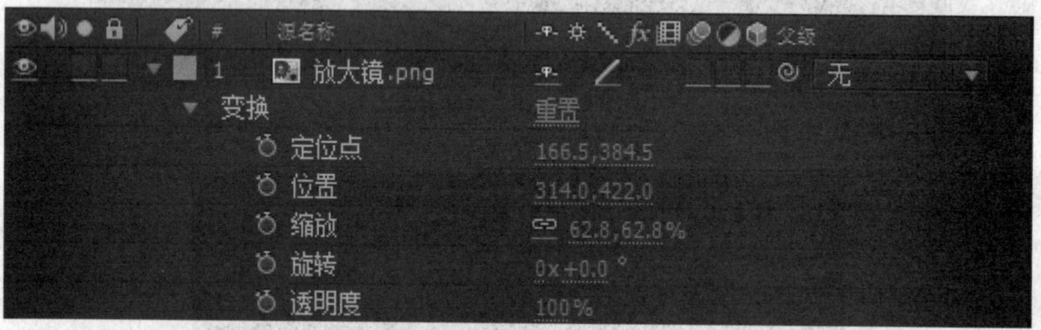


图 9-2-6 展开素材属性

（5）将时间指针调整到 00：00：00：00 帧的位置，设置定位点值为 166.5、384.5，缩放值为，70、70，位置值为 90、310，点击位置左侧闹表，在当前位置设置关键帧（如图 9-2-7）监视器窗口（如图 9-2-8）。

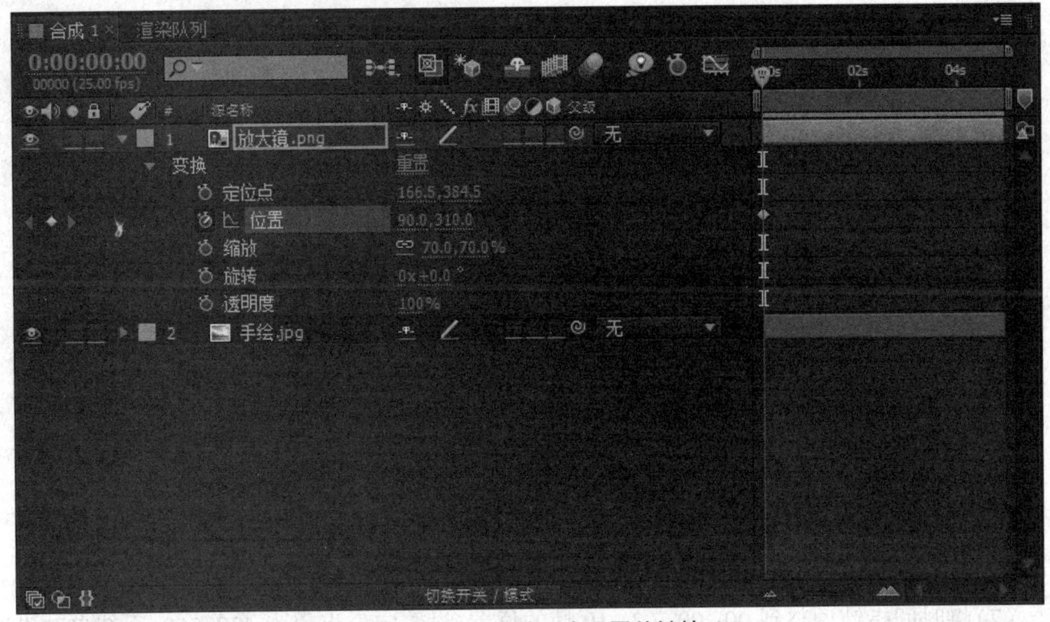

图 9-2-7　位置第一次设置关键帧

图 9-2-8　效果图片

（6）将时间指针调整到 00：00：01：20 帧的位置，设置定位点值为 220、530，系统自动设置关键帧（如图 9-2-9）。

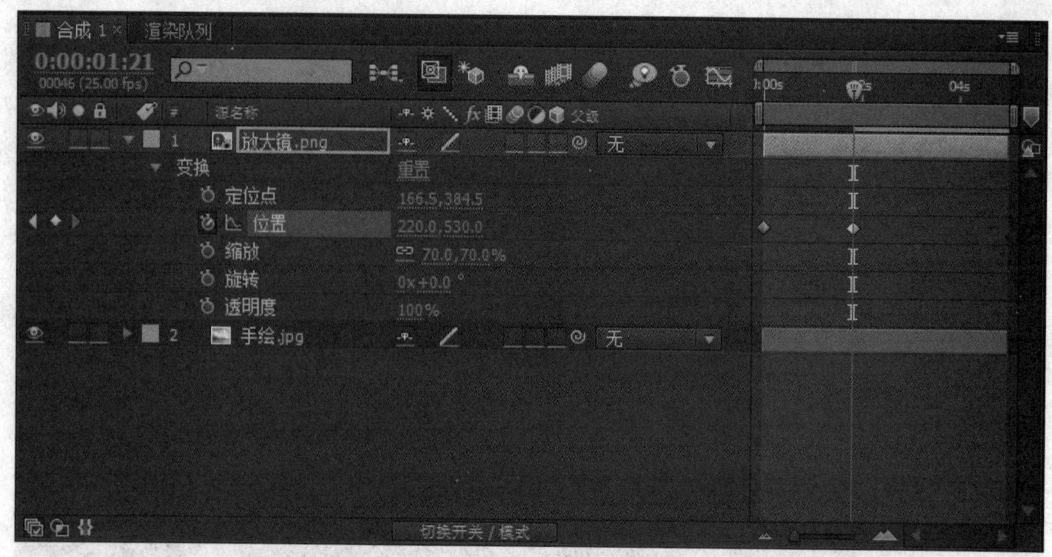


图 9-2-9 位置第二次设置关键帧

（7）将时间指针调整到 00：00：03：10 帧的位置，设置定位点值为 430、550，系统自动设置关键帧（如图 9-2-10）。

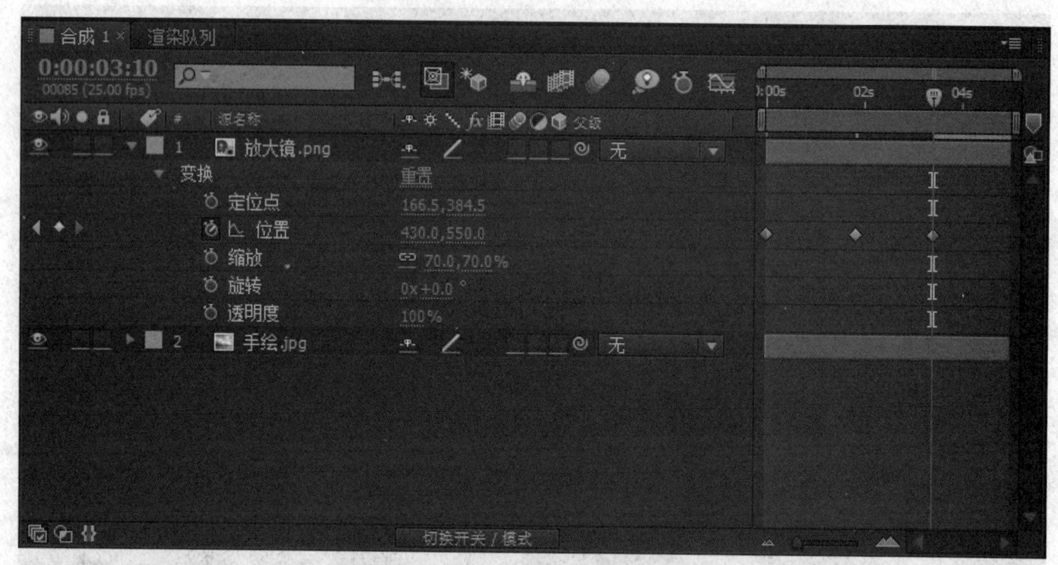


图 9-2-10 位置第三次设置关键帧

（8）将时间指针调整到 00：00：04：05 帧的位置，设置定位点值为 560、400，系统自动设置关键帧（如图 9-2-11）。

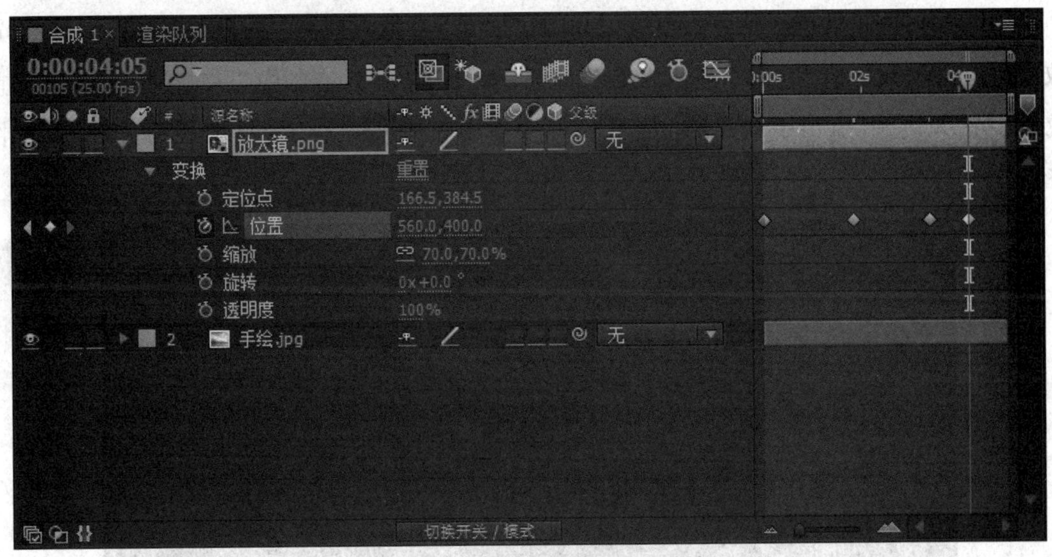


图 9-2-11 位置第四次设置关键帧

（9）在手绘素材层添加放大效果，选择效果→扭曲→放大，然后点击放大效果（如图 9-2-12）。

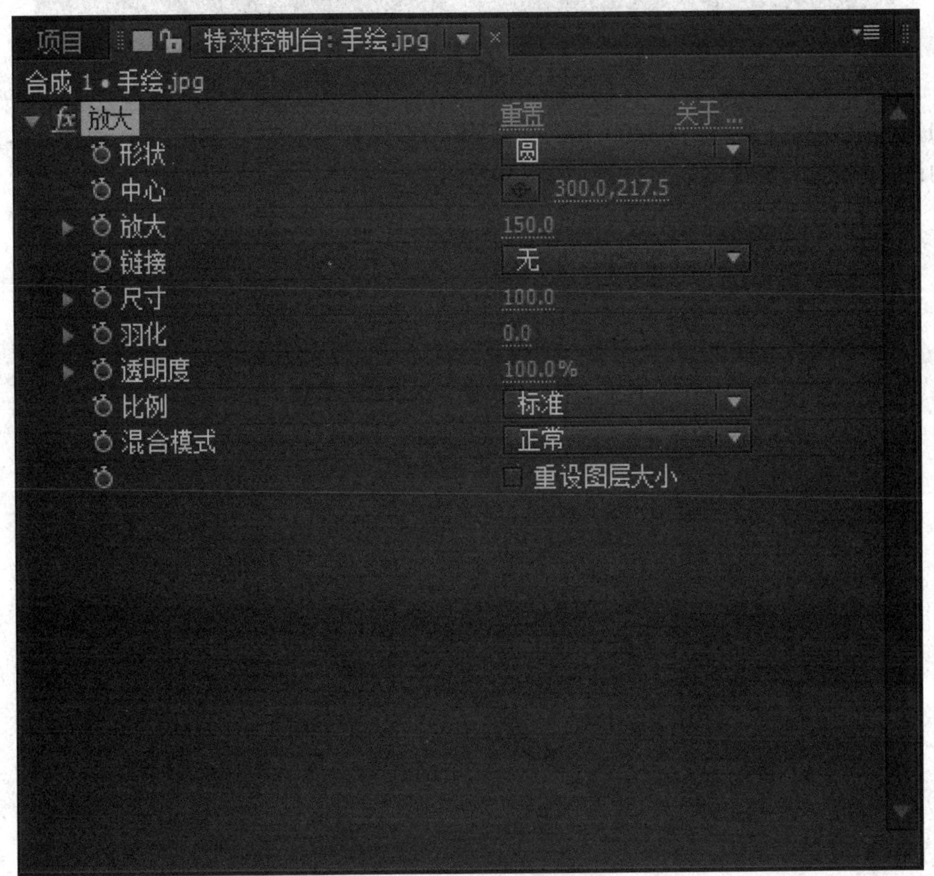


图 9-2-12 添加放大效果

（10）将时间指针调整到00：00：00：00帧的位置，在特效控制台面板改变放大参数，设置放大值为500，尺寸值为45，中心值为125、145（如图9-2-13），点击中心左侧闹表，在当前位置设置关键帧，点击手绘层，展开后继续点击效果，就会看见中心的关键帧（如图9-2-14）。

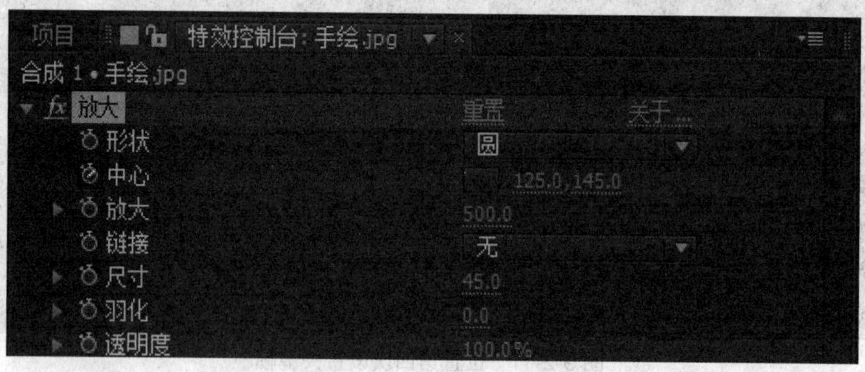


图9-2-13　更改放大参数

图9-2-14　中心第一次设置关键帧

（11）将时间指针调整到00:00:01:20帧的位置，设置中心值为210、290（如图9-2-15），系统自动设置关键帧，监视器显示效果（如图9-2-16）。

图9-2-15　中心第二次设置关键帧

图9-2-16　效果图片

（12）将时间指针调整到 00：00：03：10 帧的位置，设置中心值为 360、310（如图 9-2-17），系统自动设置关键帧，监视器显示效果（如图 9-2-18）。

图 9-2-17　中心第三次设置关键帧

图 9-2-18　效果图片

（13）将时间指针调整到 00：00：04：05 帧的位置，设置中心值为 445、205（如图 9-2-19），系统自动设置关键帧，监视器显示效果（如图 9-2-20）。

图 9-2-19　中心第四次设置关键帧

图 9-2-20　效果图片

（14）这样就完成放大镜的制作过程，点击空格键进行播放，动画播放速度参考机器配置，时间线会生成绿色进度条，完全生成即可播放动画（如图 9-2-21）。

图 9-2-21 进行播放

（15）将制作完成的合成添加到渲染队列，使用菜单命令“图像合成 > 添加到渲染列队”，将合成添加到渲染队列调板（如图 9-2-22）。

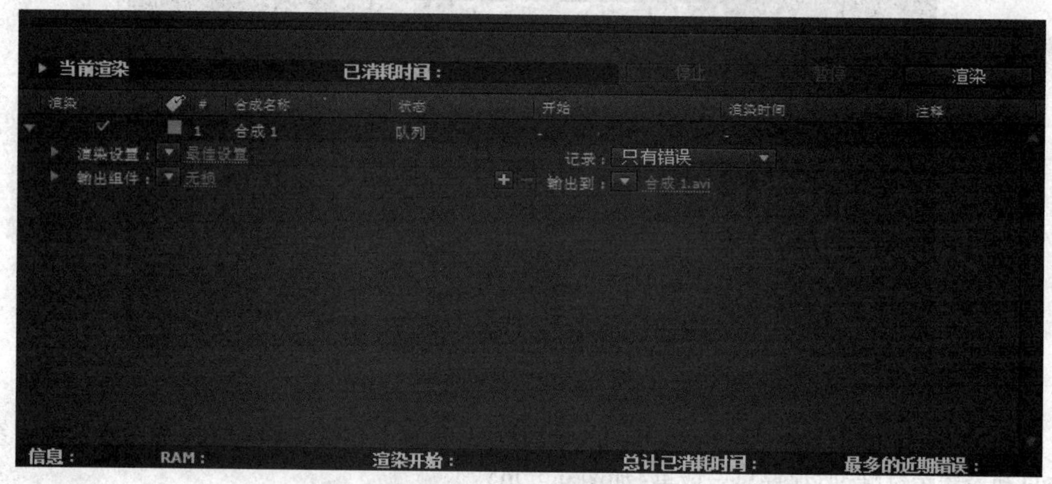


图 9-2-22 添加到渲染队列

（16）点击 输出组建的无损，弹出输出组建设置对话框进行调节，格式选择 AVI（默认视频格式），如果有音频，需要进行选择，否则输出视频无音频（如图 9-2-23）完成后点击“确定”。

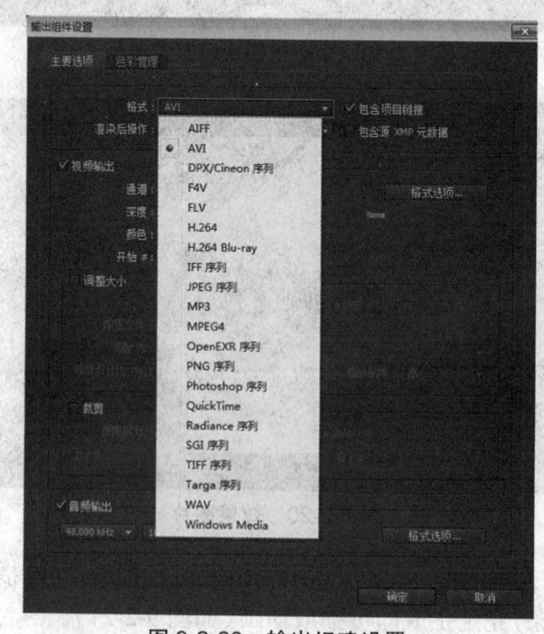


图 9-2-23 输出组建设置

(17)输出影片，单击 渲染 按钮，开始进行渲染，渲染队列调板会显示正在渲染或等待渲染的项目(如图 9-2-24)。当渲染完成后，会发出声响提醒用户渲染完成。

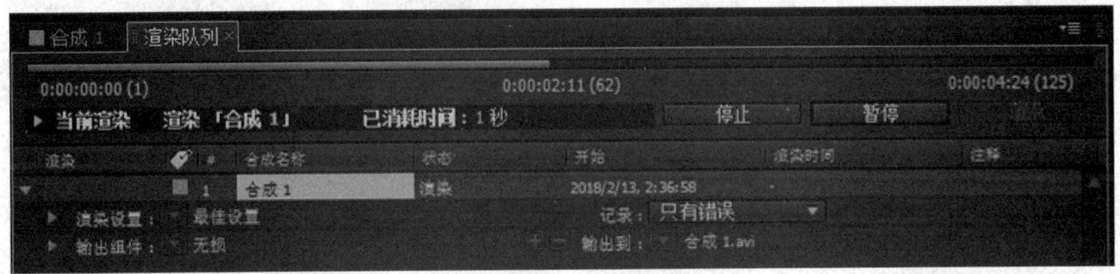


图 9-2-24 进行渲染

(18)渲染成视频格式文件，即可使用播放器进行观看，如符合制作要求，即可保存完成制作(如图 9-2-25)。

图 9-2-25 渲染视频格式